Praxishandbuch Produktkosten-Controlling mit SAP S/4HANA®

Thomas Wicke

Willkommen bei Espresso Tutorials!

Unser Ziel ist es, SAP-Wissen wie einen Espresso zu servieren: Auf das Wesentliche verdichtete Informationen anstelle langatmiger Kompendien – für ein effektives Lernen an konkreten Fallbeispielen. Viele unserer Bücher enthalten zusätzlich Videos, mit denen Sie Schritt für Schritt die vermittelten Inhalte nachvollziehen können. Besuchen Sie unseren YouTube-Kanal mit einer umfangreichen Auswahl frei zugänglicher Videos:

https://www.youtube.com/user/EspressoTutorials.

Kennen Sie schon unser Forum? Hier erhalten Sie stets aktuelle Informationen zu Entwicklungen der SAP-Software, Hilfe zu Ihren Fragen und die Gelegenheit, mit anderen Anwendern zu diskutieren:

http://www.fico-forum.de.

Eine Auswahl weiterer Bücher von Espresso Tutorials:

- Joerg Siebert, Martin Munzel:
  Praxishandbuch SAP® Report Painter/Report Writer
  http://5359.espresso-tutorials.de
- Andreas Unkelbach, Martin Munzel:
  Abschlussarbeiten im Gemeinkosten-Controlling in SAP S/4HANA® *http://5360.espresso-tutorials.de*
- Christoph Theis, Stefan Eifler:
  Werteflüsse in die SAP®-Ergebnisrechnung (CO-PA) unter S/4HANA® *http://5394.espresso-tutorials.de*
- Tom King:
  Materialbewertung und das Material-Ledger in SAP S/4HANA®
  http://5711.espresso-tutorials.de
- Rudolf Poppenberger:
  Konzernbewertung mit SAP S/4HANA® Material-Ledger
  https://es-tu.de/nQAf
- Stefan Eifler:
  Schnelleinstieg in die SAP®-Ergebnisrechnung (CO-PA) – 2., erweiterte Auflage *https://es-tu.de/WAuw52*

Bibliografische Information der Deutschen Nationalbibliothek
Die Deutsche Nationalbibliothek verzeichnet diese Publikation in der Deutschen Nationalbibliografie; detaillierte bibliografische Daten sind im Internet über https://portal.dnb.de abrufbar.

Thomas Wicke
Praxishandbuch Produktkosten-Controlling mit SAP S/4HANA®

ISBN: 978-3-960122-72-2

Lektorat: Bernhard Edlmann/Die Korrekturstube

Coverdesign: Philip Esch

Coverfoto: iStockphoto.com | bpawesome No. 1641800634

Satz & Layout: Johann-Christian Hanke

1. Auflage 2024

URL: *www.espresso-tutorials.de*

Feedback:
Wir freuen uns über Fragen und Anmerkungen jeglicher Art. Bitte senden Sie diese an: *info@espresso-tutorials.com*.

Inhaltsverzeichnis

Vorwort

Sicherlich werden Sie sich fragen, was ein weiteres Buch zu SAP CO-PC Neues bringen kann, da es bereits eine große Menge an Literatur zu diesem Thema gibt. Sie beschreibt in der Regel sehr detailliert das Customizing und die Handhabung des Moduls, aber nur selten stehen betriebswirtschaftliche Konzepte und deren Umsetzung im Vordergrund. Dieses Buch soll daher aufzeigen, welche Antworten ein entsprechend konfiguriertes Produktkosten-Controlling (CO-PC) auf die vielfältigen Fragen des Managements in Krisenzeiten geben kann.

In fast 40 Jahren als Berater im Controlling, davon 30 Jahre immer im Zusammenhang mit SAP-Einführungs- oder Optimierungsprojekten, konnte ich in den unterschiedlichsten Branchen und Industrien den Aufbau der Controlling-Module so gestalten, dass entscheidungsrelevante Managementinformationen generiert wurden.

Angeregt zu diesem Buch wurde ich durch einen Artikel von Dr. Jürgen Schmelting und Prof. Dr. Andreas Hoffjahn im Controller Magazin [1] sowie durch die Lektüre der Veröffentlichung »Zukunftsfähige Kostenrechnung in der Unternehmenssteuerung« von Prof. Dr. Jürgen Weber [2].

Das Buch wendet sich in erster Linie an Controller, SAP-Anwender, Key User und Berater, die als Basis für ein entscheidungsorientiertes Managementreporting eine Kostenrechnung auf Grundlage der flexiblen Plankostenrechnung etablieren wollen, und darüber hinaus an Studentinnen und Studenten, die Interesse an der Kombination aus betriebswirtschaftlichen Grundlagen und der systemseitigen Abbildung mitbringen.

Dazu möchte ich Sie, liebe Leserinnen und Leser, auf eine kleine Reise durch das Produktkosten-Controlling mitnehmen. Dabei werde ich in den folgenden Kapiteln herausarbeiten, welche Kostenrechnungssysteme für die angesprochenen komplexen Aufgabenstellungen besonders geeignet sind und wie diese mit dem Release 2022 in SAP S/4HANA umgesetzt werden können.

Nach dem theoretischen Kapitel zu den Kostenrechnungssystemen folge ich dem Prozessgedanken und stelle Ihnen zunächst den Planungsprozess im Rahmen des Produktkosten-Controllings vor. Anschließend zeige ich Ihnen die Werteflüsse von der Produktion bis zum Periodenabschluss und den Ausweis der Herstellkosten in der Deckungsbeitragsrechnung. In diesem Zusammenhang werde ich außer auf das Material-Ledger auch auf die kommenden Features in S/4HANA eingehen und dabei den Schwerpunkt auf die Universelle Parallele Rechnungslegung (UPR) bzw. das Universal Parallel Accounting (UPA) legen, da diese neue Business Function gravierende Auswirkungen auf die einzelnen Controlling-Module hat.

In den Text sind Kästen eingefügt, um wichtige Informationen besonders hervorzuheben. Jeder Kasten ist zusätzlich mit einem Piktogramm versehen, das diesen genauer klassifiziert:

Hinweis

Hinweise bieten praktische Tipps zum Umgang mit dem jeweiligen Thema.

Beispiel

Beispiele dienen dazu, ein Thema besser zu illustrieren.

! Achtung

Warnungen weisen auf mögliche Fehlerquellen oder Stolpersteine im Zusammenhang mit einem Thema hin.

Die Form der Anrede

Um den Lesefluss nicht zu beeinträchtigen, verwenden wir im vorliegenden Buch bei personenbezogenen Substantiven und Pronomen zwar nur die gewohnte männliche Sprachform, meinen aber gleichermaßen Personen weiblichen und diversen Geschlechts.

Hinweis zum Urheberrecht

Sämtliche in diesem Buch abgedruckten Screenshots unterliegen dem Copyright der SAP SE. Alle Rechte an den Screenshots hält die SAP SE. Der Einfachheit halber haben wir im Rest des Buches darauf verzichtet, dies unter jedem Screenshot gesondert auszuweisen.

1 Einleitung

Unternehmen agieren in einem sich permanent wandelnden Umfeld und unter unbeständigen Rahmenbedingungen, wobei Veränderungsgeschwindigkeit und Veränderungsintensität stetig zunehmen. Vor diesem Hintergrund sind sie sehr viel häufiger gezwungen, Entscheidungen unter Unsicherheit zu treffen. Aktion und Reaktion müssen in immer kürzeren Zeitabständen erfolgen, damit die Unternehmen weiterhin erfolgreich am Markt bestehen können. In dieser Gemengelage ist es die originäre Aufgabe des Controllings, das Management zielgerichtet und vor allem zeitnah mit entscheidungsrelevanten Informationen zu versorgen. Wie ich in den folgenden Ausführungen zeige, kommt in diesem Zusammenhang der Kenntnis über die Zusammensetzung der Herstellkosten von Produkten eine herausragende Bedeutung zu.

In der jüngsten Vergangenheit haben äußere Einflüsse wie die Corona-Pandemie oder der Krieg in der Ukraine zu grundlegend veränderten Märkten geführt. Zusammenbrüche von Logistikketten, ein Mangel an qualifizierten Arbeitskräften sowie Havarien bei Rohstoffproduzenten und somit eine massive Verknappung von Gütern und Waren sind nur einige zu nennende Folgen, die insbesondere die Beschaffungsseite der Unternehmen betrafen. Selbst Güter, die sich bisher durch eine verlässliche Preisstabilität auszeichneten, weisen mittlerweile ein hochvolatiles Preisverhalten auf.

Gerade unter solchen Umständen kommt der Kenntnis der Produktkosten und von deren Beeinflussbarkeit eine besondere Bedeutung zu, denn die Herstellkosten eines Produkts wirken sich direkt auf die Marge aus, und diese Herstellkosten werden heute zunehmend von den schwankenden Rohstoffpreisen, der Versorgungsunsicherheit, der Inflation und den damit verbundenen steigenden Lohnkosten sowie dem Fachkräftemangel beeinflusst.

Unternehmen können ihre Margen optimieren und ihre Kosten unter Kontrolle halten, indem sie die mit der Herstellung und Vermarktung eines Produkts verbundenen Kosten überwachen.

So ermöglicht das Produktkosten-Controlling den Unternehmen, ihre Preisstrategie zu überprüfen und anzupassen, um wettbewerbsfähig zu bleiben. Durch die Beseitigung ineffizienter Praktiken und die Optimierung der Ressourcennutzung lassen sich außerdem die Produktionsprozesse verbessern. Zudem trägt das Produktkosten-Controlling dazu bei, die Transparenz im Unternehmen zu erhöhen. Durch die Überwachung der Kosten kann das Management sicherstellen, dass alle Abteilungen und Mitarbeiter ihre Aufgaben effizient erfüllen und die finanziellen Ziele des Unternehmens erreicht werden.

Um die finanziellen Ressourcen effizient zu verwalten und die Gewinne zu maximieren, ist ein effektives und entscheidungsorientiertes Produktkosten-Controlling für Unternehmen unerlässlich. Dazu müssen die Kosten nicht nur erfasst und analysiert, sondern auch in einen strategischen Kontext gestellt werden. Dies bedeutet, dass das Produktkosten-Controlling nicht nur als reine Kostenrechnung betrachtet werden sollte, sondern als eine Entscheidungshilfe für das Management.

Entscheidungsorientiertes Produktkosten-Controlling bezieht sich auf die Nutzung von Produktkosteninformationen für Maßnahmen zur Verbesserung der Leistung und Rentabilität eines Unternehmens. Es umfasst die Identifizierung von Produktkosten, die Analyse von Kostenstrukturen und die Integration von Informationen in Entscheidungen, die auf der Grundlage von Kosten- und Leistungsdaten getroffen werden.

Um das entscheidungsorientierte Produktkosten-Controlling effektiv zu gestalten, müssen Unternehmen in der Lage sein, relevante Kosten- und Leistungsdaten in Echtzeit zu sammeln und zu analysieren. Darüber hinaus sollten diese Daten so aufbereitet werden, dass sie für Entscheidungen auf verschiedenen Ebenen des Unternehmens nutzbar sind. Des Weiteren ist das Produktkosten-Controlling als kontinuierlicher Prozess zu betrachten, der laufend überwacht und verbessert werden muss, um sicherzustellen, dass es auf die sich verändernden Bedürfnisse und Anforderungen des Unternehmens abgestimmt ist.

Was sind *Herstellkosten*, wie werden sie ermittelt, welche Größen beeinflussen sie? Das sind die Fragen, die das Produktkosten-Controlling als Teil des Produktions-Controllings zu beantworten versucht. Für uns ist außerdem relevant, welche Rolle SAP in diesem Prozess genau spielt. Bevor wir dazu kommen, wie wir die richtigen Stellschrauben zur Generierung entscheidungsrelevanter Informationen in den aktuellen SAP-Systemen setzen, müssen wir zunächst klären, welches Kostenrechnungssystem sich in diesem Zusammenhang sinnvoll einsetzen lässt. Natürlich wird heute in keinem Unternehmen mehr die reine Kostenrechnungslehre vertreten, vielmehr finden die Möglichkeiten moderner Softwaresysteme und integrierte Parallelrechnungen Anwendung. Dennoch basieren auch diese Lösungen im Kern auf einem Kostenrechnungssystem, und deshalb soll im ersten Schritt untersucht werden, welche derartigen Systeme es überhaupt gibt und welche von ihnen geeignet sind, dem Management die entscheidungsrelevanten Informationen zur Steuerung zur Verfügung zu stellen.

2 Kostenrechnungsverfahren für ein entscheidungsorientiertes Produktkosten-Controlling

In diesem Kapitel werden die derzeit im deutschsprachigen Raum gebräuchlichen Kostenrechnungskonzepte kurz vorgestellt und auf ihre Eignung für eine entscheidungsorientierte Kostenrechnung in produzierenden Unternehmen untersucht. Daran anschließend entwickle ich ein Konzept für die Implementierung eines entscheidungsorientierten Produktkosten-Controllings in SAP.

Eine Grundlage für ein entscheidungsorientiertes Produktkosten-Controlling ist die Schaffung von Transparenz über die Herstellkosten der eigengefertigten Halb- und Fertigfabrikate. Die Herstellkosten setzen sich in der Regel aus den Blöcken Materialkosten und innerbetriebliche Wertschöpfung zusammen. Während sich die Materialkosten über die *Stückliste* direkt dem entsprechenden Produkt zuordnen lassen, ist dies beim Wertschöpfungsanteil wesentlich komplexer, da die einzelnen Kostenarten wie Löhne, Gehälter, Abschreibungen, Instandhaltung etc. nur anteilig dem jeweiligen Produkt zugerechnet werden können. Eine unwahrscheinliche Ausnahme bilden Unternehmen, die nur ein einziges Produkt herstellen – bei diesen entfallen alle Kosten des Unternehmens hierauf.

Die einem Erzeugnis zugerechneten Kostenanteile bestimmen einerseits die Höhe der für die Wertschöpfung anfallenden Kosten und andererseits die Transparenz der Kostendarstellung. Im Rahmen eines entscheidungsorientierten Produktkosten-Controllings kommt der Kostenrechnung somit die Aufgabe zu, die oben genannten Anforderungen zu erfüllen.

Die *Kostenverrechnung* erfolgt vorwiegend nach einem der gebräuchlichen *Verrechnungsprinzipien*:

- *Verursachungsprinzip* (Kausalitätsprinzip) – danach dürfen Kosten nur so verrechnet werden, wie sie vom Kostenträger auch unmittelbar verursacht wurden (z. B. die für den Ziehvorgang aufgewendete Energie bei der Rahmenfertigung).
- *Zurechnungsprinzip* – dabei werden den jeweiligen Kostenträgern nur deren Einzelkosten anhand des zugrunde liegenden Mengengerüsts zugeordnet.
- *Durchschnittsprinzip* – hier werden alle Kosten der Periode, des Produkts oder der Kostenstelle anteilig anhand des Durchschnitts ausgewählter Schlüsselgrößen (z. B. Materialkosten) verteilt.
- *Tragfähigkeitsprinzip* – dabei bekommt das Produkt, das die größte »Tragfähigkeit«, also beispielsweise den höchsten Umsatz oder die höchste Marge, aufweist, auch die meisten Kosten angerechnet.

Folgen Sie diesen Prinzipien, gelangen Sie zu der in der Betriebswirtschaftslehre üblichen Gliederung der Kostenrechnungskonzepte in Systemen auf der Basis von Vollkosten und in Systemen, die auf Teilkosten beruhen.

Bei der *Vollkostenrechnung* schlagen Sie sämtliche Kosten, also Einzel- und Gemeinkosten, dem Produkt zu. In der *Teilkostenrechnung* hingegen werden mithilfe von Bezugsgrößen (Leistungsarten) entweder nur die als direkt zurechenbar identifizierten Kosten oder die von den Produkten direkt verursachten variablen Kosten angerechnet. Das erstgenannte Konzept gehört zur Einzelkosten- und Deckungsbeitragsrechnung nach Paul Riebel [3], während das letztgenannte Konzept die Grenzplankostenrechnung nach Wolfgang Kilger und Hans-Georg Plaut [4] widerspiegelt.

Werfen wir nun einen genaueren Blick auf die Systeme der Vollkosten- sowie der Teilkostenrechnung und deren Eignung für ein entscheidungsorientiertes Produktkosten-Controlling.

Was bedeutet entscheidungsorientiertes Produktkosten-Controlling?

Das entscheidungsorientierte Produktkosten-Controlling zielt im Rahmen einer entscheidungsorientierten Kosten- und Leistungsrechnung darauf ab, Unternehmen in ihren Entscheidungen über Produkte oder Produktionsprozesse auf der Basis relevanter Kosteninformationen zu unterstützen. Dabei geht es um die Erfassung, Analyse und Bewertung der Kosten der Produktherstellung in ihrer Gesamtheit. Von einem entscheidungsorientierten Produktkosten-Controlling werden also folgende Leistungen erwartet:

- Szenariosimulationen über
    - die Auswirkung unterschiedlicher Rohstoffkosten
    - die Auswirkung unterschiedlicher Auslastungsgrade
    - die Auswirkung von Substitutionen von Produktionsanlagen, Rohstoffen oder Produktionsverfahren
- Abweichungsanalysen
- Erkennen von Unwirtschaftlichkeiten
- Verfügbarmachen von Ansätzen für die Bestandsbewertung
- Bereitstellung einer Kostenbasis für die marktgerechte Preisfindung
- Bereinigung des Produktportfolios durch die Verfügbarkeit geeigneter Kennzahlen
- Treffen von Entscheidungen über Eigenfertigung und Fremdbezug
- Bereitstellung der Basis für Margenberechnungen nach Standard- und Istkosten für unterschiedliche Entscheidungssituationen wie Portfoliobereinigung, Markteinführungen und weitere Szenarien
- Identifizierung von Kostentreibern bereits in der Produktentwicklung
- Darstellung von Herstellkosten und ggf. Selbstkosten transparent gegliedert nach Kostenkategorien (Kostenelementen)

Es geht also darum, eine geeignete Kostenrechnungsmethodik zu entwickeln, die es erlaubt, diese vielfältigen Fragestellungen zu berücksichtigen und zu beantworten.

Wie bereits erwähnt, bieten sich hier Ausgestaltungen entweder nach den Prinzipien der Vollkosten- oder der Teilkostenrechnung an.

2.1 Vollkostenrechnung

Lassen Sie mich zunächst eine Bemerkung zu den Vollkosten machen. Wenn ich im Folgenden von Vollkostenrechnung spreche, so ist damit nicht die klassische Vollkostenrechnung auf Istkostenbasis gemeint, die zu Recht als ungeeignet für ein entscheidungsorientiertes Produktkosten-Controlling angesehen wird. Die klassische Vollkostenrechnung kennt weder Plankosten noch Planleistungen und kann deshalb auch nicht zwischen fixen und variablen Kosten unterscheiden. Stattdessen sammelt sie nur Istkosten und verteilt diese über Schlüsselgrößen – also nach dem Gießkannenprinzip – auf die Produkte. Das wohl bekannteste Instrument der klassischen Vollkostenrechnung ist der sogenannte Betriebsabrechnungsbogen (BAB), der auch heute noch an den Hochschulen im Rahmen des Betriebswirtschaftsstudiums gelehrt wird.

Eine Vollkostenrechnung im Sinne eines entscheidungsorientierten Produktkosten-Controllings dagegen ist ein System, das alle Kosten, die mit der Herstellung oder Bereitstellung eines Produkts oder einer Dienstleistung verbunden sind, erfasst und analysiert. Ein solches Rechnungssystem hat eine hohe Aussagekraft bezüglich der Kosten eines Unternehmens, da es sowohl die direkten Kosten (z. B. Rohstoffe und Löhne) als auch die indirekten Kosten (z. B. Gemeinkosten und Abschreibungen) berücksichtigt.

Durch die Erfassung der direkten und indirekten Kosten vermittelt die Vollkostenrechnung ein umfassendes Verständnis der Kostenstruktur eines Unternehmens. Die Berechnung der Gesamtkosten für ein bestimmtes Produkt oder eine bestimmte Dienstleistung ist für die

Preisgestaltung und die Rentabilitätsanalyse von entscheidender Bedeutung.

Eine moderne Vollkostenrechnung dient auch dazu, Kostentrends und -muster zu erkennen und zu überwachen, was wiederum zu Kosteneinsparungen und Effizienzsteigerungen beitragen kann. Darüber hinaus trägt sie zu einem besseren Verständnis der Kostenauswirkungen von Geschäftsentscheidungen bei, z. B. bei der Einführung neuer Produkte oder der Expansion in neue Märkte.

Insgesamt ist ein Vollkostenrechnungssystem ein wertvolles Instrument für Unternehmen, um die eigenen Kosten zu verstehen, zu kontrollieren und Entscheidungen auf der Grundlage fundierter finanzieller Überlegungen zu treffen.

Diese Aussagen zur Vollkostenrechnung gelten, wie bereits angedeutet, nur dann, wenn die Vollkostenrechnung nicht auf reinen Istkosten basiert, sondern als Plankostenrechnung konzipiert ist.

2.2 Teilkostenrechnung

Ein Teilkostenrechnungssystem erfasst und analysiert nur die variablen Kosten, die direkt mit der Herstellung eines Produkts oder der Erbringung einer Dienstleistung zusammenhängen. Im Gegensatz zur Vollkostenrechnung werden keine indirekten Kosten wie z. B. Leitungskosten oder Abschreibungen verrechnet.

Die Teilkostenrechnung hat eine besonders hohe Aussagekraft, wenn es um die Überwachung und Optimierung der Effizienz und Wirtschaftlichkeit von Produkten oder Dienstleistungen geht. Da sie nur die variablen Kosten verrechnet, hilft sie Unternehmen, ihre Stückkosten zu berechnen und auf diese Weise zu verstehen, wie sich Änderungen in der Produktion auf die Kosten auswirken. Sie ermöglicht es, die Kosteneffizienz von Produkten zu überwachen und Vergleiche zwischen verschiedenen Produkten oder Produktionsverfahren anzustellen. Dies kann dazu beitragen, ineffiziente Prozesse zu identifizieren, diese zu verbessern und die Rentabilität zu maximieren.

Teilkostenrechnungssysteme werden immer dann eingesetzt, wenn es um Entscheidungen auf der Basis variabler Kosten geht. So stellen die Grenzkosten eines Produkts darüber hinaus stets die absolute Preisuntergrenze des Produkts dar. Auch bei Entscheidungen hinsichtlich Eigenfertigung oder Fremdbezug bilden die variablen Kosten die Vergleichsbasis, es sei denn, durch die Auslagerung können gleichzeitig die Fixkosten, also die Kosten für Maschinen und/oder Räumlichkeiten, gesenkt werden.

Zusammenfassend ist ein Teilkostenrechnungssystem also ein wichtiges Instrument, um Effizienz und Rentabilität zu überwachen und zu verbessern. Es kann jedoch nicht alle Kosten eines Unternehmens erfassen und ist somit für eine umfassende Finanzanalyse letztlich unzureichend. Daher ist es wichtig, die Teilkostenrechnung in Verbindung mit anderen Finanzanalysen, wie z. B. einer Vollkostenrechnung, zu verwenden.

Folglich muss ein entscheidungsorientiertes Produktkosten-Controlling Methoden aus beiden Kostenrechnungskonzepten miteinander verknüpfen. Was liegt also näher, als die beiden grundlegenden Methoden integrativ zu kombinieren? Dies hat z. B. Prof. Wolfgang Männel bereits 1988 ausgeführt. [5]

Eine Voraussetzung dafür ist die Verfügbarkeit moderner IT-Systeme, die es erst ermöglichen, Daten in einer Granularität zu verarbeiten, die den gestiegenen Erwartungen an Informationsgehalt und -qualität gerecht werden. Aus »Big Data« werden dann »Smart Data«.

2.3 Integrierte Deckungsbeitragsrechnung – Basis für ein entscheidungsorientiertes Produktkosten-Controlling

Eine Kostenrechnung, die flexibel Antworten auf die Fragestellungen eines entscheidungsorientierten Produktkosten-Controllings geben will, muss deshalb sowohl Vollkosten- als auch Grenzkosteninformationen liefern. So müssen beispielsweise im Zusammenhang mit der Eigenfertigung oder dem Fremdbezug die Fixkosten des Unternehmens unberücksichtigt bleiben, während sie bei der Betrachtung der Rentabilität eines Produkts einzurechnen sind.

Im Zentrum der Kostenrechnung steht also die Verrechnung von Kosten auf Kostenträger, wobei Kostenträger alle im Unternehmen erstellten Leistungen umfassen, denen Kosten direkt (Einzelkosten) oder indirekt (Gemeinkosten) zugerechnet werden können. Bei den Leistungen handelt es sich meistens um Produkte, Dienstleistungen oder Projekte, in seltenen Fällen werden auch andere Kontierungsobjekte wie Kostenstellen oder interne Aufträge als Kostenträger bezeichnet.

Wenn wir das Ziel verfolgen, alle im Unternehmen anfallenden Kosten zu verrechnen, müssen wir dessen Kostenstrukturen kennen. Dazu wird das Unternehmen zunächst in seine Funktionen zerlegt, da jeder Funktionsbereich insbesondere vor dem Hintergrund einer verursachungsgerechten Verrechnung einen anderen Einfluss auf die Art der Kostenverrechnung und Entscheidungsfindung hat. Eine solche Unterteilung ist beispielsweise die Gliederung in die folgenden Bereiche:

- Einkauf und Beschaffung
- Produktion
- Technik, Forschung und Entwicklung
- Vertrieb
- Verwaltung

Wenn es nun darum geht, die *Vollkosten* der Produkte eines Unternehmens zu ermitteln, ist es das Ziel, die Kosten der Bereiche möglichst verursachungsgerecht und damit plausibel, nachvollziehbar und willkürfrei zu verrechnen. Die Devise lautet also: Wer mehr Ressourcen verbraucht, wird stärker belastet, wer weniger Ressourcen verbraucht, weniger. [2]

Die größte Verursachungsgerechtigkeit ist immer dann gegeben, wenn die Ressourceninanspruchnahme des einzelnen Produkts objektiv messbar ist. Dies ist in der Regel beim Rohstoffeinsatz und auch bei der Inanspruchnahme von Maschinen- und Personalkapazitäten der

Fall. Anders sieht es bei der zentralen Verwaltung aus, denn wie sollen deren Kosten verursachungsgerecht auf die einzelnen Produkte verteilt werden? Beispielsweise bei der Werkfeuerwehr, dem Werkschutz oder der Arbeit der Geschäftsführung ist eine verursachungsgerechte Zuordnung der Kosten kaum möglich. Für andere Bereiche, die eher transaktionsorientiert sind, wie z. B. das Rechnungswesen und die EDV, ist es durchaus denkbar, die Leistung anhand der Anzahl der Buchungstransaktionen oder der CPU-Zeiten als Indikator für die Auslastung der EDV-Hardware zu messen. Denkt man an dieser Stelle weiter, lassen sich sicherlich weitere Indikatoren finden, deren Ressourcenverbrauch messbar ist. Dem steht aber immer der Anspruch gegenüber, dass auch die Kostenrechnung der Wirtschaftlichkeit verpflichtet ist.

Damit kommen wir zum zweiten Aspekt der verursachungsgerechten Kostenverrechnung aus Sicht des Produktkosten-Controllings, nämlich zur Frage nach der Relevanz der Kostenverrechnung für Entscheidungen. Dabei geht es konkret darum, auf welche Kosten sich die jeweilige Entscheidung unmittelbar auswirkt – alle anderen Kosten sind in diesem Fall nicht von Belang. Die Relevanz der Kosten kann daher nur von Fall zu Fall bestimmt werden. Betrachtet man z. B. eine einmalige Auftragsannahme, so sind nur die Grenzkosten den zusätzlichen Erlösen gegenüberzustellen, alle Gemeinkosten bleiben unberücksichtigt. Bei langfristigen Lieferverträgen sind dagegen die damit verbundenen Gemeinkosten, wie z. B. die Vorhaltung von Lagerkapazitäten, zu beachten.

Overheadkosten sind in einem entscheidungsorientierten Produktkosten-Controlling vor allem dann relevant, wenn die Entscheidungen den Overhead selbst betreffen. Das Management bestimmt darüber, welchen Overhead sich das Unternehmen leisten kann oder will. Insofern ist das folgende Zitat einer Konzerncontrollerin aus der Elektroindustrie schlüssig:

»Wir sind im Moment dran, den Leuten klarzumachen: ›Dieses angeblich verursachungsgerechte Verteilen von Corporate Functions ist völliger Blödsinn. Merkt euch lieber alle, ihr müsst drei Prozent mehr verdienen, damit das diese Konzernlast mitträgt. Fertig ist der Lack.‹« [6]

Folgt man diesen Überlegungen, so gelangt man als Zielbild für eine das entscheidungsorientierte Produktkosten-Controlling unterstützende Kostenrechnung zwangsläufig zur stufenweisen Fixkostendeckungsrechnung, wie sie in der Abbildung 2.1 dargestellt ist.

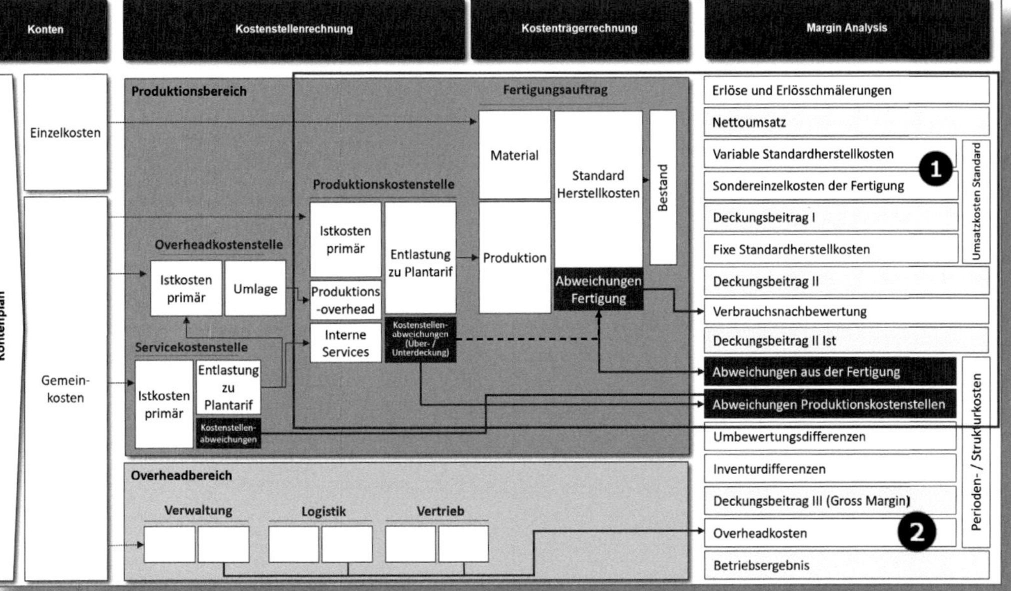

Abbildung 2.1: Zielbild der Kostenrechnung

Inwieweit weitere Kostenblöcke, z. B. variable Logistikkosten, in den Umsatzkosten gesondert auszuweisen sind ❶, ist branchenspezifisch zu definieren. Nicht in jeder Branche sind die Logistikkosten so bedeutend wie z. B. im Bereich der Markenartikelherstellung mit durchaus heterogener Kundenstruktur und kleinteiligen Lieferungen.

Die Gemeinkosten werden hier nur mit einer Zeile dargestellt ❷, da sie nicht Gegenstand des Produktkosten-Controllings sind. In der Regel wird auch dieser Bereich nach Funktionen gegliedert angezeigt.

Das Zielbild (siehe Abbildung 2.1) umfasst alle Aspekte der Kostenrechnung vom Kontenplan bis zur Ergebnisrechnung in Form der Deckungsbeitragsrechnung. Für das Produktkosten-Controlling relevant sind die Produktions- und Servicekostenstellen der Kostenstellenrechnung, die Kostenträgerrechnung sowie die Deckungsbeitragsrechnung, die das Artikelergebnis und dasjenige des Produktionsbereichs abbildet.

Aus dieser Grundlage gilt es nun im folgenden Kapitel das Zielbild des Produktkosten-Controllings und dessen Umsetzung im S/4HANA-Umfeld zu entwickeln.

In den folgenden Kapiteln werde ich Ihnen deshalb aufzeigen, welche Schritte notwendig sind, um das Zielbild einer integrierten Deckungsbeitragsrechnung in S/4HANA zu realisieren. Dabei werde ich den Fokus auf die Produktkostenplanung sowie die Kostenträgerrechnung inklusive des *Material-Ledgers* (ML) richten und immer wieder auch besondere Anwendungsfälle streifen.

3 Architektur des Rechnungswesens in S/4HANA

Bevor ich Ihnen die Umsetzung einer integrierten Deckungsbeitragsrechnung in S/4HANA erkläre, ist es notwendig, in einem kurzen Exkurs einen Blick auf die neue Architektur von S/4HANA und die daraus entstehenden Möglichkeiten für das Controlling zu werfen.

Die Einführung des Universal Journal in S/4HANA und die damit verbundene Speicherung aller für die Finanzbuchhaltung (Financial Accounting, FI) und das Controlling (CO) relevanten Bewegungsdaten als Einzelposten in einer einzigen Tabelle bieten die idealen Voraussetzungen für die Analyse dieser Daten und damit für eine entscheidungsorientierte Kostenrechnung.

Wie Abbildung 3.1 und Abbildung 3.2 zeigen, wurden in S/4HANA FINANCIALS alle Komponenten des Rechnungswesens in einem Universal Journal, der Tabelle ACDOCA, zusammengefasst. Plandaten werden im Pendant ACDOCP gespeichert. Beide Tabellen stellen für alle Auswertungen die »single source of truth« dar.

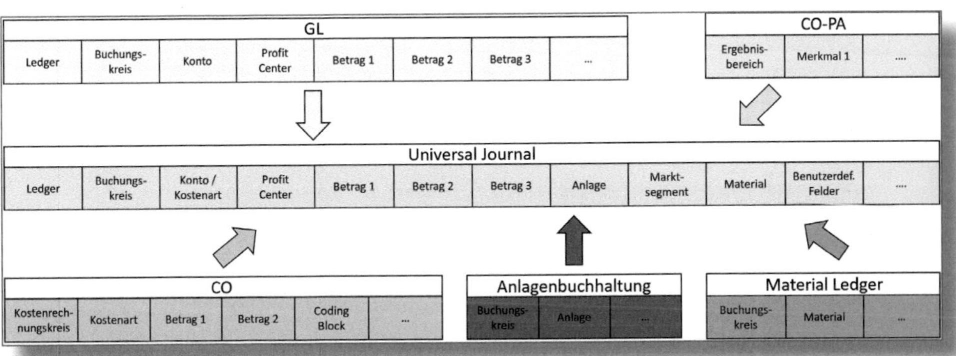

Abbildung 3.1: Architektur des Rechnungswesens in S/4HANA

Für Auswertungen werden Daten mithilfe der CDS-View in eine dem Zweck entsprechende Struktur gebracht. Die HANA-Datenbank generiert dann zur Laufzeit Berichte aus den Bewegungsdaten der ACDOCA. Aus dieser Integration von Finanzdaten, Controlling, Ergebnisrechnung und Material-Ledger ergeben sich nun umfangreiche Auswertungsmöglichkeiten in Echtzeit. Mittels der Belegaufteilung können Bilanzpositionen nach CO-Objekten aufgeschlüsselt und damit Bilanzen nach CO-Objekten erstellt werden.

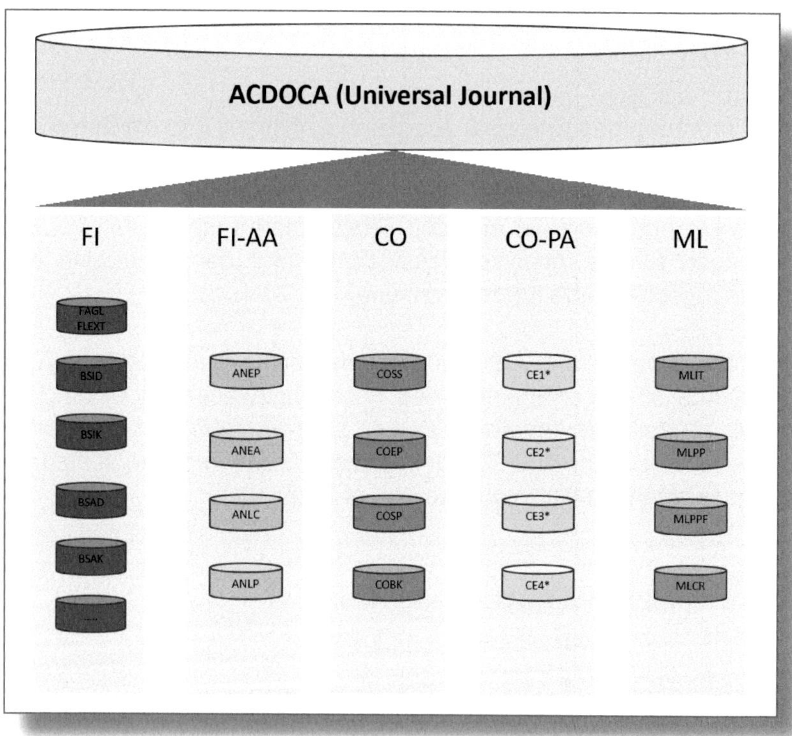

Abbildung 3.2: Neues Datenmodell zur Harmonisierung des Rechnungswesens

Die alten Summen- und Indextabellen werden durch gleichnamige Views ersetzt, welche die Nutzung alter Infoberichte und Queries zur Datenanalyse weiterhin ermöglichen.

Im CO werden alle echten und statistischen controllingrelevanten Istdaten (Werttyp »04« und »11«) im Universal Journal erfasst. Alle anderen CO-Einzelposten verbleiben in den Tabellen COBK und COEP. Die Daten der buchhalterischen Ergebnis- und Marktsegmentberechnung (CO-PA) finden ebenfalls Eingang in das Universal Journal. Die CO-PA-Tabellen (CE*) für die kalkulatorische CO-PA bleiben erhalten, sofern es notwendig ist, weiterhin die zukünftig nicht mehr unterstützte kalkulatorische Ergebnisrechnung zu verwenden.

Abbildung 3.3 fasst diese Auswirkungen noch einmal zusammen.

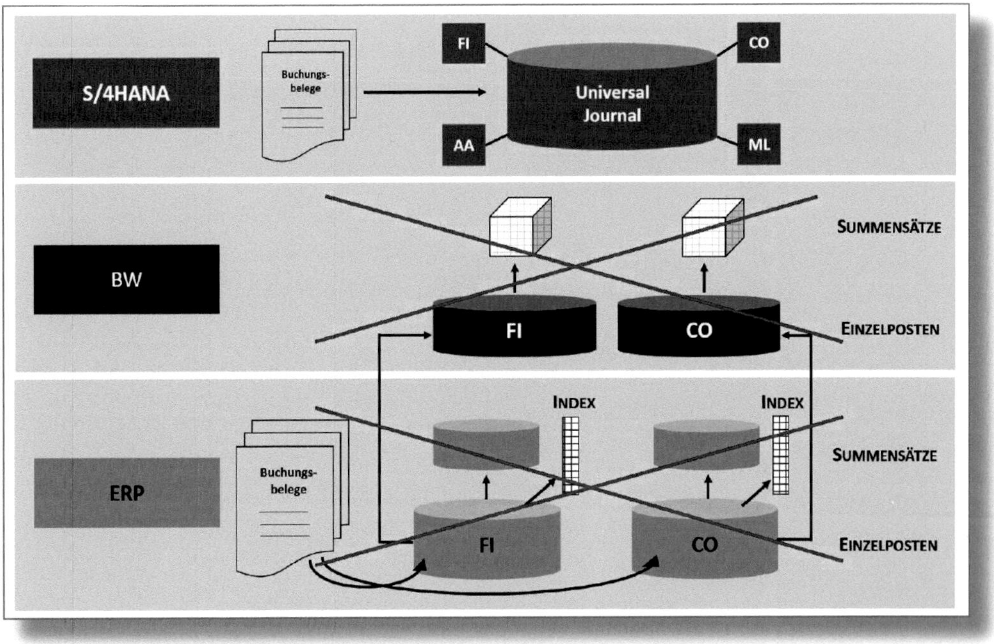

Abbildung 3.3: Neues Datenmodell – Auswirkungen

In SAP R/3 stellte die Abstimmung der kalkulatorischen Ergebnisrechnung mit dem Ergebnis der Gewinn- und Verlustrechnung (GuV) aufgrund der Verwendung unterschiedlicher Datenstrukturen eine der größten Herausforderungen dar. Diese Schwierigkeiten gehören mit Einführung des Universal Journal der Vergangenheit an (siehe Abbildung 3.4).

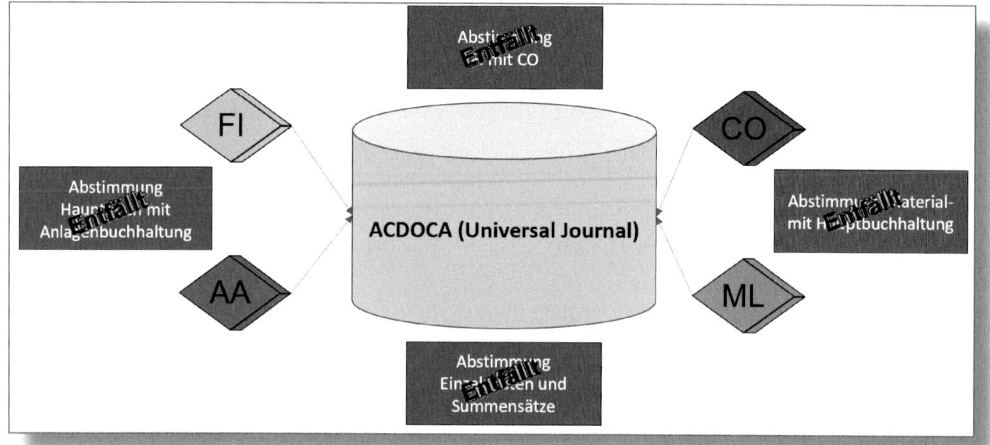

Abbildung 3.4: Abstimmung per Definition

4 Planung der Kostenstellen zur Bestimmung der Tarife

Wie bereits bei der Darstellung der Kostenrechnungsverfahren herausgestellt, folgen insbesondere die flexible Plankostenrechnung und die Grenzplankostenrechnung dem Verursachungsprinzip, da hier sowohl Leistungsverrechnungen als auch die Trennung in variable und fixe Kosten systemimmanent sind. In diesem Kapitel werden daher die Kostenstellenplanung einschließlich der Aufteilung der Kosten in fixe und variable Kosten, die notwendigen Kostenverrechnungen zur Erstellung einer abgestimmten Planung und die Berechnung valider Kostenstellentarife behandelt.

4.1 Organisationsstrukturen

Zur Erinnerung: Jedes Modul in einem SAP-System besitzt seine eigenen Organisationseinheiten, für das Controlling sind dies der Ergebnisbereich und der Kostenrechnungskreis (siehe Abbildung 4.1).

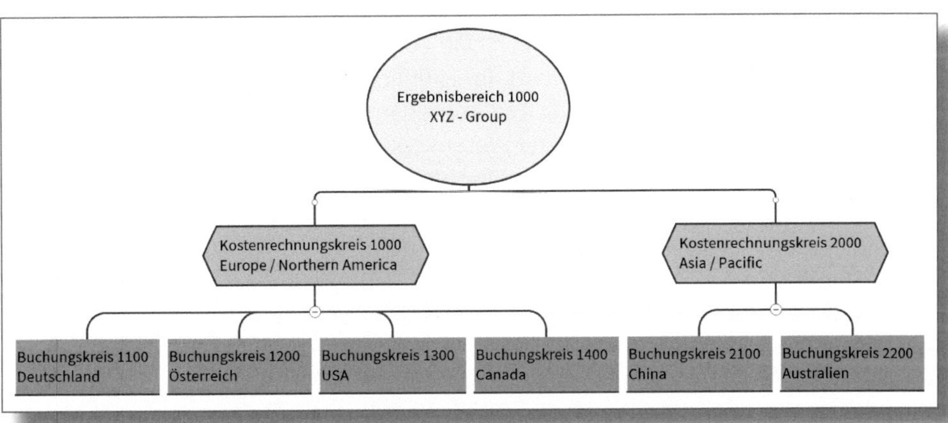

Abbildung 4.1: Organisationseinheiten im Controlling – buchungskreisübergreifende Kostenrechnung

4.1.1 Ergebnisbereich

Ein *Ergebnisbereich* bildet eine Organisationseinheit ab, für die eine einheitliche Segmentierung des Absatzmarkts vorliegt. Er stellt des Weiteren die Auswertungsebene für die Ergebnis- und Marktsegmentrechnung sowie neu für die Margin Analysis. SAP empfiehlt, in einer Instanz nur einen Ergebnisbereich zu verwenden. Einem Ergebnisbereich können wiederum mehrere Kostenrechnungskreise zugeordnet werden.

4.1.2 Kostenrechnungskreis

Hierbei handelt es sich um eine organisatorische Einheit innerhalb eines Unternehmens, für die eine vollständige, in sich geschlossene Kostenrechnung möglich ist. Ein *Kostenrechnungskreis* kann aus einem oder mehreren *Buchungskreisen* bestehen, die unter Umständen unterschiedliche Währungen haben, die aber alle denselben operationalen Kontenplan nutzen müssen. Alle innerbetrieblichen Verrechnungstransaktionen beziehen sich nur auf Objekte desselben Kostenrechnungskreises. Die Kostenrechnung sollte also immer buchungskreisübergreifend geführt werden, da man auf diesem Weg im CO Allokationen beispielsweise von Verwaltungsgebühren von der Konzernzentrale an Tochtergesellschaften durchführen kann (auch wenn, wie in diesem Fall, buchhalterisch meist nachgearbeitet werden muss, da aus steuerlichen Gründen eine echte Rechnung zwischen den Buchungskreisen zu erstellen ist). Im Hinblick auf das Produktkosten-Controlling, insbesondere in Unternehmensgruppen mit einem hohen Aufkommen an Cross-Company-Warenverkehr, ist die Bedeutung der buchungskreisübergreifenden Kostenrechnung noch größer. Nur mit ihrer Hilfe lassen sich sowohl buchungskreisübergreifende als auch Konzernkalkulationen durchführen.

Die Einstellungen zum Kostenrechnungskreis nehmen sie im Customizing unter dem Pfad CONTROLLING • CONTROLLING ALLGEMEIN • ORGANISATION • KOSTENRECHNUNGSKREIS PFLEGEN vor. Abbildung 4.2 und Abbildung 4.3 zeigen die Parameter für eine buchungskreisübergreifende Kostenrechnung sowie die in diesem Beispiel aktivierten Komponenten des CO.

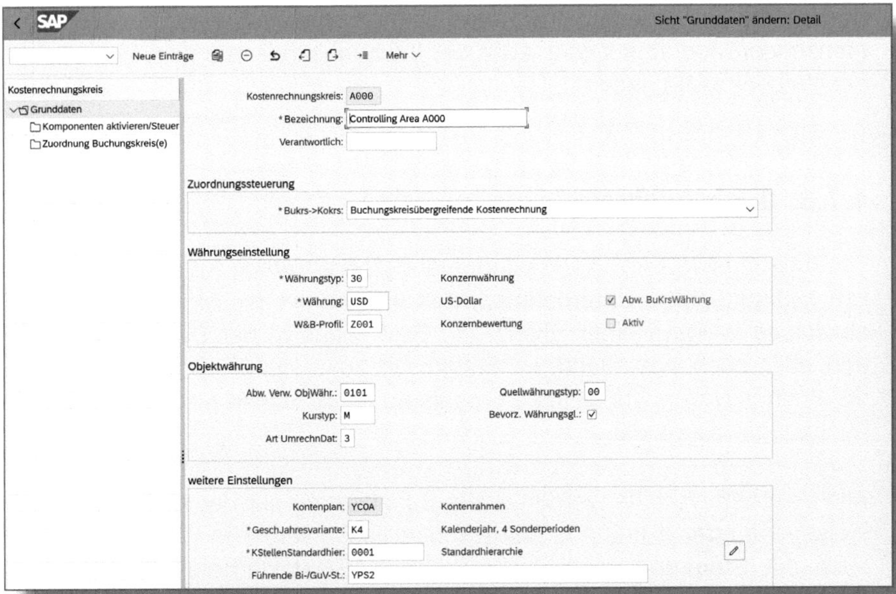

Abbildung 4.2: Kostenrechnungskreis

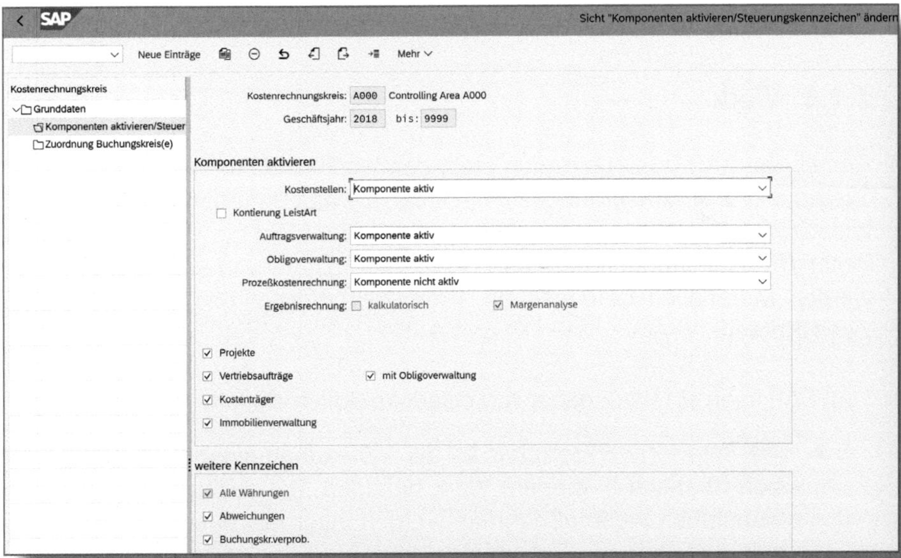

Abbildung 4.3: Kostenrechnungskreis – aktivierte Komponenten

Darüber hinaus sind für das Controlling Organisationseinheiten angrenzender Module relevant, etwa der Buchungskreis aus dem FI und das Werk aus MM und PP.

4.1.3 Buchungskreis

Ein Buchungskreis im SAP-System steht stellvertretend für das rechtlich selbstständige Unternehmen, das verpflichtet ist, einen Einzelabschluss in Form einer Bilanz und GuV inklusive der Dokumentation aller buchungspflichtigen Ereignisse zu erstellen. Somit stellt der Buchungskreis die kleinste organisatorische Einheit des externen Rechnungswesens dar.

Alle Geschäftsvorfälle werden in der Buchhaltung auf der Buchungskreisebene erfasst und mit Zusatzkontierungen versehen. Daher sind auch die Stammdaten dieser möglichen Zusatzkontierungen, wie Kostenstelle, Projektstrukturplan(PSP)-Element, Innenauftrag, immer mit Bezug zu einem Buchungskreis geführt. Lediglich ein Profitcenter kann gleichzeitig mehreren Buchungskreisen zugeordnet sein.

4.1.4 Werk

Gemäß der SAP-Dokumentation stellt das *Werk* im Rahmen des SAP-Systems eine organisatorische Einheit dar, die das Unternehmen nach logistischen Gesichtspunkten und damit aus der Sicht der Produktion, Beschaffung, Instandhaltung und Disposition gliedert. In einem Werk werden Materialien bereitgestellt, Produkte gefertigt und/oder Services erbracht.

Laut SAP kann ein Werk dabei verschiedene Rollen einnehmen:

- Als Standortwerk enthält es die Instandhaltungsobjekte, die sich räumlich in diesem Werk befinden. Die auszuführenden Instandhaltungsmaßnahmen werden innerhalb eines Instandhaltungsplanungswerks festgelegt.

- Als Handels- oder Großhandelsbetrieb stellt es Waren zur Verteilung und zum Verkauf bereit.
- Als Bewertungskreis dient es der werksbezogenen Bestandsführung und -bewertung.

4.2 Stammdaten

4.2.1 Kostenstellen

Betrachten wir zuerst die Kostenstellenrechnung mit der Bildung der Kostenstellenstammdaten. Eine Möglichkeit, die Kostenstellen zu kategorisieren, ist die Verwendung des in Abbildung 4.4 gezeigten *Center-Konzepts*. Die Kostenstellen werden dabei in Budget-Center, Service-Center und Performance-Center gegliedert.

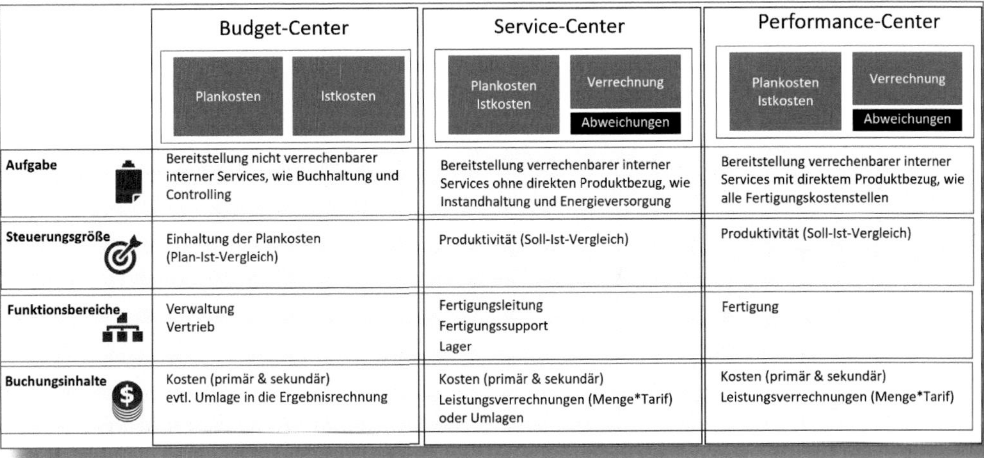

	Budget-Center	Service-Center	Performance-Center
	Plankosten; Istkosten	Plankosten Istkosten; Verrechnung; Abweichungen	Plankosten Istkosten; Verrechnung; Abweichungen
Aufgabe	Bereitstellung nicht verrechenbarer interner Services, wie Buchhaltung und Controlling	Bereitstellung verrechenbarer interner Services ohne direkten Produktbezug, wie Instandhaltung und Energieversorgung	Bereitstellung verrechenbarer interner Services mit direktem Produktbezug, wie alle Fertigungskostenstellen
Steuerungsgröße	Einhaltung der Plankosten (Plan-Ist-Vergleich)	Produktivität (Soll-Ist-Vergleich)	Produktivität (Soll-Ist-Vergleich)
Funktionsbereiche	Verwaltung Vertrieb	Fertigungsleitung Fertigungssupport Lager	Fertigung
Buchungsinhalte	Kosten (primär & sekundär) evtl. Umlage in die Ergebnisrechnung	Kosten (primär & sekundär) Leistungsverrechnungen (Menge*Tarif) oder Umlagen	Kosten (primär & sekundär) Leistungsverrechnungen (Menge*Tarif)

Abbildung 4.4: Center-Konzept der Kostenstellenrechnung – Projektbeispiel

Diese Kategorien geben bereits einen Hinweis auf die Art der Verrechnung. Bei einem Budget-Center werden in der Regel keine Leistungen gemessen, allenfalls Werte. Anders verhält es sich beim

Service-Center. Hier werden nach Möglichkeit bereits Leistungen ermittelt und dann mit einem Tarif verrechnet. Beispiele hierfür sind das interne Anlagenmanagement, die EDV, die Energieversorgung und die F&E-Abteilungen. Bei den Performance-Centern hingegen ist eine Leistungsmessung obligatorisch.

Die Kostenstellen des Produktionsbereichs (nur diese sind primär für die Herstellkosten relevant) können nach folgenden Kriterien gegliedert werden:

- organisatorisch, zur Abbildung der Kostenverantwortung
- nach Homogenität der Kostenstruktur
- unter funktionalen Aspekten (Zusammenfassung gleichartiger Arbeitsgänge)
- unter räumlichen Aspekten

Üblicherweise werden Arbeitsplätze zu einer Kostenstelle zusammengefasst, die alle vier Kriterien erfüllen. Im Rahmen einer entscheidungsorientierten Kostenrechnung wird jedoch insbesondere der zweite Aspekt im Vordergrund stehen, da nur Arbeitsplätze zu einer Kostenstelle zusammengefasst werden, die eine homogene Kostenstruktur aufweisen. Damit wird eine Quersubventionierung verhindert, wie das im Kasten beschriebene Beispiel zeigt.

Heterogene Kostenstruktur führt zu Quersubventionierung

Auf einer Kostenstelle befinden sich zwei Arbeitsplätze, die von den dort hergestellten Produkten entweder gemeinsam oder jeweils einzeln durchlaufen werden. Die Kosten für Arbeitsplatz 1 betragen 12.000 Euro jährlich bei einer geplanten Leistung von 1.200 Stunden; auf Arbeitsplatz 2 entfallen 120.000 Euro pro Jahr bei einer geplanten Leistung von ebenfalls 1.200 Stunden. Werden beide Arbeitsplätze auf einer Kostenstelle zusammengefasst, ergeben sich daraus 132.000 Euro geteilt durch 2.400 Stunden und somit ein Stundensatz von 55 Euro. Solange ein Produkt immer beide Arbeitsplätze durchläuft, ist die Bewertung mit 55 Euro korrekt. Sobald jedoch verschiedene bzw. einzelne Produkte nur einen der beiden Arbeitsplätze in Anspruch nehmen, erhält das Produkt mit Arbeitsplatz 1 zu hohe Kosten, und die Produkte mit Arbeitsplatz 2 werden subventioniert, da die Kosten der Arbeitsplätze bei einer Aufteilung auf zwei Kostenstellen zehn Euro bzw. 100 Euro betragen würden.

Die Pflege der Kostenstellenstammdaten erfolgt im Fiori Launchpad mit der App »Kostenstellen verwalten«.

Nach dem Aufruf finden sie sich in dem Reiter ALLGEMEINE INFORMATIONEN der Kostenstelle wieder (siehe Abbildung 4.5).

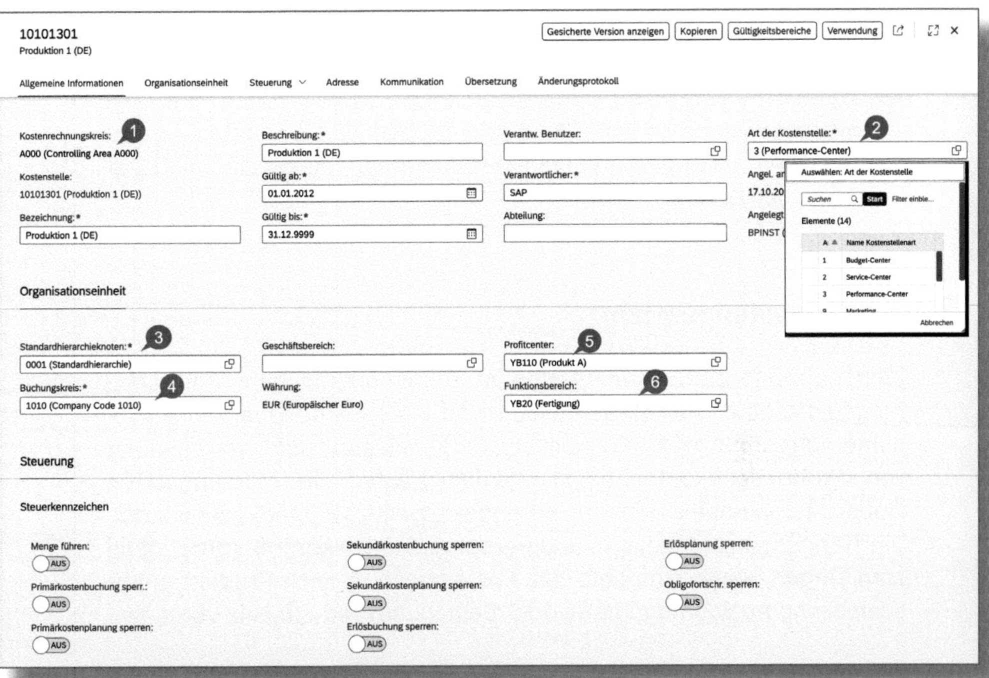

Abbildung 4.5: Kostenstellenstamm

❶ Als Erstes tragen Sie den der Kostenstelle zugeordneten KOSTENRECHNUNGSKREIS ein.

❷ Über die ART DER KOSTENSTELLE referenzieren Sie auf das Center-Konzept, weiterhin dient das Feld als Selektionskriterium in Auswertungen und – in Kombination mit der Leistungsart – in der Planung.

❸ Wählen Sie den STANDARDHIERARCHIEKNOTEN aus, dem die Kostenstelle angehört. Die *Standardhierarchie* bildet üblicherweise die Aufbauorganisation des Unternehmens bzw. der Unternehmensgruppe ab.

❹ Jede Kostenstelle kann nur einem BUCHUNGSKREIS zugeordnet sein.

❺ Bei der Verwendung des Feldes PROFITCENTER zur Abbildung interner Verantwortungsbereiche ordnen Sie hier das zur Kostenstelle gehörende Profitcenter zu.

❻ Wenn Sie das Umsatzkostenverfahren (UKV) im FI nutzen, müssen Sie hier einen FUNKTIONSBEREICH eintragen, da die Darstellung des UKV über die Zuordnung der CO-Kontierungsobjekte zu Funktionsbereichen erfolgt.

4.2.2 Leistungsarten

Weiterhin sind die *Leistungsarten* zu definieren, mit denen die Leistung der Kostenstellen gemessen und entsprechend auf die Produkte verrechnet wird. Für die Leistungsmessung und Verrechnung von Produktionskostenstellen werden häufig die Leistungsarten »Maschinenstunde«, »Personalstunde« sowie »Rüsten« verwendet. Die Trennung in Maschinen- und Personalstunden kommt immer dann zum Tragen, wenn innerhalb der Kostenstelle je nach Produkt unterschiedliche Auslastungsgrade oder Bedienungsverhältnisse vorliegen.

Das Rüsten sollten Sie immer dann gesondert betrachten, wenn sich die Kosten hierfür deutlich von denjenigen für die eigentliche Produktion unterscheiden. Dies ist z. B. dann der Fall, wenn die Kostenstellen ein besonderes Rüsten durch speziell geschultes Personal erfordern oder wenn das Rüsten sehr zeitintensiv ist. Beides trifft etwa bei der Herstellung von Stahlprofilen durch Kaltumformung zu. Hier werden die Walzgerüste durch speziell geschultes Personal eingerichtet, und die eigentliche Fertigungszeit ist regelmäßig kürzer als die Rüstzeit.

Die Pflege des Leistungsartenstamms (siehe Abbildung 4.6) rufen Sie mit der App »Leistungsarten verwalten« auf.

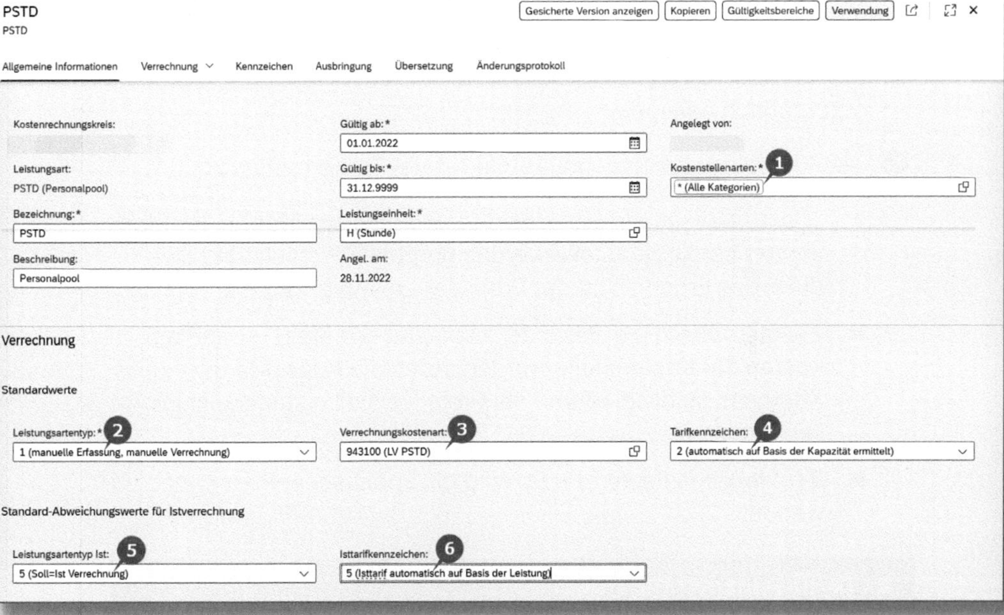

Abbildung 4.6: Leistungsartenstamm

❶ Die KOSTENSTELLENARTEN verweisen auf das entsprechende Feld im Kostenstellenstamm; hier können Sie die Verwendung der Leistungsart für bestimmte Kostenstellenarten einschränken.

❷ Der LEISTUNGSARTENTYP definiert die Art der Leistungsmessung und Verrechnung:

- *1 (manuelle Erfassung, manuelle Verrechnung)* – Jeder Vorgang wird einzeln dokumentiert und verrechnet.
- *2 (indirekte Erfassung, indirekte Verrechnung)* – Die vorgangsbezogene Erfassung entfällt, die Leistungsmengen und deren Verrechnung werden stattdessen maschinell über Regelwerke erzeugt.

- *3 (manuelle Erfassung, indirekte Verrechnung)* – In der Planung werden diese Leistungsarten genauso behandelt wie Typ »1«, im Ist erfolgt die Ermittlung der zu verrechnenden Leistungsmengen über Regelwerke wie bei Typ »2«.
- *4 (manuelle Erfassung, keine Verrechnung)* – Für die Kostenstelle werden nur Leistungsmengen erfasst, es erfolgt jedoch keine Verrechnung.

❸ Die VERRECHNUNGSKOSTENART wird bei jedem Buchungsvorgang automatisch gezogen.

❹ Das TARIFKENNZEICHEN steuert die Art der Tarifermittlung:

- *1 (automatisch auf Basis der Planleistung ermittelt)* – Die Plankosten der Kostenstelle werden durch die Planleistung dividiert, das Ergebnis ist der Preis der Leistungseinheit.
- *2 (automatisch auf Basis der Kapazität ermittelt)* – Die Plankosten der Kostenstelle werden durch die Kapazität der Kostenstelle dividiert und als Preis für die Leistungseinheit verwendet.
- *3 (manuell festgelegt)* – Es wird ein »politischer Preis« verwendet.

☛ Tarifkennzeichen 1 oder 2?

Der wesentliche Unterschied zwischen den Kennzeichen *1* und *2* besteht darin, dass der Divisor eine unterschiedliche Höhe aufweist, da die Kapazität einer Anlage in der Regel größer ist als die Planauslastung. Damit ist der Tarif auf Basis der Kapazität geringer als der Tarif nach Planleistung und führt somit im Plan auch bei Normalbeschäftigung nicht zu einer kompletten Entlastung der Performancekostenstelle, es bleibt vielmehr eine geplante Beschäftigungsabweichung bestehen. Unternehmen, die häufig in ihrer Auslastung mit Unterbeschäftigung konfrontiert sind, können mit dem Tarifkennzeichen 2 diese Leerkosten aufzeigen, allerdings mit der Konsequenz, dass nicht mehr alle Kosten der Performance-Center durch die erzeugten Produkte gedeckt sind. Deshalb ist es üblich, das Tarifkennzeichen *2* nur für solche Anlagen zu verwenden, die planmäßig unausgelastet sind, da es für sie nie so viel Beschäftigung geben wird, dass es für eine Normalauslastung reicht. Würde man bei diesen Anlagen die vollen Kosten auf die geringe Planbeschäftigung beziehen, »kalkulierte man sich gleich aus dem Markt«.

❺ Den LEISTUNGSARTENTYP IST verwenden Sie, wenn die Leistungsverrechnung im Ist anders erfolgen soll als im Plan, z. B. im Fall der Soll=Ist-Verrechnung. Die Soll=Ist-Verrechnung wird angewendet, wenn es keine Istleistungsmengen-Erfassung gibt. In diesen Fällen werden die auf Basis der Planung ermittelten Sollleistungsmengen als Istleistungsmengen gebucht. Diese Methode wird beispielsweise bei der Verrechnung der Energiekosten genutzt, wenn an den Anlagen selbst keine Zähler vorhanden sind, oder in der Personalkostenverrechnung, wenn Personalpools im Einsatz sind (siehe Abschnitt 4.3.3).

❻ Im Feld ISTTARIFKENNZEICHEN wählen Sie nur dann einen Eintrag aus, wenn Sie auch Isttarife ermitteln wollen.

☛ Empfehlung für die Gestaltung des Leistungsartenstamms

Für die Zwecke eines entscheidungsorientierten Produktkosten-Controllings gilt:

- LEISTUNGSARTENTYP: *1*
- TARIFKENNZEICHEN: *1*
- LEISTUNGSARTENTYP IST: *5* (bei Energie- und Personalpoolverrechnung; bei Verwendung des Universal Parallel Accounting (UPA) ist diese Form der Leistungsverrechnung noch nicht verfügbar)

4.3 Kostenplanung

In einer Kostenrechnungskonzeption, die einerseits als Grundlage für unternehmerische Entscheidungen dienen und andererseits Steuerungsinformationen im Hinblick auf Effizienz und Wirtschaftlichkeit bereitstellen soll, kommt der Planung eine besondere Bedeutung zu – denn sie liefert die Benchmarks für alle auf Kosteninformationen basierenden Analysen.

Im Rahmen der Planung im Gemeinkosten-Controlling werden die folgenden Werte ermittelt:

- Planbeschäftigung und Kapazität
- Primärkosten inklusive des Splittings in variable und fixe Bestandteile
- innerbetriebliche Leistungsverrechnung (ebenfalls gesplittet in variable und fixe Bestandteile)
- *variable* und *fixe Kostensätze* (Tarife bzw. Verrechnungssätze) je Kostenstellen-/Leistungsartenkombination

Die Ermittlung der Planleistung der Kostenstellen bzw. Leistungsarten ist Bestandteil des Planungszyklus eines Unternehmens. Die Planleistung wird üblicherweise aus dem Produktionsplan abgeleitet. Abbildung 4.7 stellt einen idealtypischen Planungszyklus dar.

Anders als in Systemen der Vollkostenrechnung kommt der Plankapazität eigentlich nur eine Bedeutung für die Ermittlung der fixen Kostensätze zu, da sich die variablen Kosten proportional zur Beschäftigung anpassen. Der *Absatzplan* definiert die in der Planungsperiode abzusetzenden Mengen und determiniert im Zusammenspiel mit dem Intercompany-Austausch die Produktionsplanung. Aus den abzusetzenden Mengen lassen sich hinreichend genau die Bedarfe an Leistungen und Einsatzstoffen ermitteln. Da die Arbeitsplätze den Kostenstellen zugeordnet sind, ergibt sich aus der Produktionsplanung und der Berücksichtigung vorhandener Engpässe der Bedarf an Leistungen je

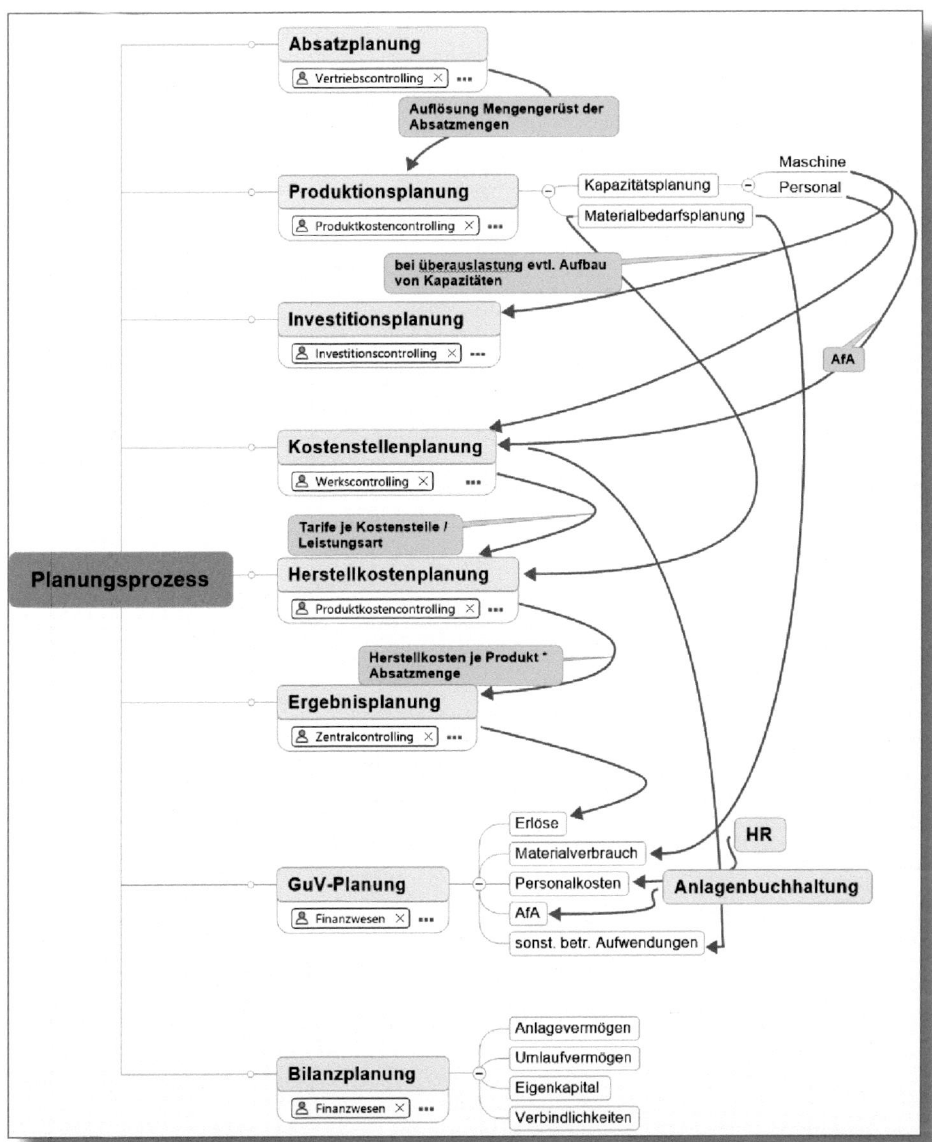

Abbildung 4.7: Planungsprozess in Produktionsunternehmen – Beispiel

Primärkostenstelle. Daraus resultiert die Überleitung von der Gesamtunternehmensplanung hin zum Prozess der Kostenplanung und Kalkulation im Produktkosten-Controlling in Abbildung 4.8.

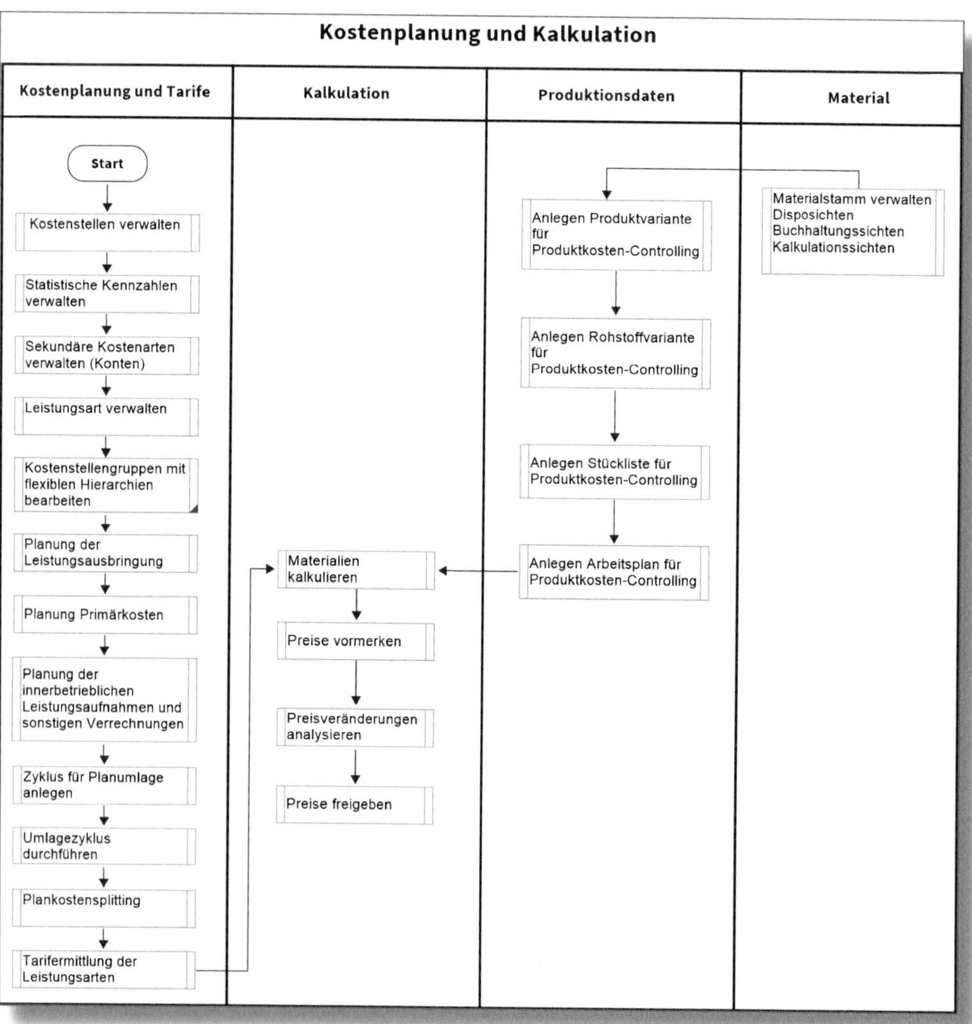

Abbildung 4.8: Planungsprozess im Produktkosten-Controlling

4.3.1 Primärkosten und Kostenspaltung

Im Rahmen der Primärkostenplanung wird festgelegt, welche Kosten bei der gegebenen Planbeschäftigung unter wirtschaftlichen Gesichtspunkten maximal anfallen dürfen (Benchmark für die Istbeschäftigung).

Ich bringe Sie noch einmal zurück zum Center-Konzept der Kostenstellen. Wie Abbildung 4.4 zeigt, erfolgt die Steuerung der Service- und Performance-Center auf der Basis von Soll-Ist-Vergleichen. Um dies zu ermöglichen, müssen nicht nur die Leistungen und Kosten geplant, sondern auch die Kosten in fixe und variable Bestandteile unterschieden werden. Fixe Kosten sind die Kosten, die auch ohne Beschäftigung anfallen, variable Kosten sind die Kosten, die sich mit jeder Leistungseinheit proportional verändern. Man spricht deshalb auch von beschäftigungsunabhängigen und beschäftigungsabhängigen Kosten. Die fixen Kosten werden häufig auch als Bereitschaftskosten bezeichnet.

Wie erhalten Sie nun die fixen und variablen Kosten in der Kostenstellenrechnung, und für welche Kostenstellen kann dieses Splitting erfolgen?

Die Aufteilung der geplanten Kosten in die fixen und variablen Bestandteile muss für jede Kostenstelle und Kostenart separat durchgeführt werden. Es hat sich als zweckmäßig erwiesen, zuerst den fixen Anteil als Betrag pro Monat zu ermitteln. Dabei werden die Gesamtkosten in unterschiedlichen Beschäftigungssituationen ermittelt. Abbildung 4.9 zeigt Ihnen die Ergebnisse einer solchen Rechnung. Für eine Beschäftigung von 800 Stunden wurden Kosten in Höhe von 700 Euro ermittelt, während der Bedarf bei einer Beschäftigung von 1.600 Stunden bei 1.200 Euro liegt. Der Schnittpunkt der Linie mit der y-Achse stellt die Höhe der Fixkosten dar. In unserem Fall ergibt sich bei einer Beschäftigung von 0 ein Wert von 200 Euro.

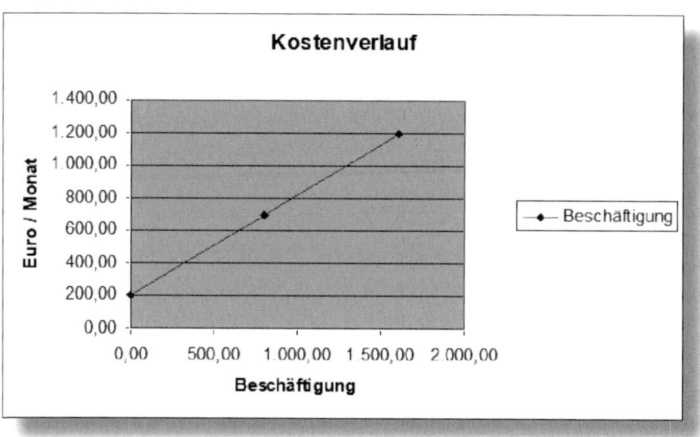

Abbildung 4.9: Aufspaltung von fixen und variablen Kosten

Ferner ist es sinnvoll, zur Kostenspaltung zwei charakteristische Kostenstellengruppen zu unterscheiden:

- Budget-Center wie Leitungs-, Forschungs-, Entwicklungs-, Konstruktions-, Material-, Verwaltungs- und Vertriebskostenstellen
- Service- und Performance-Center wie Fertigungshilfsstellen und Fertigungskostenstellen

Bei *Budget-Centern* stehen meist Fragen zu Personalkosten im Vordergrund. Wird hier überhaupt eine Trennung von variablen und fixen Kosten erwogen, sollte dies aus der Sicht des Gesamtunternehmens geschehen. Dabei ist notwendig zu definieren, welcher Personalkader für die Aufrechterhaltung der Betriebsbereitschaft erforderlich ist. Im Fall von Forschungs-, Entwicklungs-, Konstruktions- und Materialkostenstellen ist festzulegen, ob diese künftig ihre Leistungen auf Projekte verrechnen oder aber mittels eines Zuschlags abrechnen; Letzteres ist bei den Materialkostenstellen sinnvoll.

Die Variabilisierung der Kosten ist immer eine Frage der Leistungsart, denn nur in Relation zu ihr können Kosten variabel sein.

Die verallgemeinernde Angabe von variablen oder fixen Kostenanteilen in Prozent der gesamten Plankosten einer Kostenart führt in der Regel zu Fehlschlüssen, da die Verhältnisse von Kostenstelle zu Kostenstelle unterschiedlich sind. Es gibt keine Gesetzmäßigkeit, die sich ohne besondere Voraussetzungen in Prozent ausdrücken ließe. Ausnahmen bilden nur die wenigen Kostenarten, die vollständig variabel oder vollständig fix sein können. So ist z. B. der Energieverbrauch einer Produktionskostenstelle, bezogen auf die Leistungsart »Maschinenzeit«, zu 100 Prozent variabel (steht die Anlage still, verbraucht sie auch keine Energie), während die Verzinsung des Anlagevermögens oder die Raumkosten unabhängig von der Bezugsgröße vollständig fix sind.

4.3.2 Die Planung in S/4HANA

Mit S/4HANA verfolgt die SAP die Strategie, sämtliche Planungsaktivitäten aus dem ERP-System in die *SAP Analytics Cloud (SAC)* zu verlagern, also ursprünglich transaktionale Funktionen zu analytischen Funktionen zu transformieren (siehe Abbildung 4.10).

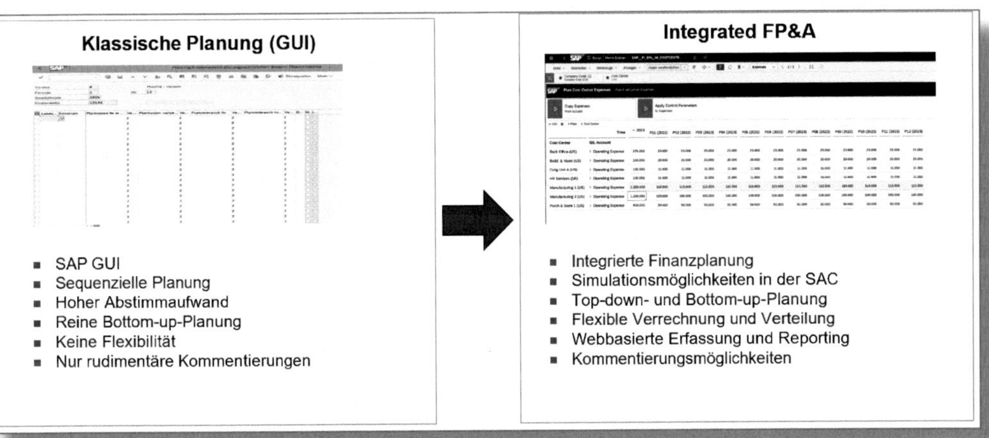

Abbildung 4.10: Klassische Planung versus Planung in S/4HANA und SAC Integrated Financial Planning & Analytics (FP&A)

Unternehmen, die jedoch im Rahmen der S/4HANA-Einführung auf die SAC verzichten, können, sofern sie nicht das im Abschnitt 5.4 beschriebene UPA verwenden, nach wie vor die klassischen

Planungsansätze nutzen, wie aus dem R/3 oder aus Business Planning & Consolidation (BPC) bekannt. Dabei ist zu beachten, dass alle Informationen der »klassischen« Planung auch in den klassischen Tabellen abgelegt werden, während die über die SAC geplanten Daten direkt in die Tabellen ACDOCP (Universal Journal der Planung) sowie ACCOSTRATE (Tabelle mit allen Tarifen und Verrechnungssätzen) gespeichert werden. Deshalb sind für ein auf CDS-Views bzw. klassischen Soll-Ist-Vergleichen basierendes Reporting sowohl die »neuen« als auch die »klassischen« Tabellen inhaltlich auf einem identischen Stand zu halten, d. h., die Daten sind je nach Planungsansatz zwischen den Tabellen der sogenannten klassischen Planung und den Tabellen ACDOCP und ACCOSTRATE zu kopieren. Für diesen Zweck gibt es die mit der Transaktion *SE38* aufrufbaren Standardprogramme:

- *R_FINS_PLAN_TRANS_ACTOUT_2_ERP* – Planleistung und Kapazität werden von der ACDOCP-Tabelle an die COSL-Tabelle übertragen.
- *R_FINS_PLAN_TRANS_ACTY_ERP_S4H* – Tarife werden aus der CO-Tabelle COST in die SAP-S/4HANA-Tabelle ACCOSTRATE übertragen.
- *R_FINS_PLAN_TRANS_ACTY_S4H_ERP* – Planleistungstarife aus der Tabelle ACCOSTRATE werden in die Tabelle COST übertragen.
- *R_FINS_PLAN_TRANS_CO_ERP_2_S4H* – CO-Plandaten werden aus CO-Tabellen in die Tabelle ACDOCP übertragen.
- *R_FINS_PLAN_TRANS_CO_S4H_2_ERP* – CO-Plandaten werden aus der Tabelle ACDOCP in CO-Tabellen übertragen.

Zur Erreichung des Ziels, ein entscheidungsorientiertes Produktkosten-Controlling zu etablieren, sind Funktionen wie die *indirekte Leistungsverrechnung* oder die *automatische Tarifermittlung* unabdingbar. Auch diese Funktionen stehen, genau wie die Produktkostenkalkulation, seit Release 2020 in der SAC zur Verfügung, sodass ein hybrides Vorgehen, wie in Abbildung 4.11 dargestellt, nicht mehr notwendig ist. Sollte die SAC jedoch nicht bereitstehen, können die genannten Funktionen ebenfalls nur bei Verfügbarkeit der Daten in den klassischen Planungstabellen ausgeführt werden.

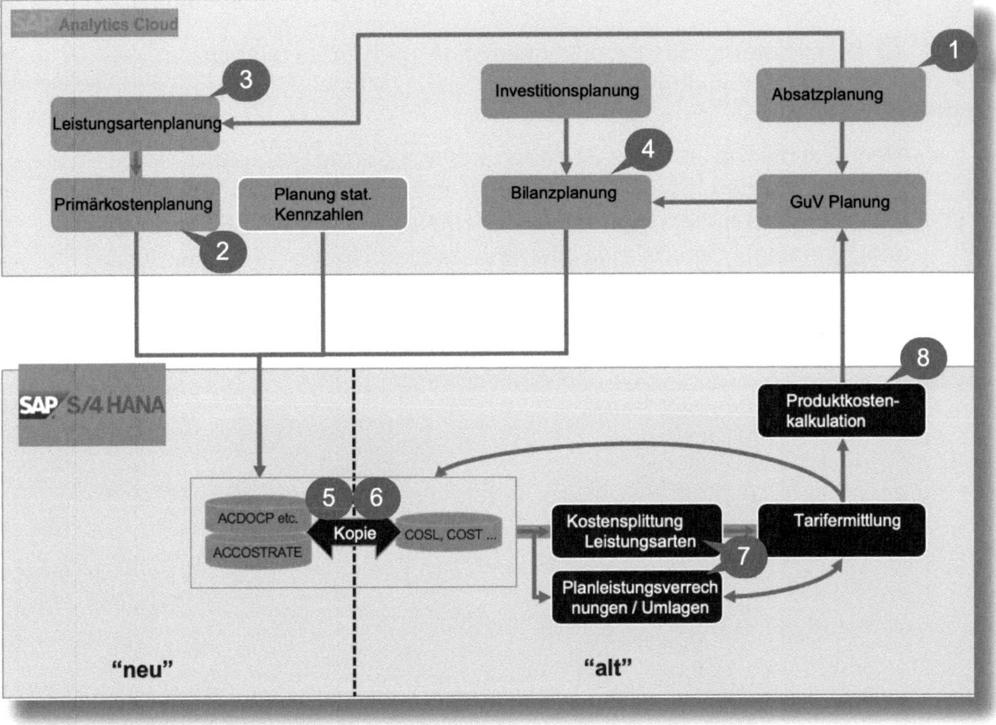

Abbildung 4.11: Hybride Planung mit S/4HANA und FP&A

Die einzelnen Schritte bei dieser Vorgehensweise sind:

❶ Absatzmengen- und Preisplanung mit *Cost of Goods Sold (COGS)*-Daten auf Basis von ERP-Kalkulationsdaten

❷ Primärkostenplanung auf Kostenstellen und Projekten

❸ Leistungsarten: Mengen- und Kapazitätsplanung

❹ Profitcenter-Planung für Bilanzpositionen (Working Capital)

❺ Kopieren von Daten in neue Tabellen (z. B. ACDOCP für Plankosten und ACCOSTRATE für Leistungsartentarife) mit erweiterten Informationen (z. B. Kapazität)

❻ Kopierprogramme, die Daten in die »alten« CO-Tabellen transferieren

❼ Planung der Leistungsarten und Verrechnungen (inkl. Splitting)

❽ Durchführung der Produktkalkulation und Projektplanung in »alten« Funktionalitäten

Wenn Sie die SAC im Einsatz haben, können Sie die Planung komplett darüber abbilden. Die SAP liefert über ihren Business Content »Integrated Financial Planning for SAP S/4HANA (SAP_FI_BPL_Budgeting_and_Planning)« bereits eine Vielzahl standardisierter Templates und Modelle aus. Den Inhalt des Content-Pakets zeigt die Startseite der SAC (siehe Abbildung 4.12).

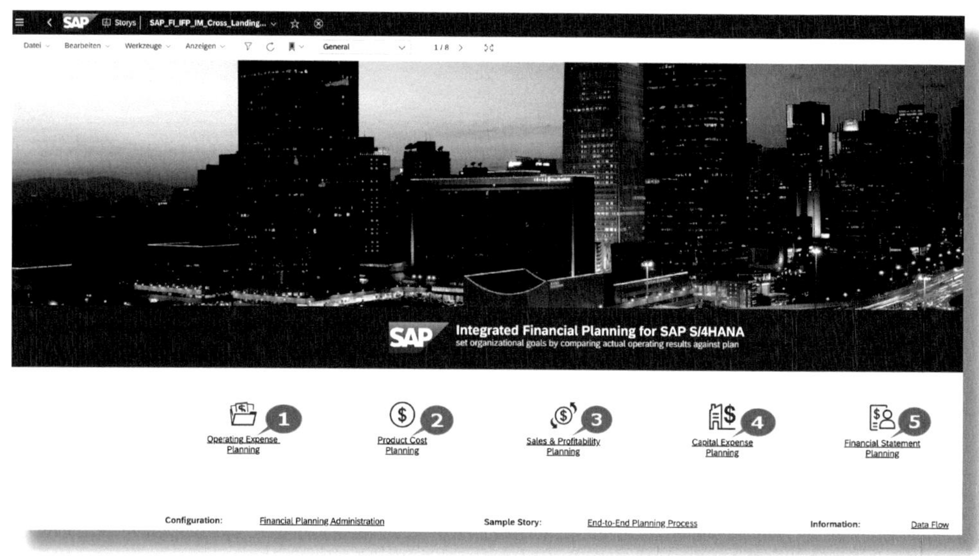

Abbildung 4.12: Planung in SAC – Startseite

Das Paket enthält die Planungsgebiete:

❶ OPERATING EXPENSE PLANNING (operative Kostenplanung)

❷ PRODUCT COST PLANNING (Produktkostenplanung)

❸ SALES & PROFITABILITY PLANNING (Absatz- und Ergebnisplanung)

❹ CAPITAL EXPENSE PLANNING (Investitionsplanung)

❺ FINANCIAL STATEMENT PLANNING (Bilanz- und GuV-Planung)

Kostenstellenplanung

Da dieses Buch in erster Linie auf das Produktkosten-Controlling fokussiert, bleiben die Abläufe der Absatz- und der anschließenden Bedarfsplanung bewusst unberücksichtigt. Im weiteren Vorgehen setze ich deshalb voraus, dass Leistungsbedarfe der Kostenstellen, die sich aus der Absatzplanung ergeben, über die Methodik des *Integrated Business Planning (IBP, S&OP)* bereits ermittelt wurden (die SAC stellt dafür ebenfalls Modelle zur Verfügung) und Ihnen somit im folgenden Beispiel die Planleistungsmengen der einzelnen Kostenstellen zur Verfügung stehen.

Über die Startseite der Gemeinkostenplanung (Klick auf ❶ in Abbildung 4.12) erreichen Sie die relevanten Planungsstorys sowie alle notwendigen Parameter (siehe Abbildung 4.13).

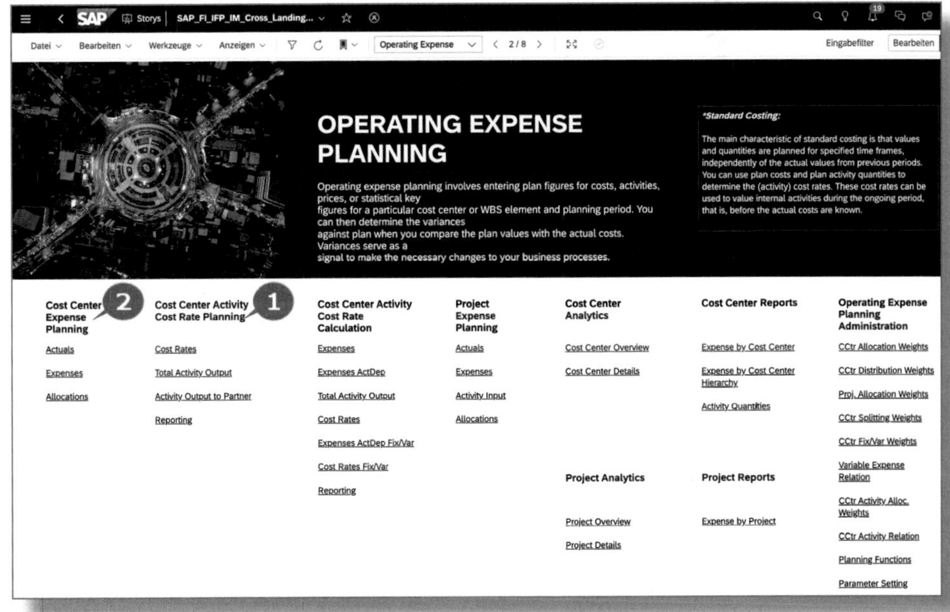

Abbildung 4.13: Kostenstellenplanung in der SAC – Startseite

Die für ein entscheidungsorientiertes Produktkosten-Controlling essenzielle Trennung der Kosten in fixe und variable Bestandteile auf den Produktionskostenstellen ist nur mithilfe von Bezugsgrößen

(Leistungsmaßstab der Kostenstellen) möglich. Deshalb werden in der Planung zuerst die Planleistungsmengen betrachtet.

Zur Bearbeitung dieser Leistungen rufen Sie von der Landing Page des Operating Expense Planning (siehe Abbildung 4.13) im Rahmen der Story COST CENTER ACTIVITY COST RATE PLANNING ❶ den Eintrag TOTAL ACTIVITY OUTPUT auf. Anschließend gelangen Sie auf die Anzeige PLAN COST CENTER COST RATES AND OUTPUT QUANTITIES (siehe Abbildung 4.14).

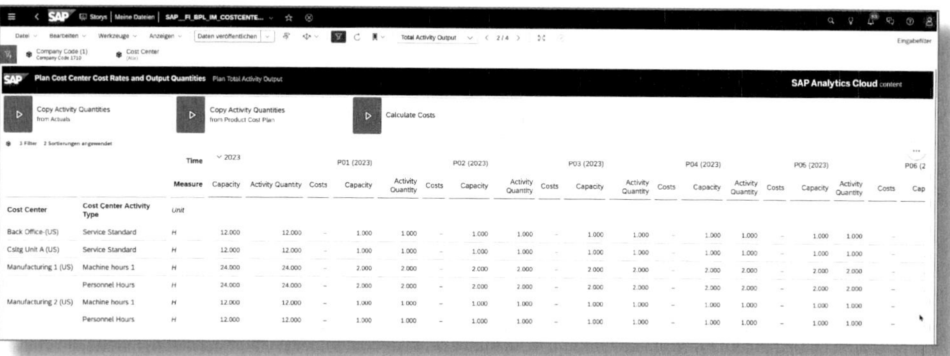

Abbildung 4.14: Planleistungen in der SAC

Wenn Sie die Leistungen geplant haben, kümmern Sie sich um die Kosten je Kostenstelle. Zu deren Planung gelangen Sie über den Eintrag EXPENSES im Rahmen der Story COST CENTER EXPENSE PLANNING (❷ in Abbildung 4.13). Nach deren Aufruf wird die Datenaktion COPY EXPENSES durchgeführt, um die Istkosten des laufenden Jahres in das Planjahr zu kopieren (siehe Abbildung 4.15).

Im Anschluss daran können Sie die Kosten durch manuelle Änderungen oder durch Ergänzungen in einem Eingabefeld anpassen. In unserem Beispiel wollen Sie die Kosten der Kostenstelle MANUFACTURING 1 für das Jahr 2024 um zehn Prozent erhöhen. Hierzu überschreiben Sie in der Spalte 2024 bei der Kostenstelle MANUFACTURING 1 den bisherigen Wert mit *+10 %* und drücken `Enter`. Die ausgeführte Erhöhung wird Ihnen im Endergebnis sofort angezeigt (siehe Abbildung 4.16).

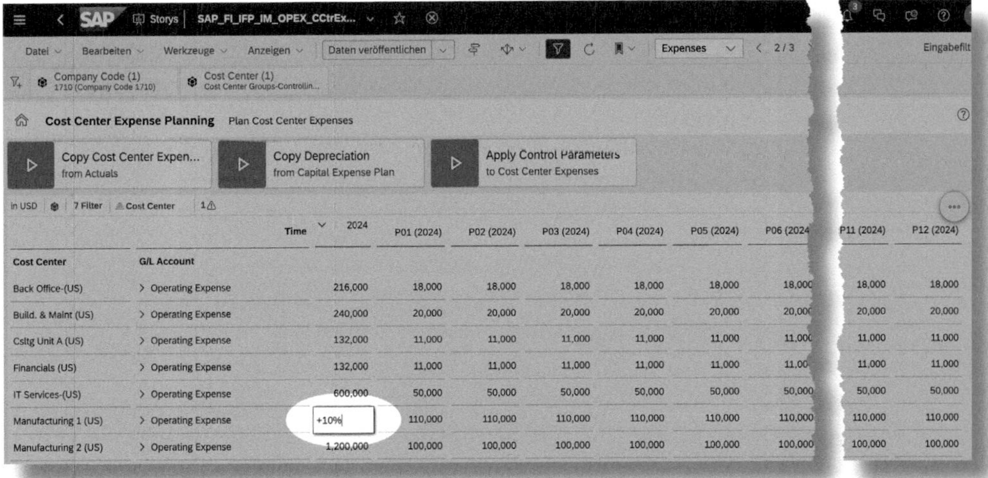

Abbildung 4.15: Kostenstellenkosten als Kopie der Istkosten des Vorjahres

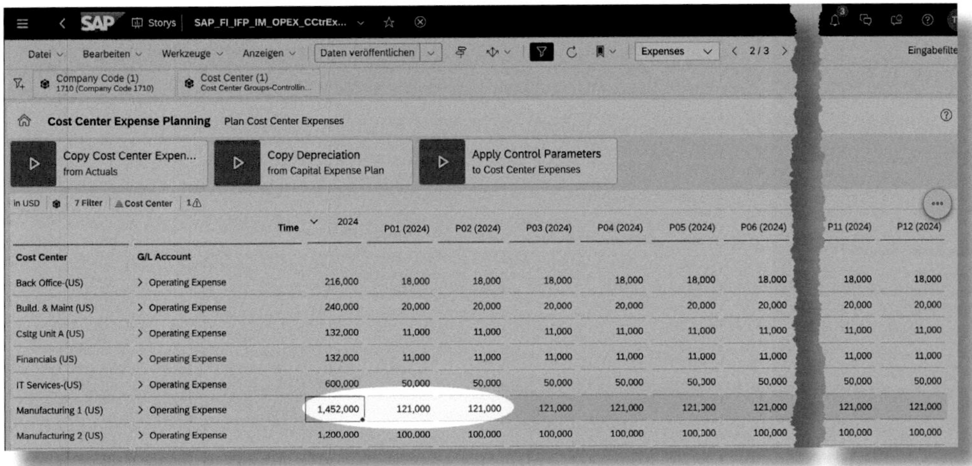

Abbildung 4.16: Angepasste Kostenstellenkosten

Neben dieser einfachen Umwertung sind auch weitaus komplexere Modelle für die Anpassung der Daten verfügbar.

Die SAC bietet für das Splitting in fixe und variable Kosten neben der manuellen Anpassung über die Story »Administering Cost Center Planning« die Möglichkeit, eine Parametrisierung für den Split vorzunehmen und im Anschluss daran die entsprechenden Datenaktionen durchzuführen. Im Abschnitt 4.5 werde ich den End-to-End-Planungsprozess mit SAC noch einmal aufgreifen.

4.3.3 Schaffung von Kostentransparenz – Behandlung ausgewählter Kostenblöcke

In diesem Abschnitt gehe ich auf die Behandlung von Personalkosten, Abschreibungen sowie die weiterer Gemeinkostenblöcke in unterschiedlichen Produktionsumgebungen ein.

Personalkosten

In vielen Unternehmen ist es heute nicht mehr möglich, das Personal eins zu eins einer Kostenstelle zuzuordnen, da Mitarbeiter immer häufiger flexibel eingesetzt werden, auch an mehreren Arbeitsplätzen, die zu unterschiedlichen Kostenstellen gehören. Trotzdem werden die Personalkosten in der Regel auf eine Stammkostenstelle gebucht und müssen anschließend auf die tatsächlich beanspruchten Kostenstellen verrechnet werden. Um die aufwendige manuelle Verrechnung zwischen den Kostenstellen zu vermeiden, bietet sich für Sie die Nutzung eines *Personalpools* an: Hierfür richten Sie je Bereich eine Poolkostenstelle ein, die als Stammkostenstelle für alle »produktiven« Mitarbeiter desselben fungiert, also für diejenigen Mitarbeiter, die an Arbeitsplätzen eingesetzt sind, die direkt an der Erstellung von Produkten beteiligt sind. Somit können die gesamten Personalkosten des Bereichs im Plan und im Ist auf ebendiese Kostenstelle gebucht werden. Die Leistung der Kostenstelle »Personalpool« wird mit der Leistungsart »PSTD« (Personalpoolstunden) gemessen, während die Personalleistung der *direkt am Produkt arbeitenden Kostenstellen (direkte Kostenstellen)* mit der Leistungsart »FSTD« gemessen wird. Die Leistungsarten sind, wie bereits im Abschnitt 4.2.2 beschrieben, auszuprägen, wobei sich für die PSTD eine Änderung im Feld LEISTUNGSARTENTYP IST ergibt (siehe Abbildung 4.17).

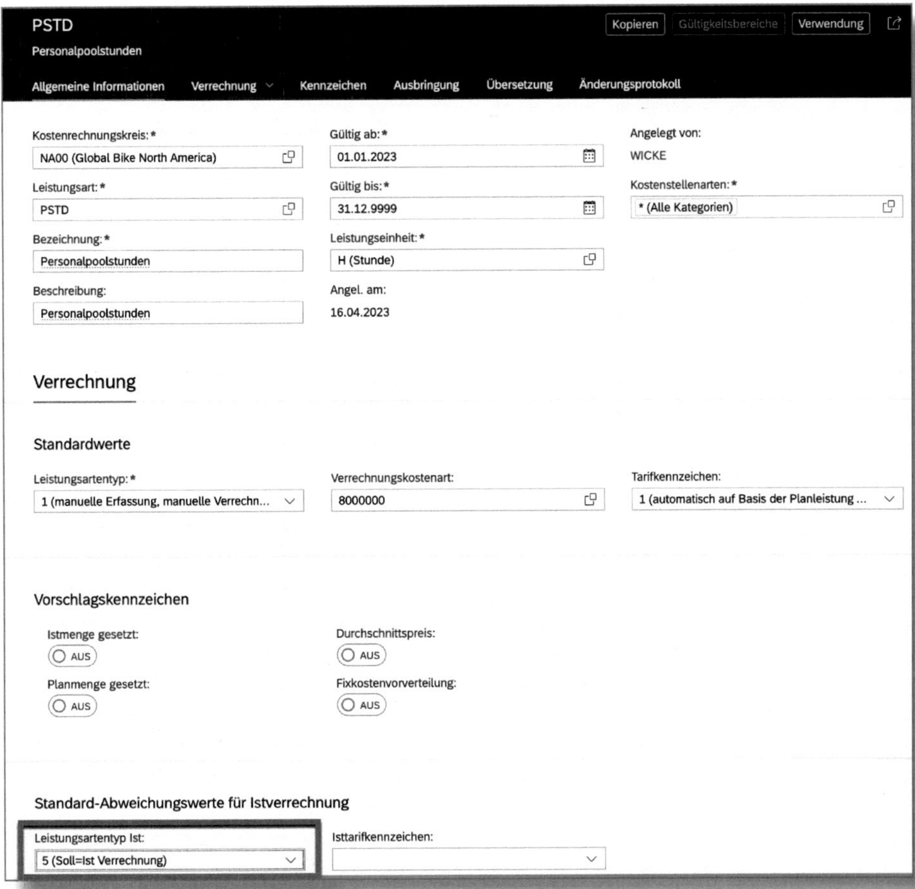

Abbildung 4.17: Personalpool – Leistungsart (Beispiel)

Welche Schritte Sie gehen müssen, damit die Personalkosten der Produktionsmitarbeiter auch auf dem Produkt ankommen, zeigen Abbildung 4.18 und Abbildung 4.19.

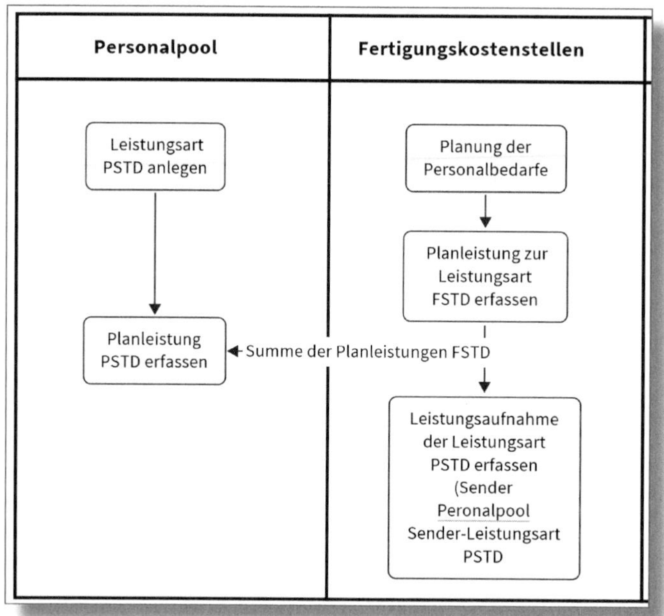

Abbildung 4.18: Personalpool – Planung

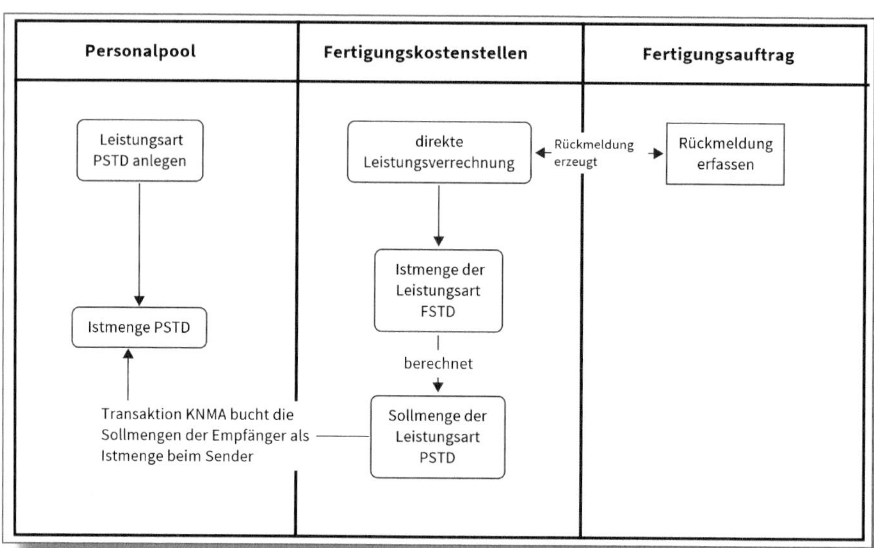

Abbildung 4.19: Personalpool – Soll=Ist-Verrechnung

Kapitalkosten

Ein weiterer Kostenblock, der mit Blick auf die Kostentransparenz für ein entscheidungsorientiertes Produktkosten-Controlling von Bedeutung ist, sind die Kapitalkosten, zu denen Abschreibungen und Zinsen zählen. Vor allem in Deutschland ist es inzwischen üblich, aus Vereinfachungsgründen nur noch die buchhalterischen Abschreibungen in der Kostenrechnung zu verwenden, um keine Differenzen zwischen Buchhaltung und Kostenrechnung zu erzeugen. Mit Ausnahme des Vorgehens von Unternehmen, die nach den International Financial Reporting Standards (IFRS) bilanzieren, ist die buchhalterische Abschreibung in den meisten Fällen aus steuerlichen Gründen optimiert. Dies führt bei der verursachungsgerechten Ermittlung der Herstellkosten immer dann zu Problemen, wenn die Abschreibung zu Ende ist und die Anlage über die Abschreibungsdauer hinaus – und dies ist der Regelfall – betrieben wird. Mit Ende der Abschreibung fehlen die Kapitalkosten in den Kostenstellentarifen, und die Herstellkosten sinken, was wiederum zu einer scheinbaren Verbesserung der Marge führt und damit möglicherweise einen fatalen Anreiz zu Preissenkungen geben könnte. Denn spätestens wenn die Anlage ersetzt werden muss, leben die Abschreibungen wieder auf und verteuern vermeintlich die mit der Anlage hergestellten Produkte. Solche Schwankungen gefährden die Aussagekraft der Herstellkosten und müssen vermieden werden, ohne die Konsistenz zwischen Buchhaltung und Kostenrechnung aufzugeben.

Hier kann Ihnen, ähnlich wie bei den Personalkosten, ebenfalls das Poolkonzept helfen. Wenn Sie von der Idee ausgehen, dass die laufende Abschreibung des Anlagevermögens dazu dienen soll, neue Anschaffungen zu finanzieren, können Sie die Gesamtsumme der Abschreibungen auf eine »Verrechnungskostenstelle« buchen und von dort mittels einer geeigneten Leistungsart auf die Kostenstellen weiterverrechnen, in denen das Anlagegut genutzt wird.

Gemeinkosten – Ermittlung der Planleistung

Für die Planung von Kostenstellentarifen sowie für ein entscheidungsorientiertes Produktkosten-Controlling ist es unerlässlich, die Leistungen der jeweiligen Kostenstellen zu planen. Doch wie erhalten Sie diese Messgrößen? Zunächst müssen Sie klären, welche Messgrößen die Leistung der Kostenstelle widerspiegeln und ob sich für diese Messgrößen Kosten ermitteln lassen, die sich proportional zur Messgröße verhalten. In produzierenden Unternehmen finden Sie sehr häufig die Konstellation, dass die Leistungen einer Kostenstelle mit den drei Leistungsarten »Rüstzeit«, »Maschinenzeit« und »Personalzeit« gemessen werden. Die Ermittlung der zu planenden Leistungsmengen erfolgt auf Basis der Absatzplanung. Unter der Annahme, dass die abzusetzende Menge auch produziert werden muss, ergeben sich nach Auflösung des Mengengerüsts für die Absatzmenge neben dem Materialbedarf im Planungszeitraum auch die benötigten Personal- und Maschinenzeiten. Die so ermittelten Zeiten übernehmen Sie als Planleistung. Die SAC bietet für diese Planung die Möglichkeit, die geänderten Absatzmengen in die Simulation einzugeben und vom System berechnen zu lassen. Steht Ihnen jedoch kein Absatzplan zur Verfügung, können Sie die neuen Planwerte auch auf Grundlage der Istbeschäftigung berechnen.

Ein weiterer Ansatz zur Ermittlung der *Planbeschäftigung* ist die Verwendung einer von der Absatzmenge unabhängigen Standardauslastung. Sie ergibt sich für die Maschinenzeit bei einem angenommenen Schichtmodell aus der Kapazität der Anlagen abzüglich geplanter Stillstandszeiten wie Reinigung, Wartung etc. Das gleiche Prinzip gilt für die Ermittlung der Standardauslastung des Personals, wobei Sie für die »Vollzeitäquivalente« der Personalpoolkostenstellen zunächst die verfügbaren Arbeitstage berechnen und diese dann mit der Anzahl der täglichen Arbeitsstunden multiplizieren. In der Regel liegt die Stundenzahl pro Vollzeitäquivalent zwischen 1.500 und 1.600 Stunden pro Jahr.

Ihre Wahl der Ermittlungsart für die Planbeschäftigung hat immer Auswirkungen auf die Tarifermittlung und damit auf die Kostenverrechnung im Rahmen der Produktkostenplanung. Wenn Sie mit der Planbeschäftigung arbeiten, werden die Vollkosten in den Tarif übernommen und damit auch verrechnet. Werden die Kapazitäten mit der Planbeschäftigung jedoch nicht ausgelastet, so werden auch Leerkosten verrechnet. Legen Sie die Standardauslastung bzw. Kapazität zugrunde, wird der Tarif tendenziell etwas günstiger, und Sie weisen nicht nur bereits bei der Planung eine Beschäftigungsabweichung aus, vielmehr beziehen Sie auch die Deckungsbeitragsrechnung mit ein, da die Standardherstellkosten zentraler Bestandteil der Margenberechnung sind.

Tarifermittlung mit Planleistung oder Kapazität – Beispiel

Über den Absatzplan wurde für die zentrale Produktionskostenstelle eine **Planleistung** von 1.000 Stunden pro Jahr mit Plankosten von 100.000 Euro ermittelt, die sich wiederum in 70.000 Euro variable Kosten und 30.000 Euro fixe Kosten unterteilen. Daraus ergibt sich bei Verwendung nur einer Leistungsart ein Tarif von:

- 70,00 Euro variabel und
- 30,00 Euro fix.

Die Kapazität der Kostenstelle beträgt im Normalbetrieb 1.200 Stunden pro Jahr. Wird der Tarif nun über die **Kapazität** ermittelt, werden wie bisher die variablen Kosten durch die Planleistung, die fixen Kosten jedoch durch die Kapazität dividiert.

Daraus ergibt sich ein Tarif von:

- 70,00 Euro variabel, aber
- 25,00 Euro fix.

Wendet man diese Tarife nun auf die 1.000 Stunden Planleistung an, so werden in diesem Fall statt 100.000 Euro nur 95.000 Euro weiterverrechnet, woraus also eine Planbeschäftigungsabweichung in Höhe von 5.000 Euro folgt. Dies wirkt sich auch in der weiteren Betrachtung aus, da auch die Herstellkosten der auf der Kostenstelle gefertigten Produkte geringer ausfallen.

Nehmen wir nun an, das Unternehmen fertigt nur ein Produkt über diese Kostenstelle, dieses Produkt hat einen Materialanteil von 600 Euro, und es werden zwei Produktionsstunden für die Herstellung des Produkts benötigt, betragen somit

- bei der Tarifermittlung nach **Planleistung** die variablen Fertigungskosten je Produkt 140 Euro und die fixen Kosten 60 Euro,

- bei der Tarifermittlung nach **Kapazität** die variablen Fertigungskosten wiederum 140 Euro, die fixen Kosten sinken auf 50 Euro.

In der weiteren Betrachtung wirkt sich der Tarif auch auf die Darstellung der Marge in der Ergebnisrechnung aus. Bei einem angenommenen Verkaufspreis von 1.000 Euro beträgt die Marge

- im ersten Fall 200 Euro (1.000 Euro minus 600 Euro Materialkosten minus 140 Euro variable Kosten minus 60 Euro fixe Kosten),
- im zweiten Fall 210 Euro (1.000 Euro minus 600 Euro Materialkosten minus 140 Euro variable Kosten minus 50 Euro fixe Kosten).

Wobei sich über Letzteres der margengesteuerte Vertrieb freut!

Eine weitere Variante wäre, **die Kapazität als Planleistung zu unterstellen**. Damit würde dann nicht nur der fixe, sondern auch der variable Tarif durch die höhere »Leistung« sinken, es gäbe aber keine geplante Beschäftigungsabweichung mehr, da das System standardmäßig davon ausgeht, dass die Planleistung auch die gebuchte Leistung sein wird. In unserem Bespiel würde der variable Satz also 58,33 Euro betragen, während der Fixkostensatz bei 25 Euro verharrt. Somit folgte eine Marge in Höhe von 233,34 Euro, dies jedoch mit der Konsequenz, dass bei Unterbeschäftigung nicht alle Kosten verrechnet würden.

Nach meiner Erfahrung bevorzugen die meisten Unternehmen, auch um hinsichtlich der Vertriebssteuerung die Vollkosten in der Deckungsbeitragsrechnung zu berücksichtigen, eine Tarifermittlung auf Basis der Planleistung, bei der die gesamten Gemeinkosten verrechnet werden. Eine Grenzkostenbetrachtung bleibt durch die Aufteilung in variable und fixe Kosten dennoch möglich. Ausnahmen von dieser Regel ergeben sich immer dann, wenn die Auslastungssteuerung über den expliziten Ausweis der Planbeschäftigungsabweichung erfolgen soll oder wenn die Anlage nur selten für die Produktion »exotischer«

Produkte eingesetzt wird und man sich hier bei Verrechnung der vollen Kosten »aus dem Markt kalkulieren« würde.

4.4 Produktkostenplanung

Bei der *Produktkostenplanung* werden die Standardherstellkosten der Eigenerzeugnisse ermittelt, die im Rahmen des entscheidungsorientierten Produktkosten-Controllings die zentrale Bezugsgröße für die weiteren Analysen darstellen. Hierfür ist das Mengengerüst des Produkts, bestehend aus Arbeitsplan und Stückliste, zu bewerten. Das Mengengerüst gibt also an, welche Materialien und Ressourcen für die Herstellung benötigt werden und welche Produktionsverfahren eingesetzt werden sollen.

Bevor wir zur eigentlichen Bewertung kommen, werfen wir zunächst einen Blick auf die in der Produktkostenplanung verwendeten Stammdaten.

4.4.1 Stammdaten in der Produktkostenplanung

Die Produktkostenplanung verwendet ausnahmslos Stammdaten, die aus den Bereichen Materialwirtschaft und Produktionsplanung stammen, namentlich den Materialstamm, den Arbeitsplatz, die Stückliste und den Arbeitsplan. Alle diese Stammdaten enthalten Bereiche, die für das Controlling relevante Parameter bereitstellen.

Materialstamm

Der Materialstamm dient zur Abbildung von Halb- und Fertigerzeugnissen, Rohstoffen, Betriebsmitteln, Dienstleistungen sowie Reparaturmaterialien und ist der wohl komplexeste Stammdatensatz in einem SAP-System, da er Informationen für Einkauf, Fertigung, Vertrieb, Qualitätsmanagement, Lagerhaltung, Rechnungswesen und Controlling enthält. Für das Produktkosten-Controlling bedeutsam sind die in Abbildung 4.20 bis Abbildung 4.23 dargestellten *Buchhaltungs*- und *Kalkulationssichten*.

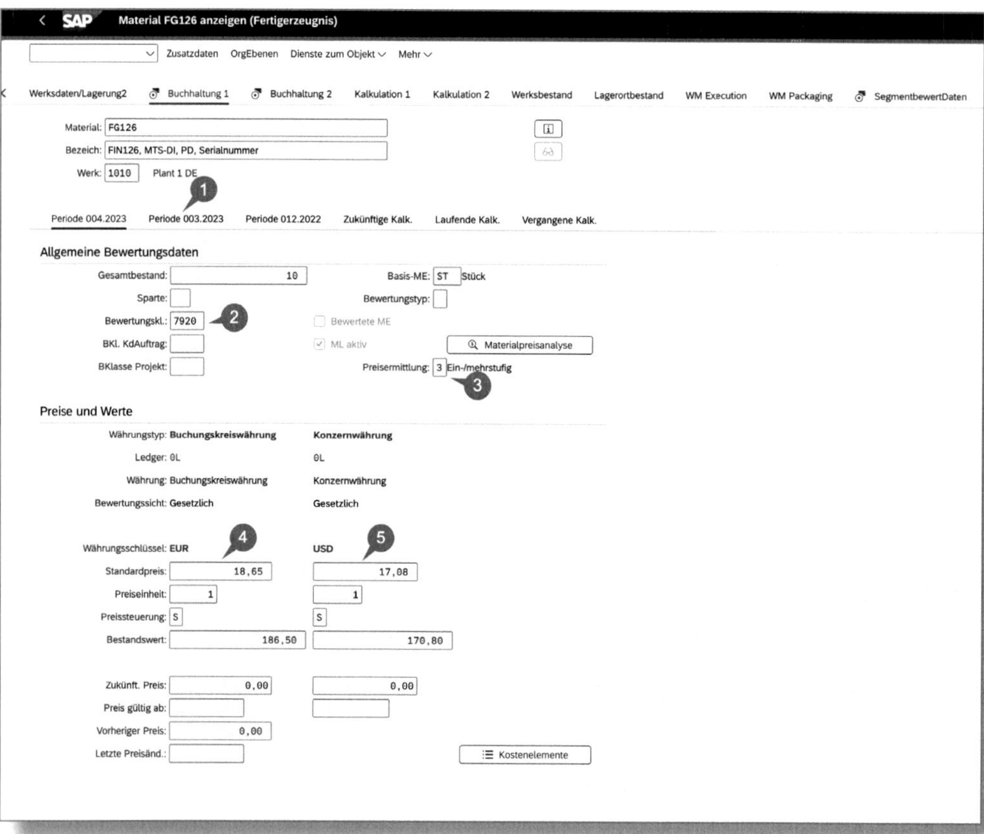

Abbildung 4.20: Materialstamm – Sicht »Buchhaltung 1«

❶ In der Sicht BUCHHALTUNG 1 (siehe Abbildung 4.20) zeigt der Materialstamm mit aktiviertem Material-Ledger immer die laufende PERIODE und die Vorperiode. Das Material-Ledger ermittelt einen monatlichen Verrechnungspreis, der in der Buchhaltungssicht dargestellt wird. Deswegen ist die Sicht BUCHHALTUNG 1 eine monatliche Betrachtung.

❷ Die Bewertungsklasse (BEWERTUNGSKL.) steuert die Parameter

- »Kontenfindung im Rahmen von Warenbewegungsbuchungen« sowie
- »Führen von bewerteten oder unbewerteten Beständen«.

❸ Über die PREISERMITTLUNG bestimmen Sie, ob die alte Logik des gleitenden Durchschnitts oder die neue Logik der periodischen Preisermittlung verwendet wird (siehe Abschnitt 5.5.1).

❹ ❺ Mit aktivem Material-Ledger besteht die Möglichkeit, den Materialpreis und den Bestandswert in mehreren Währungen und Bewertungen darzustellen, in diesem Beispiel zum einen mit legaler Bewertung in Buchungskreiswährung und zum anderen in Konzernwährung.

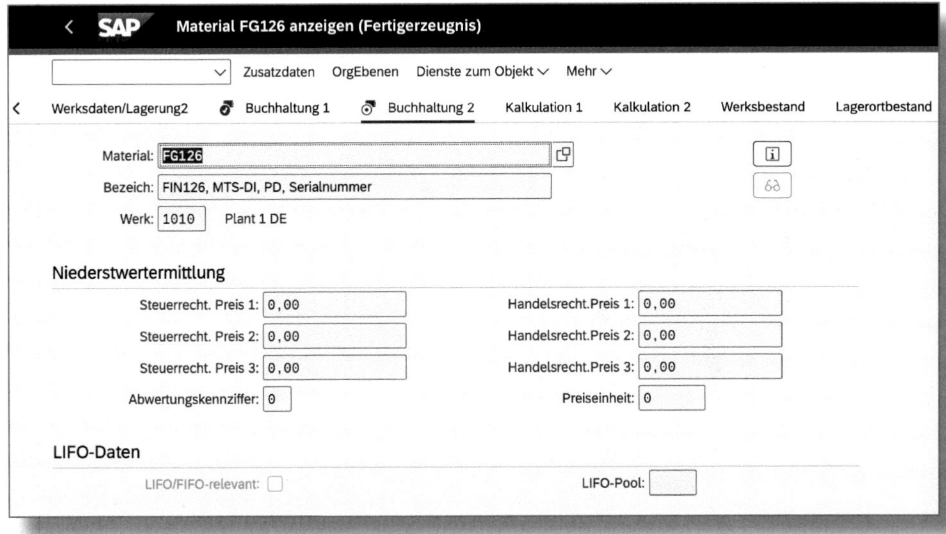

Abbildung 4.21: Materialstamm – Sicht »Buchhaltung 2«

In der Sicht BUCHHALTUNG 2 (siehe Abbildung 4.21) können Sie wie auch schon in vorherigen Releases unterschiedliche Preise für steuerliche oder handelsrechtliche Bewertungsszenarien hinterlegen.

In der Sicht KALKULATION 1 (siehe Abbildung 4.22) pflegen Sie sämtliche materialbezogenen Parameter, die zur Kalkulation des Materials notwendig sind.

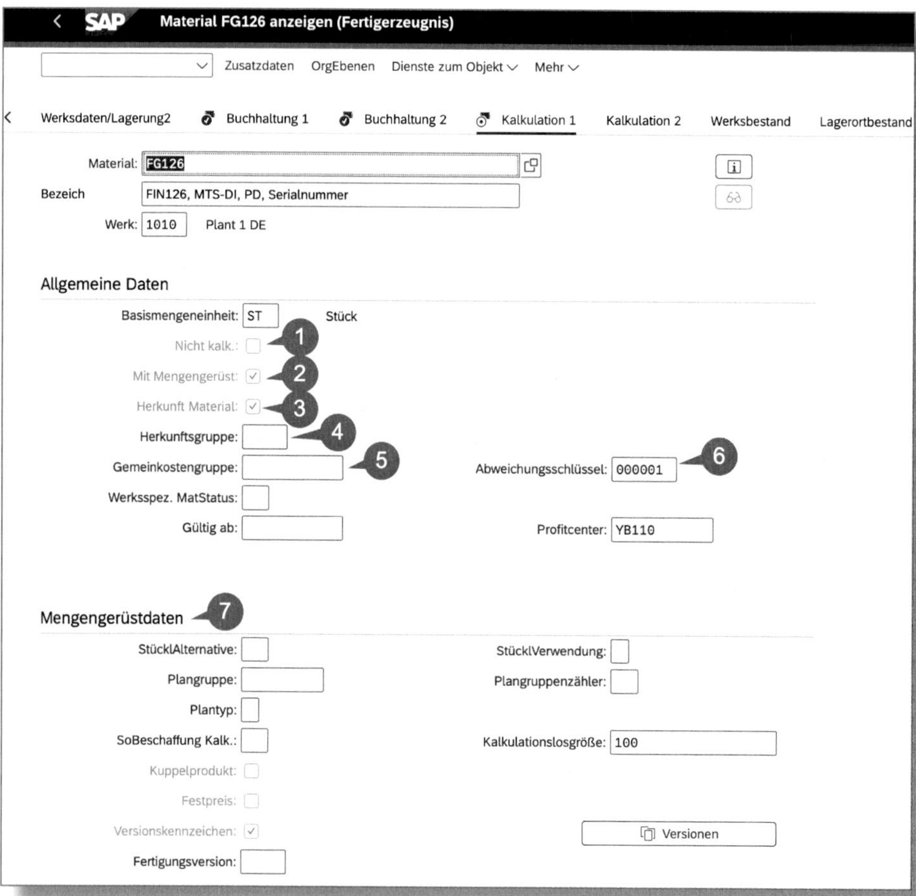

Abbildung 4.22: Materialstamm – Sicht »Kalkulation 1«

❶ Ist in der Sicht KALKULATION 1 (siehe Abbildung 4.22) das Kennzeichen NICHT KALK. gesetzt, wird dieses Material von der Kalkulation ausgeschlossen.

❷ Ist das Kennzeichen MIT MENGENGERÜST gesetzt, erwartet die Kalkulation des Materials immer ein Mengengerüst und gibt andernfalls eine Fehlermeldung aus.

❸ Ist das Kennzeichen HERKUNFT MATERIAL gesetzt, wird die Materialnummer bei Verbrauchsbuchungen innerhalb der Fertigung mitgeführt und ist in auftragsbezogenen Auswertungen sichtbar.

☛ Kennzeichen HERKUNFT MATERIAL setzen

Das Kennzeichen wird bei allen Materialien immer gesetzt.

❹ Die HERKUNFTSGRUPPE ist ein optionales Feld und dient zur Untergliederung der Materialkosten. Jedes Material findet über die Bewertungsklasse ein Konto, was in manchen Fällen für die Darstellung der Materialkosten zu wenig detailliert ist. Wenn Sie beispielsweise für die Ermittlung von Zuschlägen oder der Ware in Arbeit (WIP) eine ausgefeiltere Differenzierung als nur das Konto verwenden möchten, ordnen Sie dem Material eine Herkunftsgruppe zu. Schon sind sie in der Lage, das Konto in Verbindung mit der Herkunftsgruppe als Schlüssel zu verwenden.

❺ Auch die GEMEINKOSTENGRUPPE ist ein optionales Feld und dient dazu, Materialien für eine gleichartige Behandlung bei der Bezuschlagung im Rahmen der Kalkulation zu gruppieren.

❻ Der ABWEICHUNGSSCHLÜSSEL steuert die im Abschnitt 5.3.3 beschriebene Abweichungsermittlung. Daran nehmen nur diejenigen Fertigungsaufträge teil, bei denen das Material einen Abweichungsschlüssel trägt.

☛ Abweichungsschlüssel bei Eigenerzeugnissen

Für alle eigengefertigten Materialien, Halb- und Fertigerzeugnisse wird ein Abweichungsschlüssel hinterlegt.

❼ Die Kalkulationsvarianten, die den Ablauf der Kalkulation steuern, enthalten Regeln zur Ermittlung des zu kalkulierenden Mengengerüsts. Häufig gibt es jedoch mehrere gleichzeitig gültige Versionen des Mengengerüsts zu einem Material. In diesem Fall wird hier hinterlegt, welche Version für die Kalkulation verwendet werden soll.

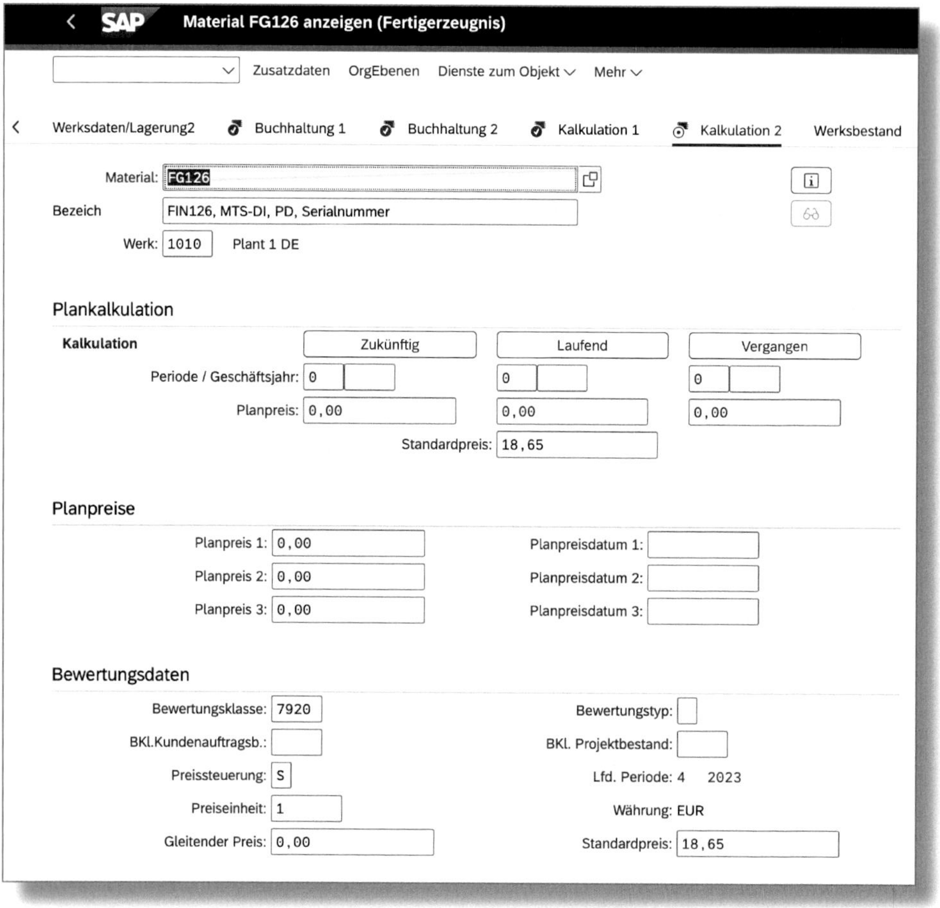

Abbildung 4.23: Materialstamm – Sicht »Kalkulation 2«

Die Sicht KALKULATION 2 (siehe Abbildung 4.23) informiert über das zur laufenden Bewertung verwendete Kalkulationsergebnis und zeigt zu Vergleichszwecken das letzte und das zukünftige Kalkulationsergebnis an. Darüber hinaus können Sie im Abschnitt PLANPREISE bis zu drei weitere Preise mit Datum eintragen. Im Bereich BEWERTUNGSDATEN werden informativ die Parameter aus der Buchhaltungssicht wiederholt.

Arbeitsplatz

An einem *Arbeitsplatz* werden Arbeitsschritte zur Herstellung eines Produkts durchgeführt. Ein Arbeitsplatz ist immer einer Kostenstelle zugeordnet, und eine Kostenstelle kann mehrere Arbeitsplätze umfassen. Der Arbeitsplatzstammsatz enthält alle relevanten Informationen zu einem bestimmten Arbeitsplatz. Dazu gehören z. B. die Arbeitsplatznummer, die Arbeitsplatzbezeichnung und die Arbeitsplatzart. Darüber hinaus können Sie im Arbeitsplatzstammsatz Details wie die Arbeitszeitregelung, die Kapazitäten des Arbeitsplatzes und die verfügbaren Ressourcen hinterlegen. Der Arbeitsplatz ist ein wichtiger Bestandteil der Produktionsplanung und -steuerung, da er die Grundlage für die Zuordnung von Arbeitsaufträgen zu bestimmten Arbeitsplätzen bildet. Die Daten im Arbeitsplatzstammsatz lassen sich auch für die Kapazitätsplanung, die Materialbedarfsplanung und die Kalkulation von Produktionsaufträgen verwenden.

Abbildung 4.24 zeigt in der VERKNÜPFUNG ZU KOSTENSTELLE/LEISTUNGSARTEN die Zuordnung des Arbeitsplatzes zu einer KOSTENSTELLE ❶ sowie die Zuordnung der LEISTUNGSARTEN ❷, die für die Bewertung herangezogen werden sollen, zu den Zeitarten, die im Arbeitsplatz verwendet werden.

Arbeitsplan

Der *Arbeitsplan* enthält alle notwendigen Schritte und Ressourcen, die für die Herstellung eines Produkts erforderlich sind. Dazu gehören etwa die Reihenfolge der Arbeitsschritte, die im jeweiligen Vorgang für die Herstellung erforderlichen Komponenten und Werkzeuge oder andere Fertigungshilfsmittel sowie die Arbeitszeiten für jeden Arbeitsschritt. Auf Basis des Arbeitsplans werden die Fertigungsaufträge erstellt. Somit ist er ein wichtiger Bestandteil der Produktionsplanung und -steuerung.

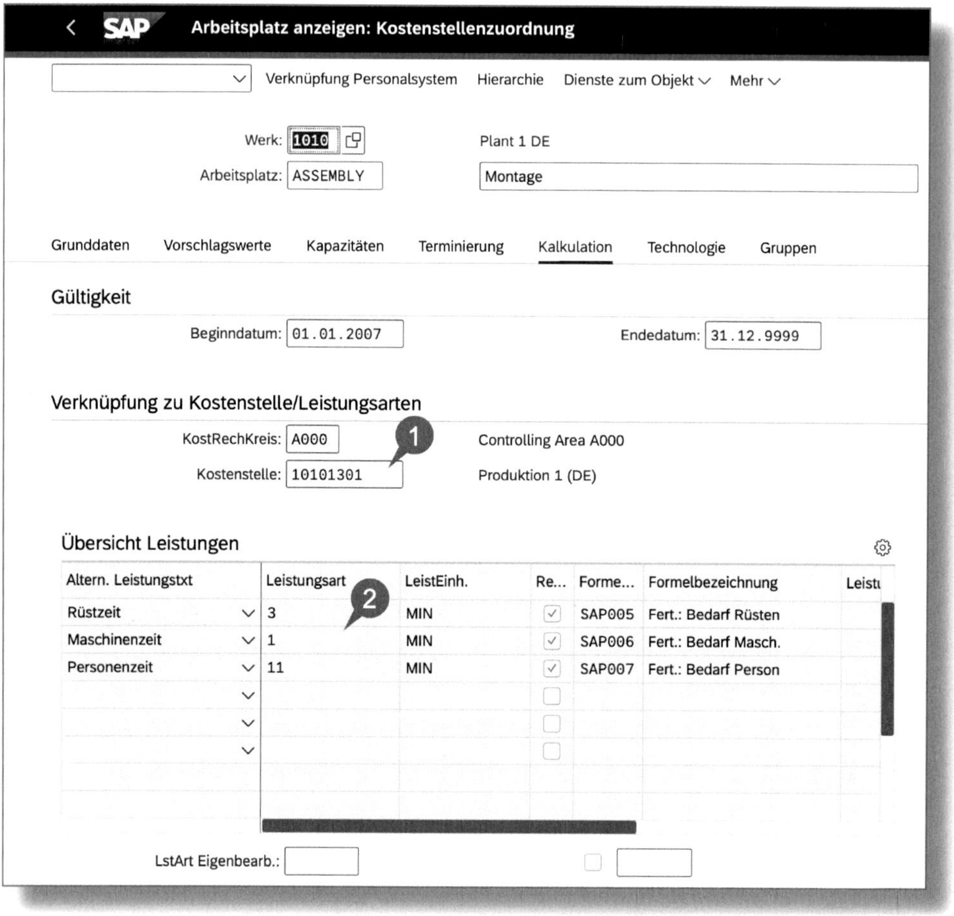

Abbildung 4.24: Arbeitsplatz – Kostenstellenzuordnung

Abbildung 4.25 zeigt beispielhaft einen Arbeitsplan mit den notwendigen Arbeitsschritten für die Montage eines Fahrrads.

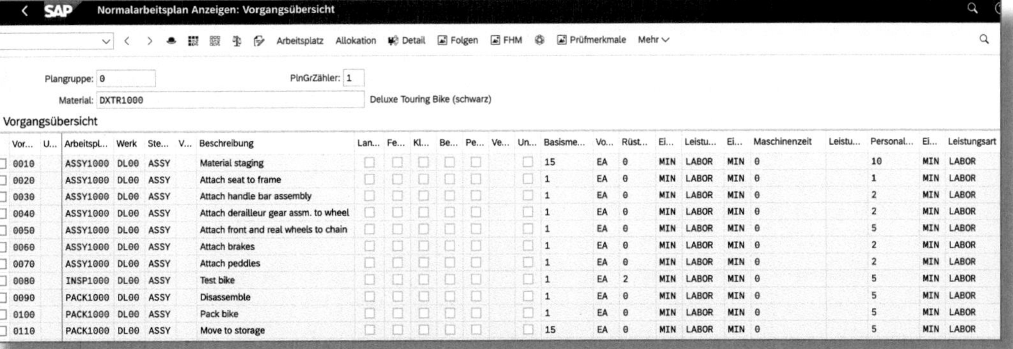

Vor...	U...	Arbeitspl...	Werk	Ste...	V...	Beschreibung	Lan...	Fe...	Kl...	Be...	Pe...	Ve...	Un...	Basisme...	Vo...	Rüst...	Ei...	Leistu...	Ei...	Maschinenzeit	Leistu...	Personal...	Ei...	Leistungsart
0010		ASSY1000	DL00	ASSY		Material staging								15	EA	0	MIN	LABOR	MIN	0		10	MIN	LABOR
0020		ASSY1000	DL00	ASSY		Attach seat to frame								1	EA	0	MIN	LABOR	MIN	0		1	MIN	LABOR
0030		ASSY1000	DL00	ASSY		Attach handle bar assembly								1	EA	0	MIN	LABOR	MIN	0		2	MIN	LABOR
0040		ASSY1000	DL00	ASSY		Attach derailleur gear assm. to wheel								1	EA	0	MIN	LABOR	MIN	0		2	MIN	LABOR
0050		ASSY1000	DL00	ASSY		Attach front and real wheels to chain								1	EA	0	MIN	LABOR	MIN	0		5	MIN	LABOR
0060		ASSY1000	DL00	ASSY		Attach brakes								1	EA	0	MIN	LABOR	MIN	0		2	MIN	LABOR
0070		ASSY1000	DL00	ASSY		Attach peddles								1	EA	0	MIN	LABOR	MIN	0		2	MIN	LABOR
0080		INSP1000	DL00	ASSY		Test bike								1	EA	2	MIN	LABOR	MIN	0		5	MIN	LABOR
0090		PACK1000	DL00	ASSY		Disassemble								1	EA	0	MIN	LABOR	MIN	0		5	MIN	LABOR
0100		PACK1000	DL00	ASSY		Pack bike								1	EA	0	MIN	LABOR	MIN	0		5	MIN	LABOR
0110		PACK1000	DL00	ASSY		Move to storage								15	EA	0	MIN	LABOR	MIN	0		5	MIN	LABOR

Abbildung 4.25: Arbeitsplan – Beispiel

Der Arbeitsplan wird in der Kalkulation verwendet, um die Kosten für jeden Arbeitsschritt zu ermitteln, indem die Aufwendungen für die Arbeitszeit auf Grundlage der zugeordneten Arbeitsplätze berechnet werden.

Die Pflege des Arbeitsplans ist ein kontinuierlicher Prozess, da Änderungen in der Produktion oder der Technologie Anpassungen im Arbeitsplan erfordern. Letztere in der Regel in verschiedenen Versionen des Arbeitsplans fortgeschrieben und können deshalb auch separat kalkuliert werden. Auf diese Weise lassen sich die Auswirkungen dieser Änderungen monetär bewerten.

Stückliste

Die Stückliste, auch *Bill of Materials (BOM)* genannt, ist neben dem Arbeitsplan der zweite wesentliche Bestandteil des Mengengerüsts eines Produkts. Sie beschreibt die einzelnen Komponenten oder Materialien, die im Produkt enthalten sind, sowie die Mengen und Einheiten, die für jede Komponente benötigt werden (siehe Abbildung 4.26).

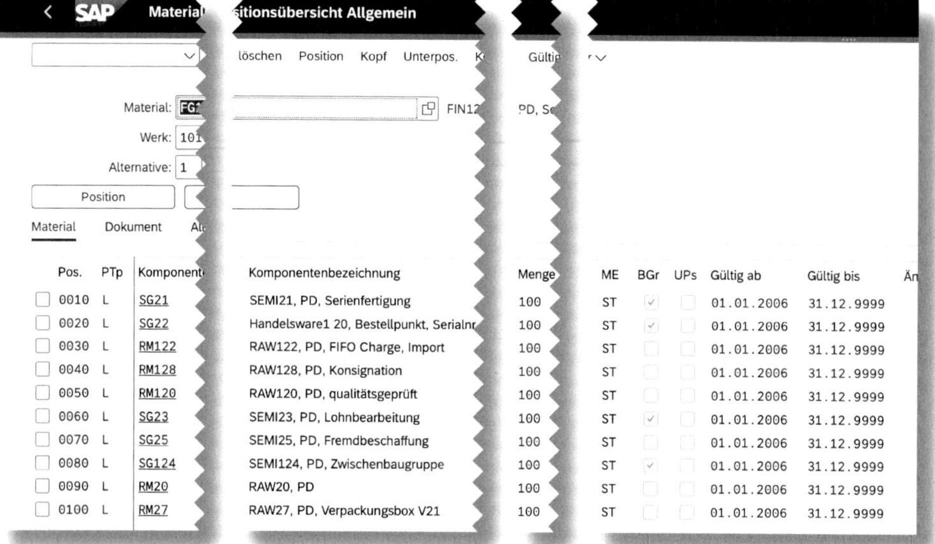

Abbildung 4.26: Stückliste

Auch die Stückliste ist ein wesentlicher Bestandteil der Produktionsplanung und -steuerung und bildet die Grundlage für die Materialbedarfsplanung und die Fertigungsaufträge. Die in ihr enthaltenen Informationen ermöglichen es, Materialbeschaffung und Fertigungsprozesse effektiv zu planen und zu optimieren.

In der Kalkulation wird die Stückliste verwendet, um die einzelnen Komponentenbedarfe zu bewerten und in den Herstellkosten darzustellen.

Wie für den Arbeitsplan gilt auch für die Stückliste: Ihre Pflege ist ein kontinuierlicher Prozess. Änderungen an der Produktkonstruktion, dem Materialbedarf oder der Produktionstechnologie erfordern eine Anpassung der Stückliste. Auch diese Änderungen werden in unterschiedlichen Versionen fortgeschrieben und können somit ebenfalls wieder separat kalkuliert werden. So lassen sich beispielsweise die Auswirkungen einer Materialsubstitution monetär bewerten.

4.4.2 Customizing der Produktkostenplanung

Kommen wir nun zu den Vorbereitungen zurück, die notwendig sind, um die Produktkostenplanung im CO zu implementieren.

Kostenelemente

An erster Stelle steht die Definition der Kostenelemente. Kostenelemente dienen bei der Kalkulation der Klassifizierung und Gliederung der verschiedenen Kostenarten, die im Zusammenhang mit der Herstellung von Produkten oder der Erbringung von Dienstleistungen anfallen. Konkret sind Kostenelemente definierte Kostenpositionen, die zur Erfassung und Verrechnung von Kosten innerhalb der Kostenrechnung verwendet werden, so z. B. Materialkosten, Personalkosten, Maschinenkosten, Materialgemeinkostenzuschläge und Fertigungsgemeinkosten. Bei Anlegen der Kostenelemente bestimmen Sie außerdem, wie diese im Rahmen der Bestandsbewertung zu behandeln sind, d. h., ob sie berücksichtigt werden oder nicht. Die Darstellung der Herstellkosten (Cost of Goods Manufactured, COGM) bzw. Umsatzkosten (Cost of Goods Sold, COGS) erfolgt beispielsweise in der Ergebnisrechnung ebenfalls gemäß der Gliederung der Kostenelemente im *Elementeschema*. Sie finden die Funktion zur Pflege des Elementeschemas entweder im Customizing unter dem Pfad CONTROLLING • PRODUKTKOSTEN-CONTROLLING • PRODUKTKOSTENPLANUNG • GRUNDEINSTELLUNGEN FÜR DIE MATERIALKALKULATION • ELEMENTESCHEMA DEFINIEREN (Transaktion *OKTZ*) auf. Das Elementeschema dient dann in der Darstellung der Kalkulationsergebnisse zur übersichtlichen Präsentation der Herstellkosten.

Abbildung 4.27 zeigt den Ausgangspunkt der Elementeschemapflege. Hier aktivieren Sie die Elementeschemata, die für die Kalkulation heranzuziehen sind ❶.

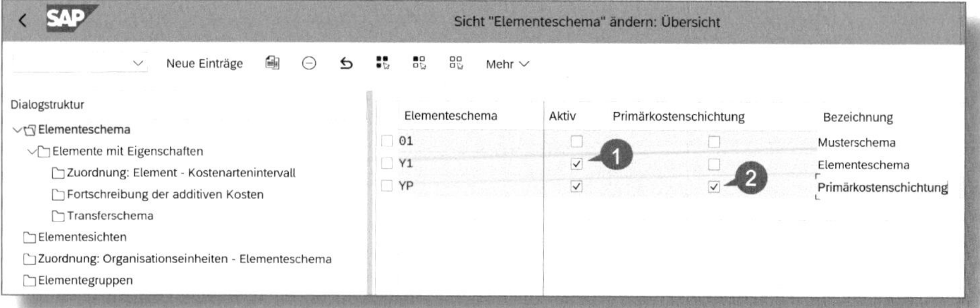

Abbildung 4.27: Pflege Elementeschema – Einstieg

> **Aktivierung des Elementeschemas**
>
> Bitte beachten Sie, dass jede Änderung in den Zuordnungen dazu führt, dass das Aktivkennzeichen zurückgesetzt wird. Sie müssen also nach jeder Änderung das Kennzeichen erneut aktivieren.

Darüber hinaus können Sie hier das Kennzeichen PRIMÄRKOSTENSCHICHTUNG anklicken ❷. Ziel der Primärkostenschichtung ist es, alle Tarife, die zur Leistungsverrechnung herangezogen werden, in ihre primären Bestandteile zu zerlegen. So wird die Kostenstruktur transparent und die Kostentreiber identifizierbar, wodurch gezielte Maßnahmen zur Kostensenkung ermöglicht werden. Voraussetzung für den Einsatz der Primärkostenschichtung ist, dass im Customizing der Version zum Kostenrechnungskreis das entsprechende ELEMENTESCHEMA hinterlegt ist (siehe Abbildung 4.28). Die TARIFERMITTLUNG bestimmt dann für jedes Kostenelement einen Verrechnungstarif.

Im Einstiegsbild (siehe Abbildung 4.27) sind in unserem Beispiel zwei Elementeschemata als aktiv gekennzeichnet. Das Schema *Y1* repräsentiert die Hauptschichtung, während das Schema *YP* als Nebenschichtung die Primärkostenschichtung widerspiegelt.

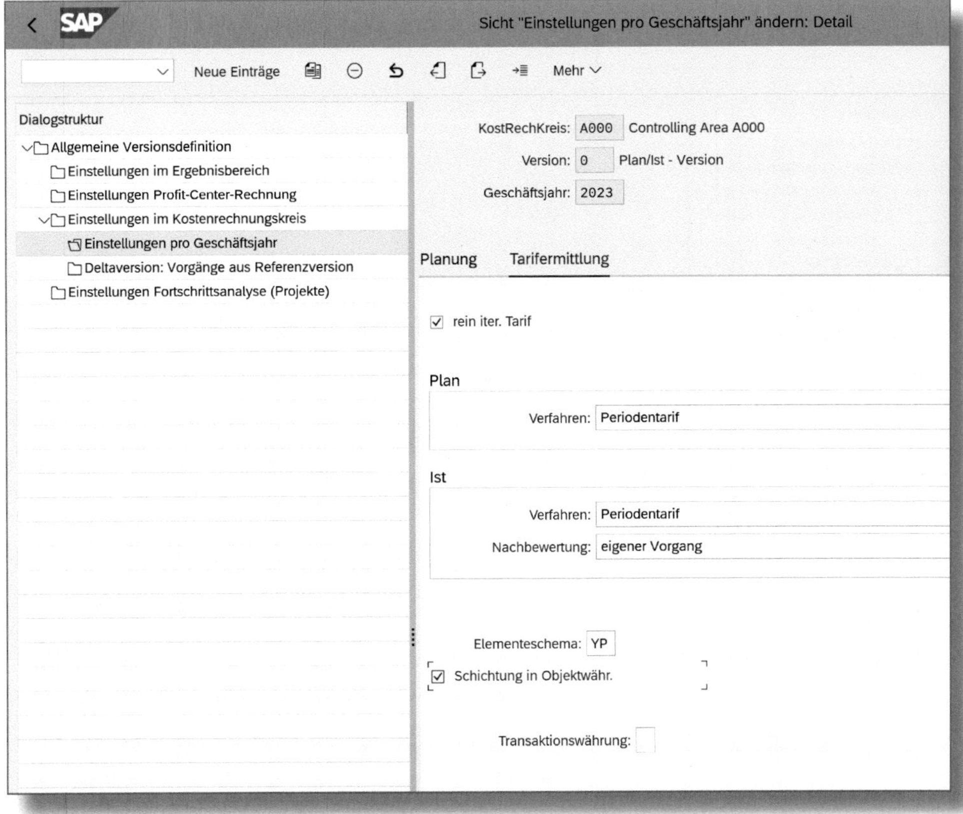

Abbildung 4.28: Elementeschema für Primärkostenschichtung – Zuordnung

Das Elementeschema *Y1* wird in Abhängigkeit von den jeweiligen Produktionsgegebenheiten gestaltet. Die in Abbildung 4.29 dargestellten Zeilen werden mit primären Kostenarten für den Materialverbrauch und Fremdleistungen sowie sekundären Kostenarten für die Leistungsverrechnung und Bezuschlagung gefüllt.

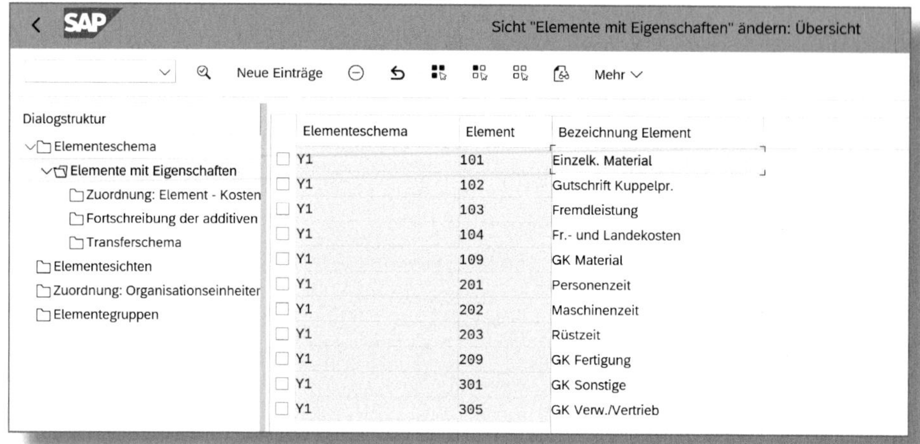

Sicht "Elemente mit Eigenschaften" ändern: Übersicht

Neue Einträge Mehr

Dialogstruktur
- Elementeschema
  - Elemente mit Eigenschaften
    - Zuordnung: Element - Kosten
    - Fortschreibung der additiven
    - Transferschema
- Elementesichten
- Zuordnung: Organisationseinheiter
- Elementegruppen

Elementeschema	Element	Bezeichnung Element
Y1	101	Einzelk. Material
Y1	102	Gutschrift Kuppelpr.
Y1	103	Fremdleistung
Y1	104	Fr.- und Landekosten
Y1	109	GK Material
Y1	201	Personenzeit
Y1	202	Maschinenzeit
Y1	203	Rüstzeit
Y1	209	GK Fertigung
Y1	301	GK Sonstige
Y1	305	GK Verw./Vertrieb

Abbildung 4.29: Elementeschema – Zeilenstruktur

Nach der Definition der Elemente (siehe Abbildung 4.29) ordnen Sie den einzelnen Elementen Kostenarten oder Kostenartenintervalle zu (siehe Abbildung 4.30). Intervalle können Sie immer dann verwenden, wenn mehrere Kostenarten, die in einem gemeinsamen Nummernkreis liegen, demselben Kostenelement zugeordnet werden sollen.

Sicht "Zuordnung: Element - Kostenartenintervall" ändern: Übersicht

Neue Einträge Mehr Anzeigen

Dialogstruktur
- Elementeschema
  - Elemente mit Eigenschaften
    - Zuordnung: Element - Kosten
    - Fortschreibung der additiven
    - Transferschema
- Elementesichten
- Zuordnung: Organisationseinheiter
- Elementegruppen

Elementeschema	Kontenplan	Kostenart von	Herkunftsgruppe	Kostenart bis	Element	Bezeichnung Element
Y1	YCOA		YFC		104	und Landekosten
Y1	YCOA	51100000		51100000	101	Einzelk. Material
Y1	YCOA	51500000		51500000	101	Einzelk. Material
Y1	YCOA	51600000		51600000	101	Einzelk. Material
Y1	YCOA	51700000		51700000	101	Einzelk. Material
Y1	YCOA	51900000		51900000	103	Fremdleistung
Y1	YCOA	51950000		51950000	101	Einzelk. Material
Y1	YCOA	54300000		54300000	101	Einzelk. Material
Y1	YCOA	54400000		54400000	101	Einzelk. Material
Y1	YCOA	55100000		55100000	102	Gutschrift Kuppelpr.
Y1	YCOA	61002000		61002000	103	Fremdleistung
Y1	YCOA	65008000		65008000	103	Fremdleistung
Y1	YCOA	65008300		65008300	103	Fremdleistung
Y1	YCOA	65008500		65008500	103	Fremdleistung
Y1	YCOA	94111000		94111000	109	GK Material
Y1	YCOA	94112000		94112000	209	GK Fertigung
Y1	YCOA	94113000		94113000	305	GK Verw./Vertrieb
Y1	YCOA	94114000		94114000	305	GK Verw./Vertrieb

Positionieren... Eintrag 1 von 29

Abbildung 4.30: Elementeschema – Zuordnung der Kostenartenintervalle

In manchen Fällen ist es erwünscht, die Materialkosten differenzierter darzustellen, als dies über die Kostenart möglich ist. Hierfür verwenden Sie die HERKUNFTSGRUPPE, die Sie im Materialstamm in der Sicht KALKULATION 1 hinterlegen. Wird das Material mit der Kostenart 600000 verbraucht und ist die Kostenart 600000 dem Element »Materialverbrauch« zugeordnet, so kann das Material mit der Herkunftsgruppe *YFC* einem anderen Element zugeordnet werden (siehe Element 104 in Abbildung 4.30).

Verwendung von Herkunftsgruppen

Sie wollen den Hauptrohstoff Stahl in der Kalkulation getrennt von anderen für die Fertigung benötigten Rohstoffen (z. B. Beschichtungsmaterial) ausweisen. Der Verbrauch beider Rohstoffe erfolgt aber unter derselben Kostenart. In diesem Fall können Sie den Rohstoffen im Materialstamm unterschiedliche Herkunftsgruppen zuordnen und diese dann bei der Zuordnung der Kostenelemente im Elementeschema verwenden.

Bei der Neuanlage eines Kostenelements bekommen Sie automatisch die Detailsicht der Abbildung 4.31 angezeigt, in der sie die Parametrisierung eines jeden Elements vornehmen.

❶ Im Bereich STEUERUNG definieren Sie, ob das Element nur VARIABLE KOSTEN oder FIXE UND VARIABLE KOSTEN enthalten soll. Darüber hinaus können sie das Element optional einer ELEMENTEGRUPPE für eine verdichtete Darstellung des späteren Kalkulationsergebnisses zuordnen.

❷ Die KOSTENWÄLZUNG ist der wichtigste Eintrag in den Kostenelementeigenschaften. Mit dem Kennzeichen ELEMENT WÄLZEN steuern Sie, ob die Kosten des Elements bei einer mehrstufigen Kalkulation an das gleiche Kostenelement der nächsthöheren Kalkulationsstufe weitergegeben werden sollen. Das Kennzeichen sollte für alle Herstellkostenelemente gesetzt werden, da nur so die Aufteilung der Gesamtkosten des Fertigerzeugnisses auf die einzelnen Kostenelemente gewährleistet ist.

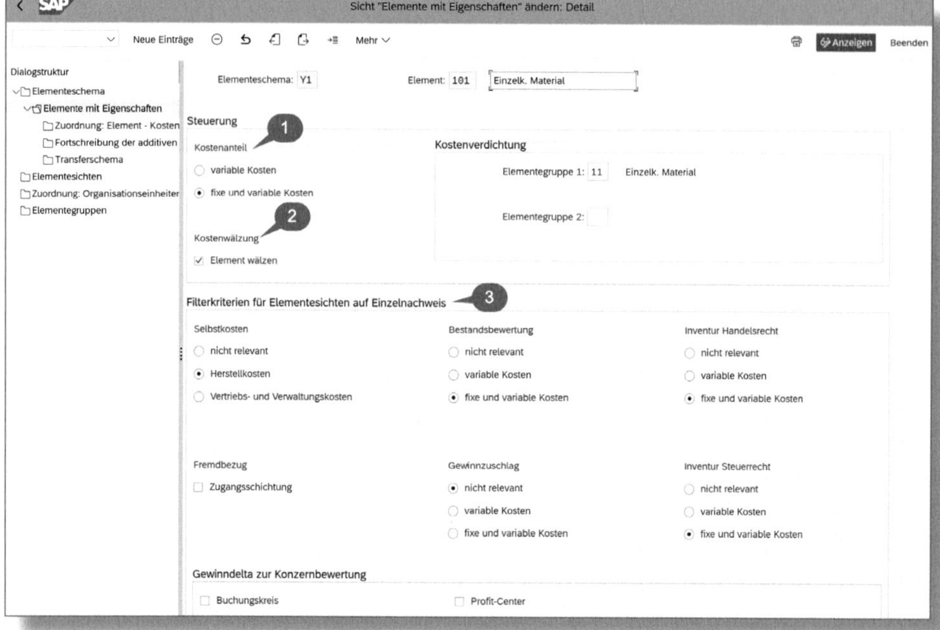

Abbildung 4.31: Elementeeigenschaften

❸ Die FILTERKRITERIEN FÜR ELEMENTESICHTEN AUF EINZELNACHWEIS bestimmen, zu welchem Bereich der SELBSTKOSTEN das definierte Kostenelement zu zählen ist. Darüber hinaus legen Sie hier fest, ob und wie die fixen und variablen Kosten im Rahmen der unterschiedlichen Bewertungsansätze zu berücksichtigen sind.

Wenn die Herstellkosten aus Transparenzgründen oder zu Analysezwecken auch mittels der Primärkostenschichtung dargestellt werden sollen, richten Sie ein weiteres Elementeschema ein. Die Zeilenstruktur gibt dann die für die oben genannten Zwecke sinnvollen Primärkostenblöcke wieder. Ein Beispiel für diese Schichtung zeigt Abbildung 4.32.

Den einzelnen Zeilen werden Kostenartenintervalle zugeordnet, die nur aus Primärkosten bestehen.

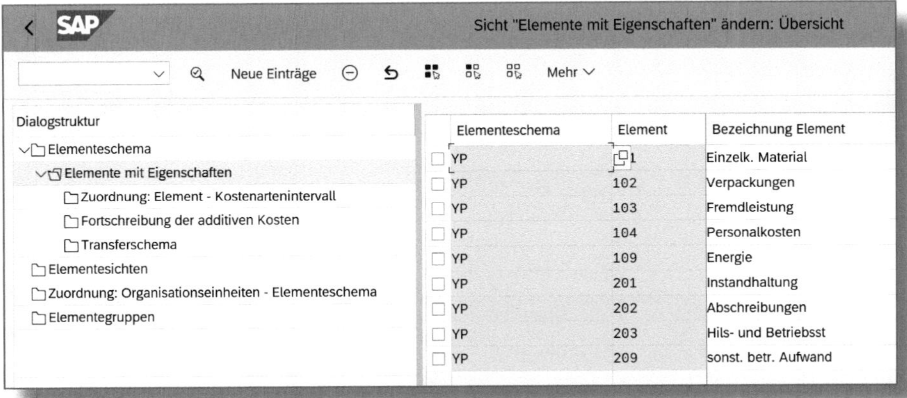

Abbildung 4.32: Struktur zum Schema Primärkostenschichtung

Primärkostenschichtung

Der Einsatz der Primärkostenschichtung setzt zwingend eine automatische Tarifermittlung voraus, manuelle Tarife können nicht verwendet werden. Damit die Primärkostenschichtung hinreichend relevante Informationen liefert, sollte der Einsatz von Umlagen und Zuschlägen für die Kostenverrechnung auf ein Minimum reduziert werden, nach Möglichkeit sollte immer eine direkte oder indirekte Leistungsverrechnung erfolgen.

Nach Fertigstellung der Elementeschemata müssen Sie diese den Buchungskreisen zuordnen, für die sie verwendet werden sollen. Dabei haben Sie die Möglichkeit, die Organisationseinheit, in der die Schemata verwendet werden sollen, explizit anzugeben oder die Schemata für alle Organisationseinheiten gültig zu machen, indem Sie die entsprechenden Felder, BUCHUNGSKREIS, WERK und Kalkulationsvariante (KALKULA...) mit Pluszeichen (++++) maskieren (siehe Abbildung 4.33).

Damit ist der erste Vorbereitungsschritt für die klassische Kalkulation abgeschlossen.

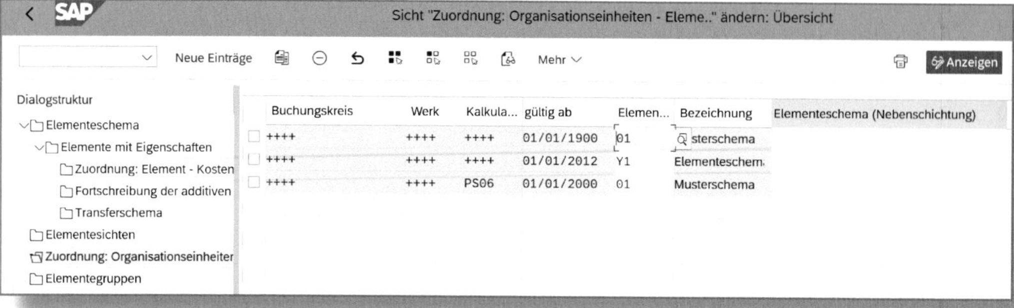

Abbildung 4.33: Elementeschema – Zuordnung zu Buchungskreisen

Kostenelemente in der Ergebnisrechnung

Mit der Einführung von S/4HANA empfiehlt die SAP, anstelle der klassischen kalkulatorischen Ergebnisrechnung die *Margin Analysis* einzusetzen. Die Margin Analysis zeichnet sich dadurch aus, dass sie auf den Einzelposten der ACDOCA basiert und somit nur Konten, aber keine Wertfelder kennt. Damit die Herstellkosten in der Ergebnisrechnung weiterhin nach Kostenelementen geschichtet dargestellt werden können, müssen daher für jedes Kostenelement Sachkonten angelegt und diesen dann die Kostenelemente zugeordnet werden. Diese Zuordnung – auch COGS-Split genannt – erfolgt im Customizing des Finanzwesens unter dem Pfad FINANZWESEN • HAUPTBUCH • PERIODISCHE ARBEITEN • INTEGRATION • MATERIALWIRTSCHAFT • KONTEN FÜR AUFTEILUNG DES UMSATZES DEFINIEREN (siehe Abbildung 4.34).

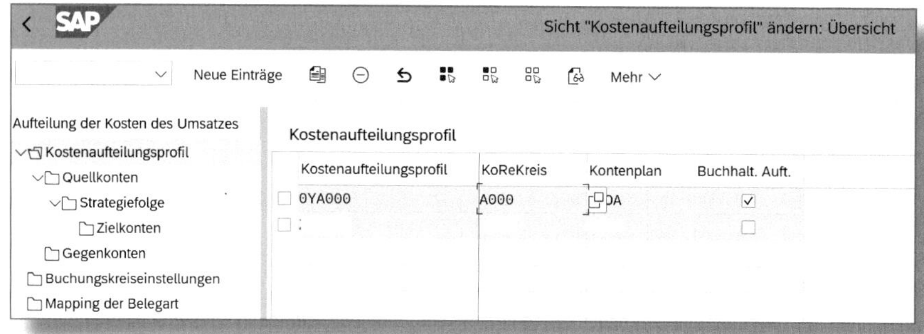

Abbildung 4.34: COGS-Split – Kostenaufteilungsprofil

Zunächst legen Sie ein KOSTENAUFTEILUNGSPROFIL für den jeweiligen Kostenrechnungskreis (KOREKREIS) durch die Auswahl NEUE EINTRÄGE an, geben danach den Namen des Profils ein und ordnen diesem den entsprechenden KONTENPLAN zu. In unserem Beispiel ist es das Profil *0YA000*. Außerdem müssen Sie entscheiden, ob die Umsatzkosten aufgeteilt werden sollen, sobald das Quellkonto bebucht wird (Kennzeichen BUCHHALT. AUFT. aktiviert), oder nur im Falle von kundenauftragsbezogenen Warenbewegungen (Kennzeichen BUCHHALT. AUFT. inaktiv).

Als Nächstes definieren Sie die QUELLKONTEN für die Aufteilung der Umsatzkosten (siehe Abbildung 4.35). In der Regel sind das die Konten, die beim Warenausgang zum Verkauf (Bewegungsart 601) bebucht werden.

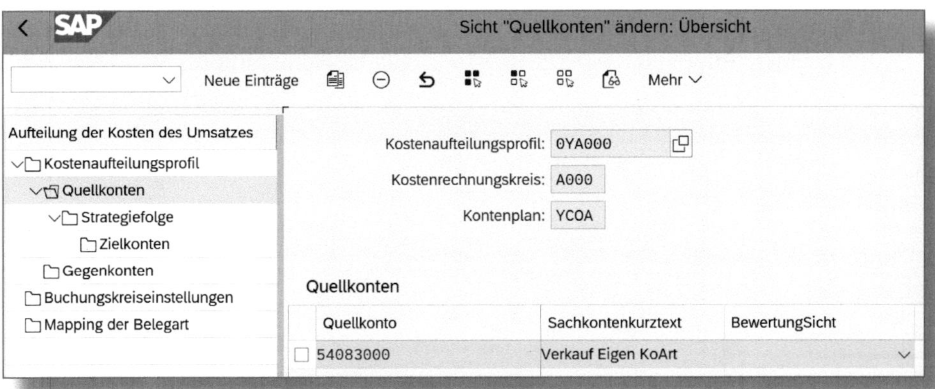

Abbildung 4.35: COGS-Split – Quellkonten

Bevor Sie die Konten dem jeweiligen Kostenelement zuordnen, müssen Sie eine STRATEGIEFOLGE anlegen (siehe Abbildung 4.36). Diese bestimmt, welche Kalkulation für den COGS-Split verwendet wird. In unserem Beispiel ist dies die FREIGEGEBENE KALKULATION.

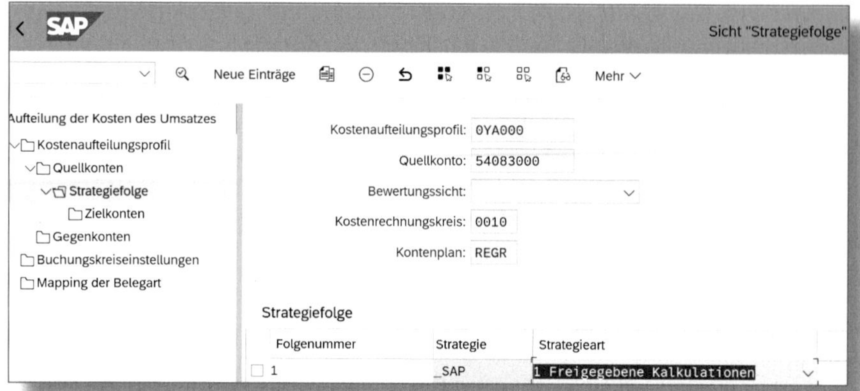

Abbildung 4.36: COGS-Split – Strategiefolge

Innerhalb der Strategiefolge ordnen Sie dann jedem KOSTENELEMENT des ELEMENTESCHEMAS ein ZIELKONTO zu (siehe Abbildung 4.37).

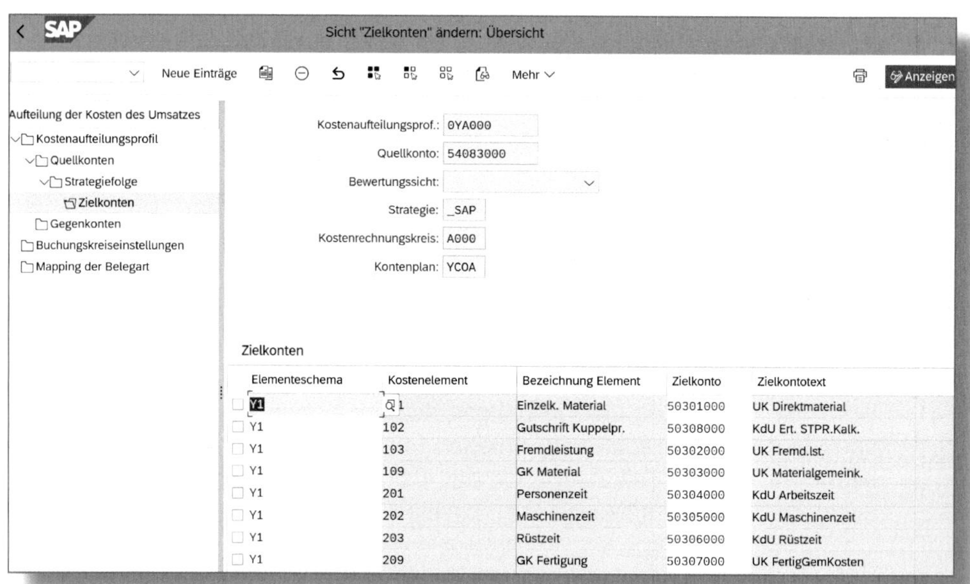

Elementeschema	Kostenelement	Bezeichnung Element	Zielkonto	Zielkontotext
Y1	1	Einzelk. Material	50301000	UK Direktmaterial
Y1	102	Gutschrift Kuppelpr.	50308000	KdU Ert. STPR.Kalk.
Y1	103	Fremdleistung	50302000	UK Fremd.lst.
Y1	109	GK Material	50303000	UK Materialgemeink.
Y1	201	Personenzeit	50304000	KdU Arbeitszeit
Y1	202	Maschinenzeit	50305000	KdU Maschinenzeit
Y1	203	Rüstzeit	50306000	KdU Rüstzeit
Y1	209	GK Fertigung	50307000	UK FertigGemKosten

Abbildung 4.37: COGS-Split – Zielkonten

Nachdem Sie das KOSTENAUFTEILUNGSPROFIL mit der Zuordnung der ZIELKONTEN fertiggestellt haben, ordnen Sie es anschließend dem jeweils relevanten BUCHUNGSKREIS zu (siehe Abbildung 4.38).

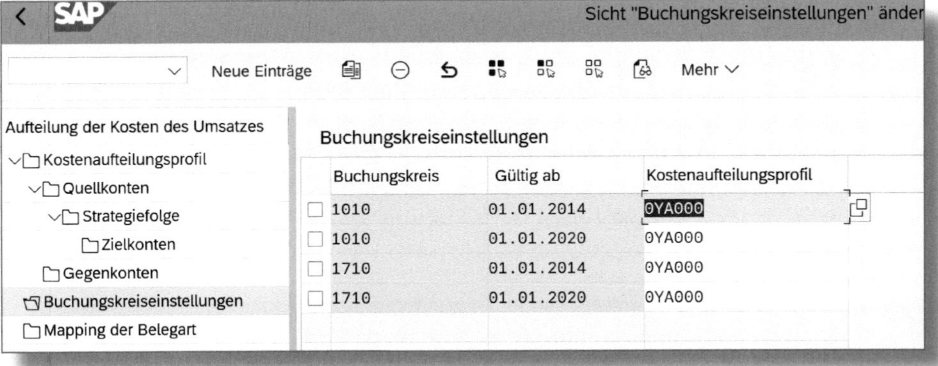

Abbildung 4.38: COGS-Split – Buchungskreiseinstellungen

Zuschläge im Rahmen der Produktkostenplanung

Im Rahmen der Vollkostenbetrachtung der Herstellkosten sind auch Kosten zu verrechnen, die üblicherweise nicht über eine Leistungsverrechnung in die Produkte einfließen. Dazu zählen Aufwendungen in den Bereichen:

- Wareneingang
- Lagerung der Rohstoffe und Verbrauchsmaterialien
- Handling der Einsatzmaterialien
- Produktionsoverhead
- Kosten der Arbeitsvorbereitung
- Kosten der Fertigungssteuerung

Diese Kosten werden häufig mittels Zuschlägen auf die Erzeugnisse verrechnet, auch wenn dies dem Verursacherprinzip nur in den wenigsten Fällen gerecht wird. Sie werden dabei entweder als Prozentzuschlag oder als Quote (€/ME) auf eine Basis verrechnet. Im Falle der materialbezogenen Gemeinkosten können die Basis die eingesetzten Rohstoffkosten sein. Zu diesen wird ein prozentualer Anteil hinzugerechnet und das Ergebnis unter einer eigenen Kostenart verbucht. Gleichzeitig wird die Kostenstelle um diesen Betrag entlastet. Bei einer Quote dient hingegen statt der eingesetzten Rohstoffkosten die eingesetzte Rohstoffmenge als Grundlage. Ein vorher festgelegter Satz wird pro Mengeneinheit als Materialgemeinkosten hinzuaddiert. Die differenzierte Bezuschlagung von Materialien unabhängig von der Verbrauchskostenart kann dabei mithilfe von Gemeinkostengruppen erreicht werden, die ebenso wie die Herkunftsgruppe in der Sicht KALKULATION 1 des Materialstamms hinterlegt werden (siehe Abbildung 4.39).

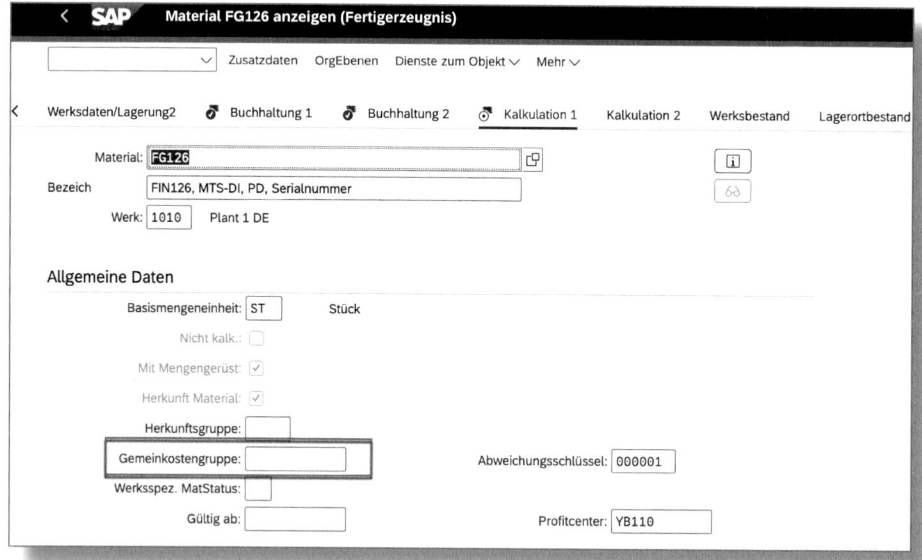

Abbildung 4.39: Gemeinkostengruppe im Material

Bevor Sie die Gemeinkostengruppen im Customizing erstellen können, müssen Sie die Zuschlagsschlüssel anlegen. Hierfür folgen Sie dem Pfad CONTROLLING • PRODUKTKOSTEN-CONTROLLING • PRODUKTKOSTENPLANUNG • GRUNDEINSTELLUNGEN FÜR DIE PRODUKTKOSTENPLANUNG • GEMEINKOSTENZUSCHLÄGE • ZUSCHLAGSSCHLÜSSEL DEFINIEREN (siehe Abbildung 4.40). Sie dienen zur Berechnung der Zuschläge und werden der Gemeinkostengruppe zugeordnet. Schließlich bestimmen Sie die Gemeinkostengruppe, indem Sie in dem bereits beschrittenen Pfad CONTROLLING • PRODUKTKOSTEN-CONTROLLING • PRODUKTKOSTENPLANUNG • GRUNDEINSTELLUNGEN FÜR DIE PRODUKTKOSTENPLANUNG • GEMEINKOSTENZUSCHLÄGE zum Punkt GEMEINKOSTENGRUPPEN DEFINIEREN navigieren (siehe Abbildung 4.41).

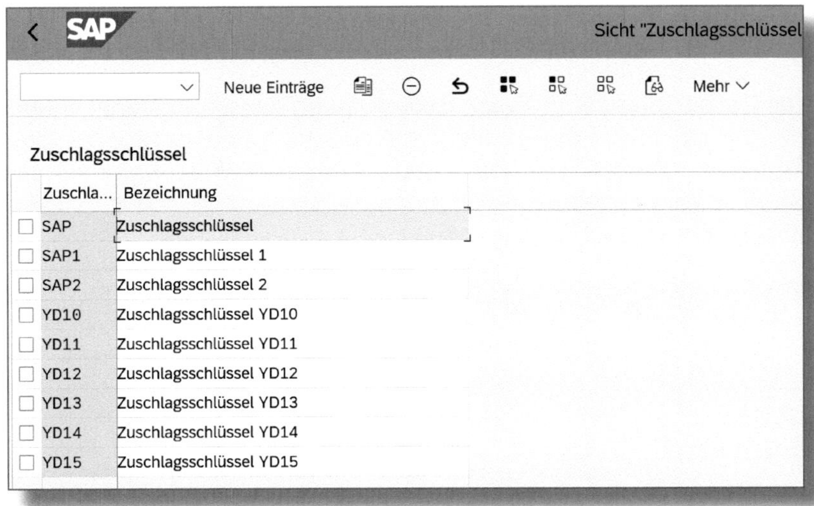

Zuschla...	Bezeichnung
SAP	Zuschlagsschlüssel
SAP1	Zuschlagsschlüssel 1
SAP2	Zuschlagsschlüssel 2
YD10	Zuschlagsschlüssel YD10
YD11	Zuschlagsschlüssel YD11
YD12	Zuschlagsschlüssel YD12
YD13	Zuschlagsschlüssel YD13
YD14	Zuschlagsschlüssel YD14
YD15	Zuschlagsschlüssel YD15

Abbildung 4.40: Zuschlagsschlüssel

SAP

Sicht "Gemeinkostengruppen Kalkulation" ändern: Übersicht

Neue Einträge Mehr

Bewertungskreis	GMK-Gruppe	Zuschlagsschlüssel	Bezeichnung GMK-Gruppe
++++	YD10	YD10	meinkostengruppe YD10
++++	YD11	YD11	Gemeinkostengruppe YD11
++++	YD12	YD12	Gemeinkostengruppe YD12
++++	YD13	YD13	Gemeinkostengruppe YD13
++++	YD14	YD14	Gemeinkostengruppe YD14
++++	YD15	YD15	Gemeinkostengruppe YD15
0001	SAP1	SAP1	Gemeinkostengruppe 1
0001	SAP2	SAP2	Gemeinkostengruppe 2

Abbildung 4.41: Gemeinkostengruppen

Die eigentliche Definition der Regeln für die Bezuschlagung der originären Kosten findet dann im Kalkulationsschema statt. Dort sind für jede Regel drei Parameter zu hinterlegen, die Sie jeweils im Vorfeld definiert haben:

- die Basis für die Berechnung
- der Zuschlag
- die Entlastung

Die Definition des *Kalkulationsschemas* und dessen Bestandteile finden Sie im Customizing unter CONTROLLING • PRODUKTKOSTEN-CONTROLLING • PRODUKTKOSTENPLANUNG • GRUNDEINSTELLUNGEN FÜR DIE PRODUKTKOSTENPLANUNG • GEMEINKOSTENZUSCHLÄGE • KALKULATIONSSCHEMATA DEFINIEREN (siehe Abbildung 4.42).

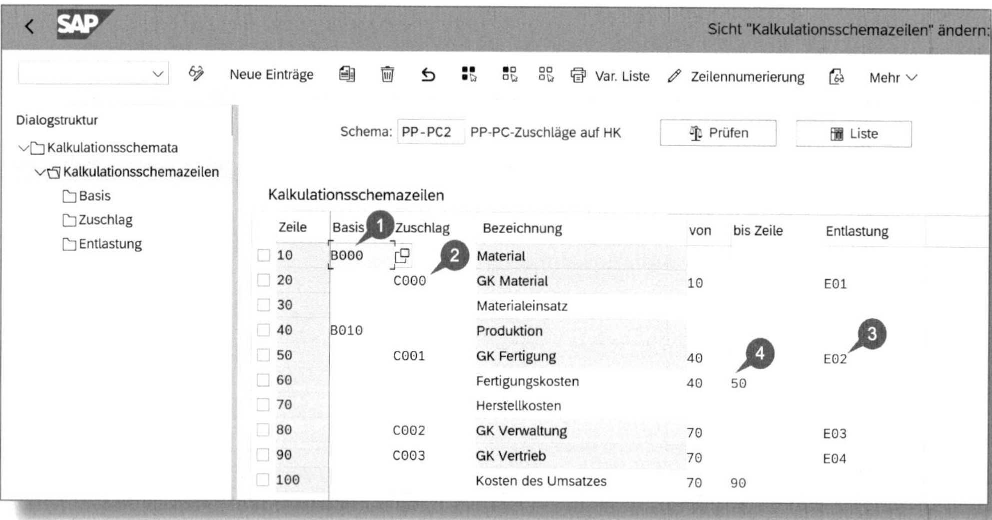

Abbildung 4.42: Kalkulationsschema mit Zeilen

Im Kalkulationsschema legen Sie fest, auf welche BASIS (❶ und ❹) welcher ZUSCHLAG ❷ gerechnet werden soll. In der Spalte ENTLASTUNG ❸ geben Sie an, welches Entlastungsobjekt im Ist zu verwenden ist.

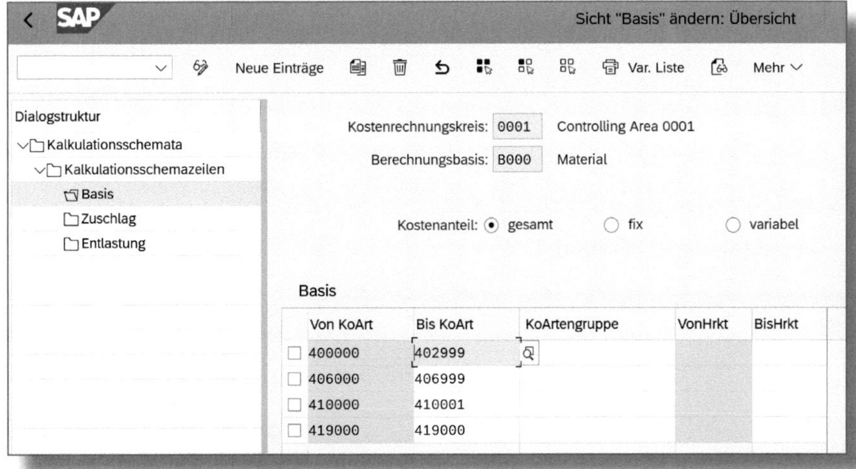

Abbildung 4.43: Zuschlagsbasis

Grundlage für die Bezuschlagung können Kostenarten und/oder Herkunftsgruppen sein. In Abbildung 4.43 sind Kostenartenintervalle hinterlegt, d. h., jeder unter den hier abgebildeten Kostenarten gebuchte Verbrauch wird in der Kalkulation als Basis für die Bezuschlagung herangezogen.

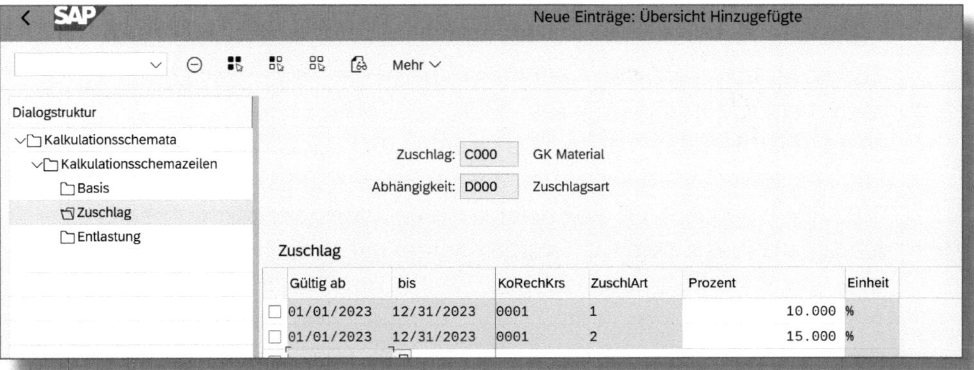

Abbildung 4.44: Zuschlag

Der Zuschlag selbst wird in Abhängigkeit von verschiedenen Parametern definiert (z. B. Werk oder Buchungskreis). In unserem Beispiel (siehe Abbildung 4.44) hängt der Zuschlag lediglich an der Zuschlagsart (ZUSCHLART) – *1* steht für Ist und *2* für Plan – und wird damit kostenrechnungskreisweit gezogen.

Da die Bezuschlagung nur eine weitere Methode der Kostenverrechnung darstellt, müssen Sie auch ein Entlastungsobjekt definieren, das im Rahmen der Programme zur Zuschlagsberechnung entlastet wird (siehe Abbildung 4.45).

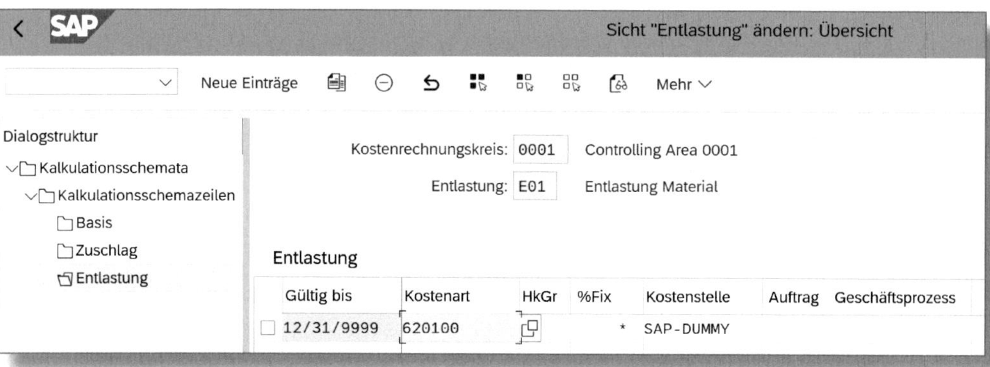

Abbildung 4.45: Zuschlagsentlastung

Zuschlagsberechnung

Für die Montage unseres Fahrrades müssen die Bestandteile (Rahmen, Lenker, Pedale etc.) aus dem Lager entnommen und zum Montagearbeitsplatz transportiert werden. Bei der Lagerentnahme wird der Materialverbrauch unter der Kostenart 400000 in Höhe von 1.000 Euro gebucht. Da die Kostenart 400000 Bestandteil der Basis im Kalkulationsschema ist, werden nun in der Kalkulation 15 Prozent von 1.000 Euro, also 150 Euro, für das Handling zusätzlich als Materialgemeinkosten in die COGM aufgenommen. Im Ist werden dagegen nur zehn Prozent, also 100 Euro, berechnet, und die Kostenstelle SAP-Dummy wird um diesen Betrag entlastet.

Die Verwendung der Zuschläge ist ein einfaches Verfahren, Kosten von Overheadkostenstellen zu verrechnen. Allerdings geht dies nur zulasten der Transparenz, da mit Zuschlägen beispielsweise keine Primärkostenschichtung möglich ist.

Kalkulationsvarianten

Die *Kalkulationsvariante* bildet das Herzstück der Kalkulation, denn sie führt alle Regeln zusammen, die dafür sorgen, dass valide Herstellkosten je Produkt gerechnet werden (siehe Abbildung 4.46).

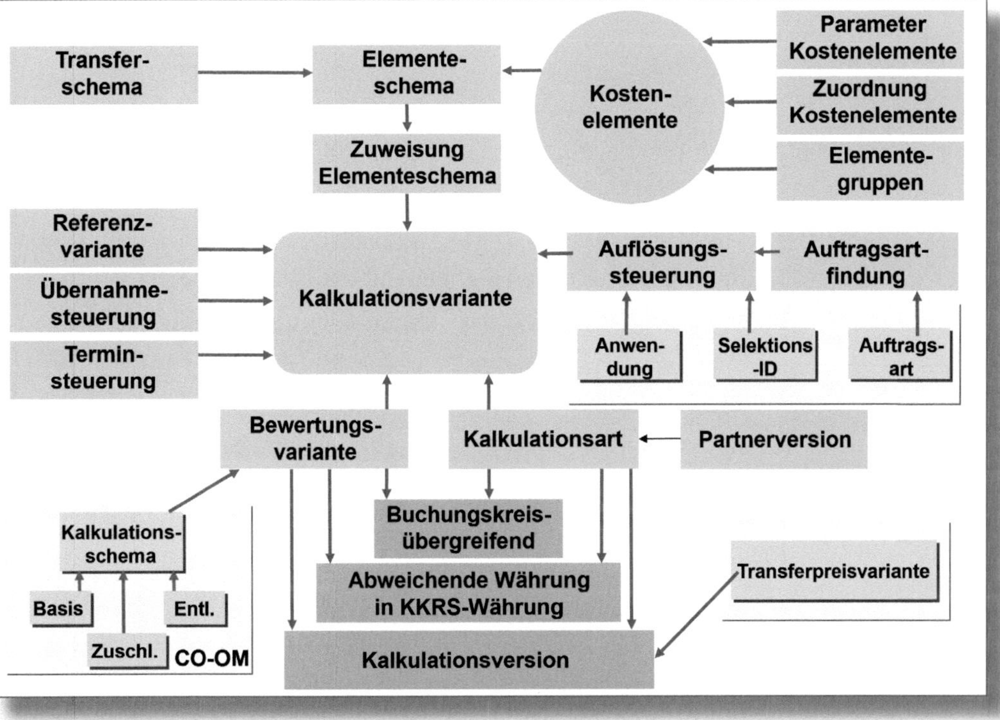

Abbildung 4.46: Kalkulationsvariante – Regeln

Im System richten Sie mehrere Kalkulationsvarianten für unterschiedliche Verwendungszwecke ein, und zwar differenziert nach Zeitpunkt und Inhalt der Kalkulation. Für die Produktkostenplanung unterscheiden wir in:

- Musterkalkulation
  - Planung und Simulation neuer Produkte und Dienstleistungen
  - Durchführung von »Was-wäre-wenn-Analysen«
- Plankalkulation
  - Bewertung des Planmengengerüsts mit Planpreisen
  - Ermittlung von Standardpreisen für die Bewertung von S-Preis-gesteuerten Materialien
- Sollkalkulation
  - Bewertung der aktuellen Mengen mit Planpreisen
  - unterjährige Kalkulation von Materialien zur Analyse der Kostenentwicklung
- aktuelle Kalkulation
  - Bewertung der aktuellen Mengen mit aktuellen Preisen
  - unterjährige Kalkulation von Materialien zur Analyse der Kostenentwicklung
- Inventurkalkulation
  - Bewertung der aktuellen Mengen mit steuer- und handelsrechtlichen Preisen
  - Ermittlung von Wertansätzen für die Inventurbewertung der Bestände

Abbildung 4.47 fasst diese Unterscheidungen noch einmal zusammen.

Die Kalkulationsvarianten legen Sie unter CONTROLLING • PRODUKTKOSTEN-CONTROLLING • PRODUKTKOSTENPLANUNG • MATERIALKALKULATION MIT MENGENGERÜST • KALKULATIONSVARIANTEN DEFINIEREN an. Das Einstiegsbild (siehe Abbildung 4.48) zeigt die bereits in der Auslieferung vorhandenen Varianten, jeweils eine für die oben genannten Zwecke.

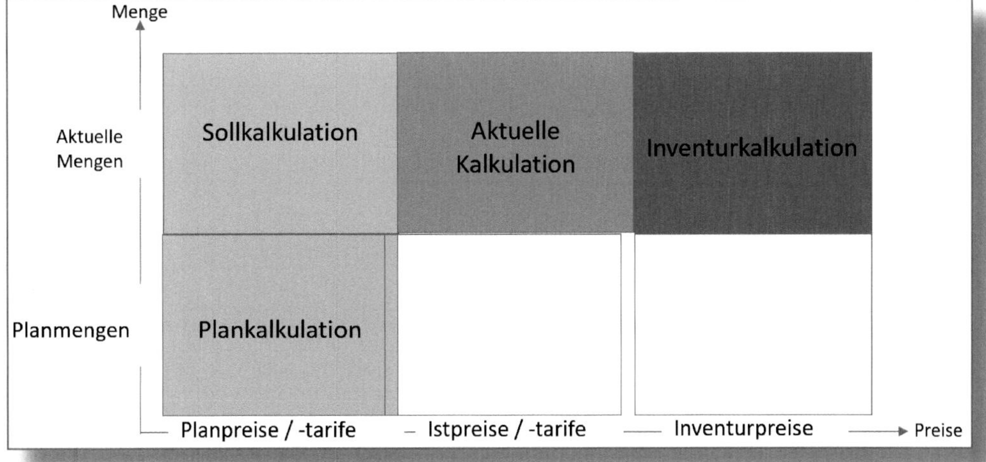

Abbildung 4.47: Kalkulationsvarianten – Preise und Mengen

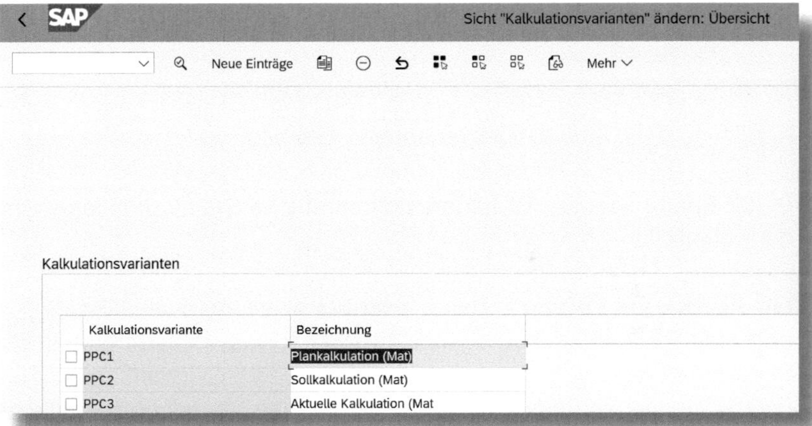

Abbildung 4.48: Kalkulationsvarianten – Übersicht

Exemplarisch stelle ich Ihnen nun die Variante der PLANKALKULATION vor. Sie schreibt später den Standardpreis fort. Die Kalkulationsvariante selbst besteht aus den Bereichen STEUERUNG, MENGENGERÜST, ADDITIVE KOSTEN, VERBUCHUNG, ZUORDNUNGEN und SONSTIGES (siehe Abbildung 4.49).

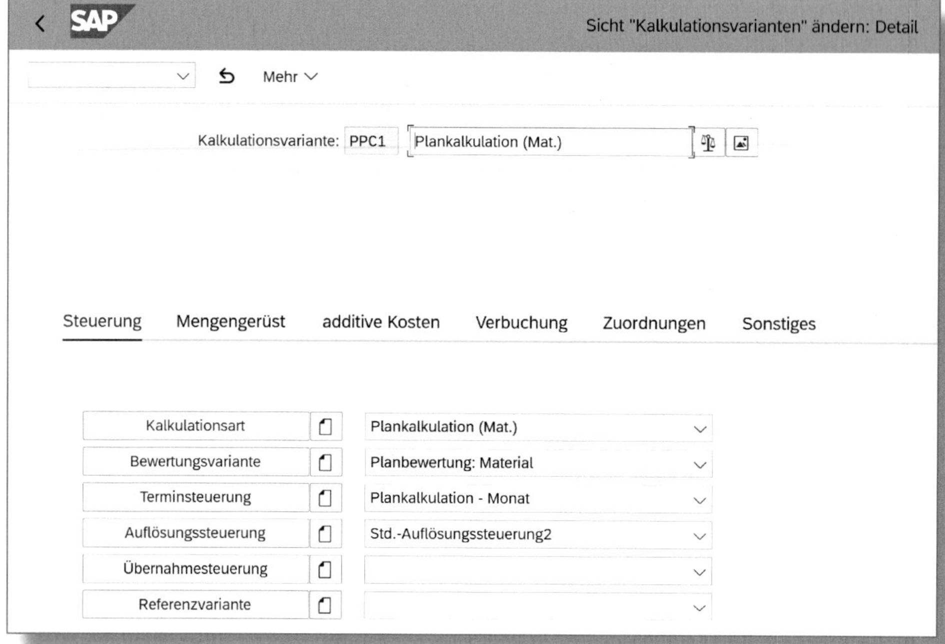

Abbildung 4.49: Kalkulationsvarianten – Einstieg

In der Spalte STEUERUNG finden sich sämtliche Steuerungsparameter der Kalkulation.

Mit der KALKULATIONSART wird beispielsweise geregelt, wie die Ergebnisse fortzuschreiben sind. Die BEWERTUNGSVARIANTE enthält die Strategiefolgen zur Findung der relevanten Bewertungsansätze für die unterschiedlichen Ressourcenverbräuche. Eine Übersicht über alle im Folgenden detailliert beschriebenen Steuerungsparameter zeigt Abbildung 4.50.

Bevor ich nun zu den Parametern im Einzelnen komme, möchte ich darauf hinweisen, dass diese unter CONTROLLING • PRODUKTKOSTEN-CONTROLLING • PRODUKTKOSTENPLANUNG • MATERIALKALKULATION MIT MENGENGERÜST • KALKULATIONSVARIANTEN:BESTANDTEILE bereits angelegt sein sollten, bevor Sie die Kalkulationsvariante selbst ausprägen.

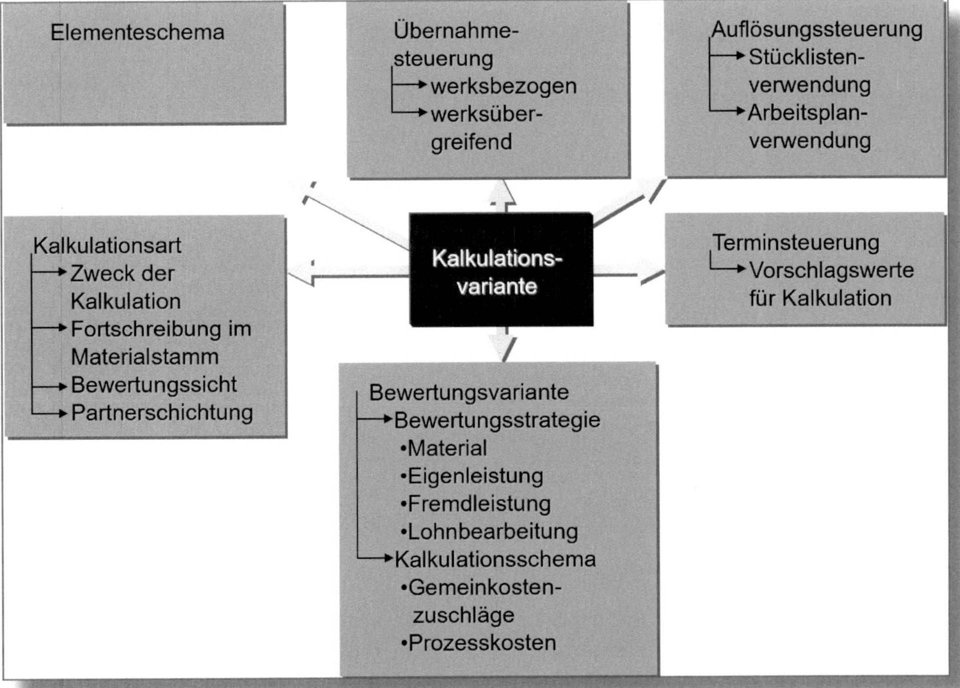

Abbildung 4.50: Kalkulationsvariante – Steuerungsparameter

Kalkulationsart

Die *Kalkulationsart* (siehe Abbildung 4.51) definiert die Art der Preisfortschreibung in den Materialstamm und bestimmt so den Zweck der Materialkalkulation. So dient die KALKULATIONSART *01* (Materialkalkulation) der Fortschreibung des Standardpreises (siehe Abbildung 4.52), während bei der Art *10* (Inventurkalkulation) nur die Fortschreibung in die Felder »Steuerrechtlicher Preis« vorgesehen ist. Die genannten Abbildungen zeigen die relevanten Einstellungen für die Plankalkulation.

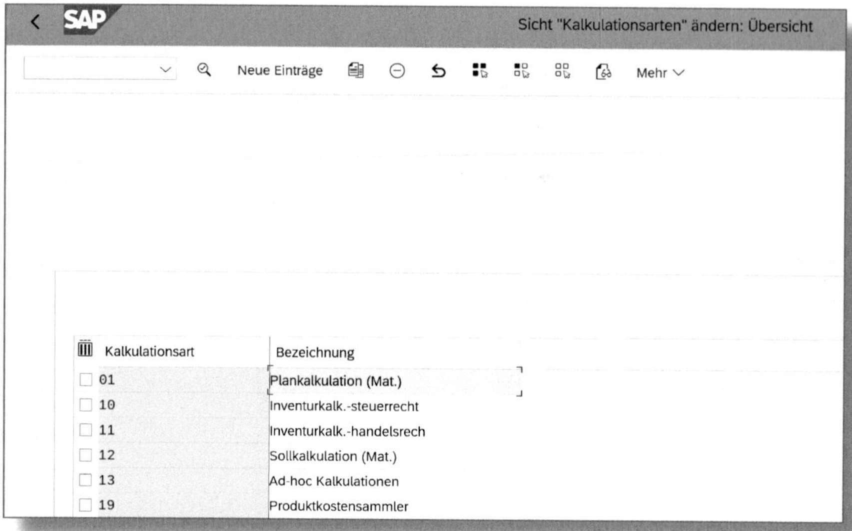

Abbildung 4.51: Kalkulationsarten – Übersicht

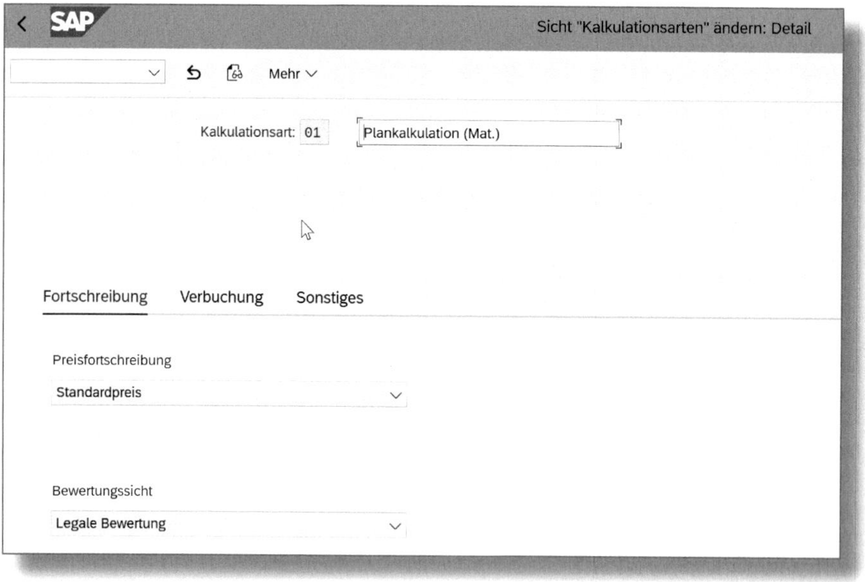

Sicht "Kalkulationsarten" ändern: Detail
Mehr
Kalkulationsart: 01 Plankalkulation (Mat.)
Fortschreibung Verbuchung Sonstiges
Preisfortschreibung
Standardpreis
Bewertungssicht
Legale Bewertung

Abbildung 4.52: Plankalkulation – Fortschreibung

Bewertungsvariante

Die *Bewertungsvariante* enthält die zentralen Steuerungsparameter für die Bewertung der einzelnen Kalkulationskomponenten, d. h., Sie legen hier fest, welche Preise bzw. Tarife verwendet werden sollen.

Auf den Registerkarten finden Sie die einzelnen Bereiche, für die nun die Bewertungsansätze festgelegt werden (siehe Abbildung 4.53).

Materialbewertung

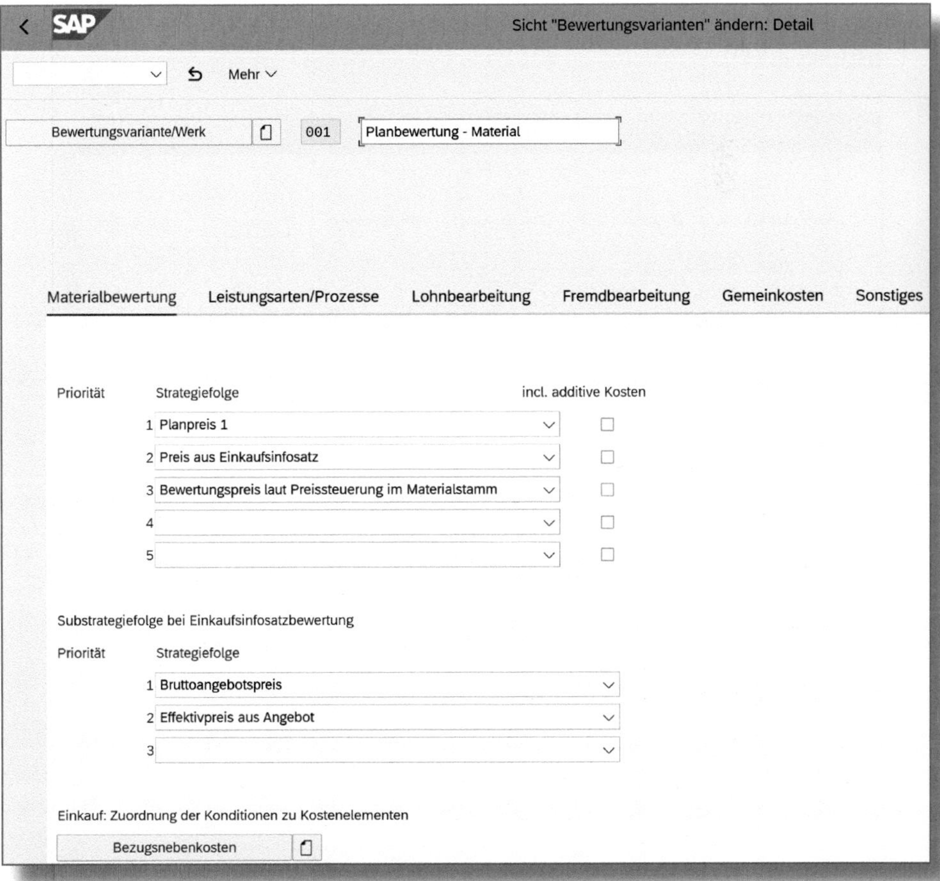

Abbildung 4.53: Bewertungsvariante »Materialbewertung«

Für die Materialbewertung innerhalb der Kalkulation, d. h. für die Bewertung der in der Stückliste enthaltenen Einsatzmaterialien, gibt es eine Vielzahl an Einstellmöglichkeiten. In Abbildung 4.53 wird die Kalkulation zuerst versuchen, den Wert im Feld Planpreis 1 in der Sicht Kalkulation 2 des Materialstamms zu lesen (siehe Abbildung 4.54). Findet sich dort kein Eintrag, wird ein gültiger Preis aus Einkaufsinfosatz gemäß der Substrategie bei Einkaufsinfosatzbewertung gesucht (siehe Abbildung 4.53). Scheitert auch diese Strategiefolge, ist die dritte Option, den Bewertungspreis laut Preissteuerung im Materialstamm zu lesen. Bei Preissteuerung *S* wird der Standardpreis und bei Preissteuerung *V* der gleitende Durchschnittspreis aus der Sicht Buchhaltung 1 des Materialstamms gelesen (siehe Abbildung 4.54).

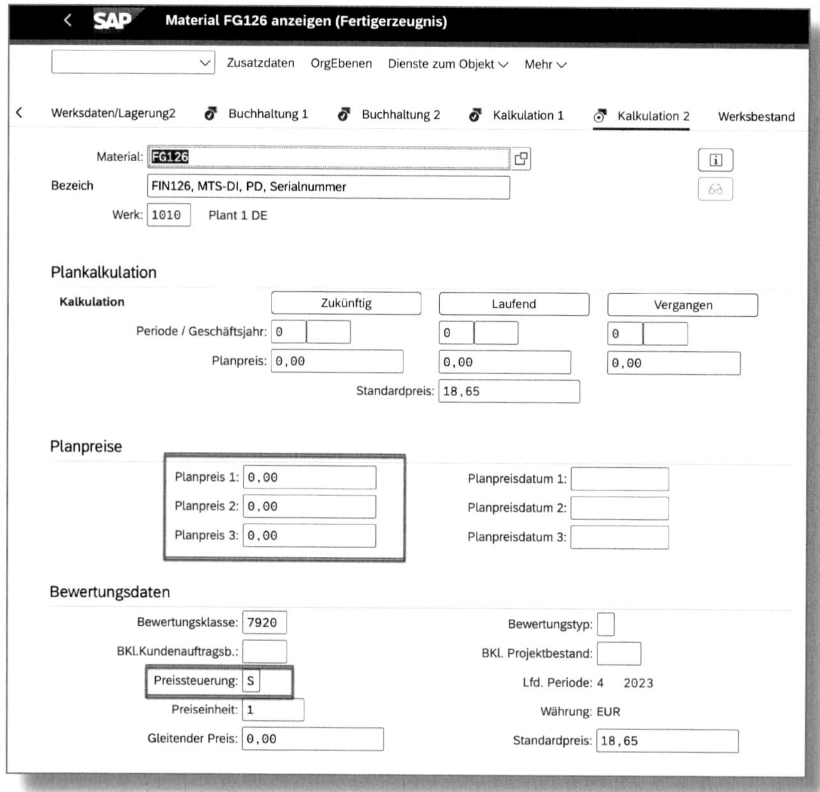

Abbildung 4.54: Planpreise und Preissteuerung im Materialstamm

Vor dem Hintergrund, dass der Standardpreis nur einmal jährlich ermittelt werden sollte, halte ich diese Strategiefolge für ein entscheidungsorientiertes Produktkosten-Controlling für besonders geeignet. Dies gilt insbesondere dann, wenn der PLANPREIS 1 so gepflegt wird, dass er den für die kommende Planperiode erwarteten Preis des Einsatzmaterials enthält. Ein solcher Preis sollte zumindest für die wichtigsten Einsatzstoffe jährlich vom Einkauf festgelegt werden, um auch als Benchmark dienen zu können. Wird dieser Weg nicht beschritten, sollten zumindest die Einkaufsinfosätze aktuell gepflegt werden, damit die Kalkulation auf ein aktuelles Preisgerüst zurückgreifen kann. Die schlechteste aller Möglichkeiten wäre die Verwendung des gleitenden Durchschnittspreises, da dieser historische Preisbestandteile enthalten kann.

Eigenleistungen

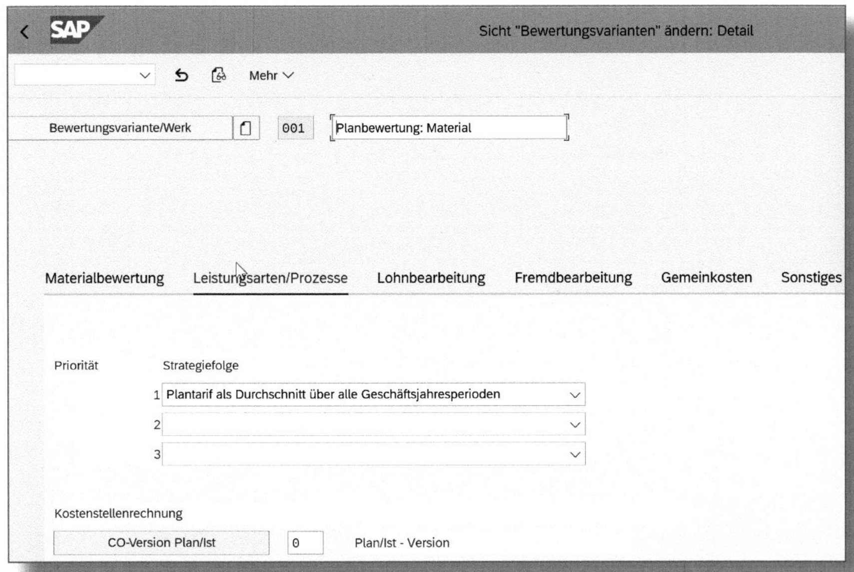

Abbildung 4.55: Bewertungsvariante »Leistungsarten/Prozesse«

Auf der Registerkarte LEISTUNGSARTEN/PROZESSE (siehe Abbildung 4.55) legen Sie fest, welcher Tarif für die Bewertung der Eigenleistungen heranzuziehen ist. Darunter sind alle Leistungen gefasst, die über die direkte Leistungsverrechnung von Kostenstellen an Kostenträger verrechnet werden. Im Rahmen der Kalkulation werden alle Vorgänge, die im Arbeitsplan als kalkulationsrelevant gekennzeichnet sind, mit dem hier hinterlegten Tarif bewertet. Für die Plankalkulation verwenden Sie die Einstellung gemäß Abbildung 4.55.

Lohnbearbeitung

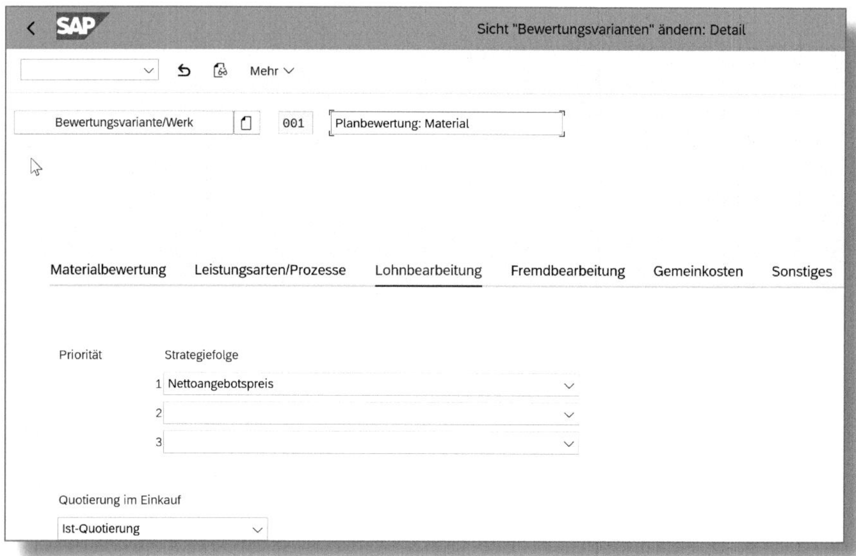

Abbildung 4.56: Bewertungsvariante »Lohnbearbeitung«

Unter Lohnbearbeitung versteht man einen Prozess, bei dem ein externer Dienstleister wertschöpfende Aktivitäten an Produkten des Unternehmens vornimmt. Dabei werden die zu bearbeitenden Materialien, in der Regel Halbfabrikate, aus dem Lager entnommen und als sogenanntes Beistellmaterial an den Dienstleister weitergegeben. Nachdem der Dienstleister seine Arbeit beendet hat, liefert er das fertige Produkt zurück. Das Material geht nun mit der Artikelnummer für Fertigware zurück ins Lager. Es gibt in diesem Prozess also keinen Arbeitsplan, der Bestellung wird lediglich eine Stückliste angehängt. Damit das Fertigerzeugnis trotzdem richtig kalkuliert werden kann, müssen im Modul MM Einkaufsinfosätze für die Dienstleistung vorhanden sein. Sie werden mit der Strategiefolge gemäß Abbildung 4.56 gelesen.

Fremdbearbeitung

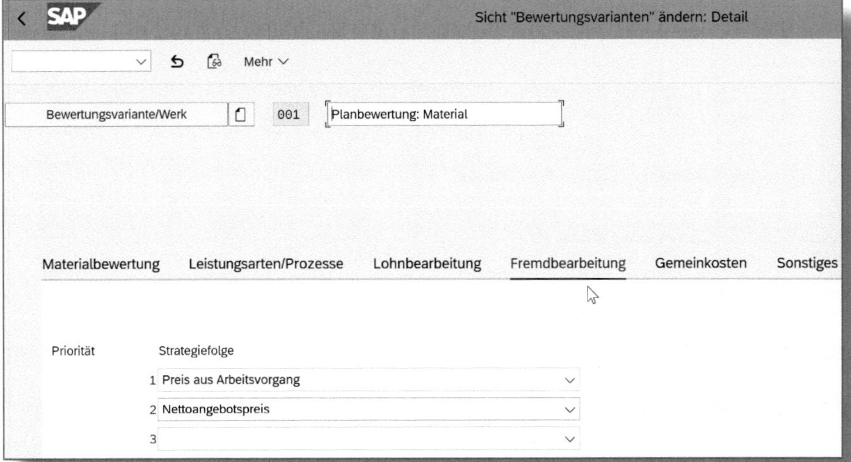

Abbildung 4.57: Bewertungsvariante »Fremdbearbeitung«

Bei der Fremdbearbeitung (siehe Abbildung 4.57) handelt es sich um die klassische »verlängerte Werkbank«. In diesem Falle enthält der Arbeitsplan einen Arbeitsvorgang, der »außer Haus« durchgeführt wird. Dabei wird das zu bearbeitende Material ebenfalls an den Dienstleister geliefert, allerdings ohne den bei der Lohnbearbeitung obligatorischen Wechsel der Materialnummer. Nach Fertigstellung der Fremdbearbeitung wird das Material in der Regel im Haus weiterbearbeitet. Auch im Fall der Fremdbearbeitung sollte ein Einkaufsinfosatz für die Bewertung vorhanden sein.

Gemeinkosten

Sollen im Rahmen der Kalkulation Zuschläge verrechnet werden (siehe Abschnitt 4.4.2 zu Zuschläge im Rahmen der Produktkostenplanung), so hinterlegen Sie das Kalkulationsschema aus Abbildung 4.58.

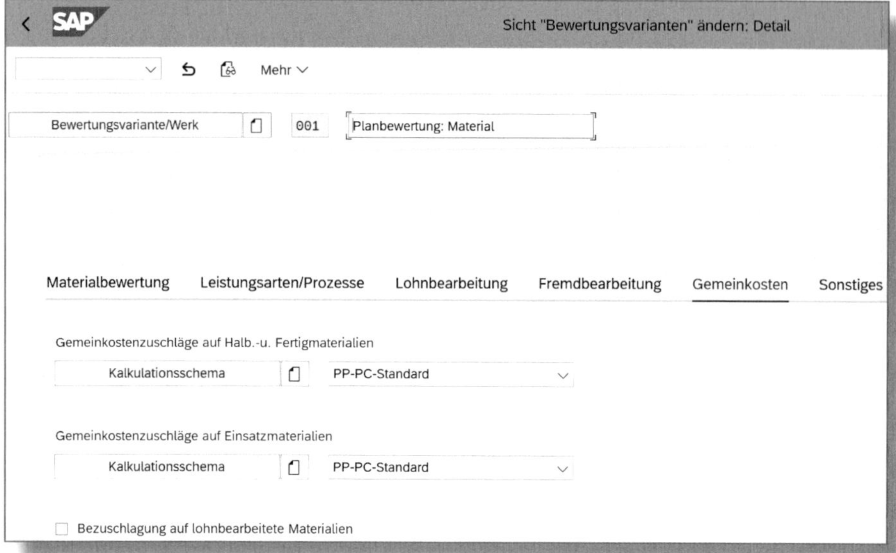

Abbildung 4.58: Bewertungsvariante »Gemeinkosten«

Mengengerüst

Die Registerkarte MENGENGERÜST der Kalkulationsvariante (siehe Abbildung 4.59) enthält Informationen darüber, wie das Mengengerüst verwendet wird. Sie entscheiden, ob alle Erzeugnisse der Stücklistenstruktur

- immer (LOSGRÖSSE DURCHREICHEN: *nein*),
- nur bei Einzelbedarf (LOSGRÖSSE DURCHREICHEN: *nur bei Einzelbedarf*) oder
- nie (LOSGRÖSSE DURCHREICHEN: *immer*)

mit ihren im Materialstamm hinterlegten Kalkulationslosgrößen kalkuliert werden. Im letzteren Fall wird für alle Komponenten die Losgröße des obersten Materials in der Struktur herangezogen.

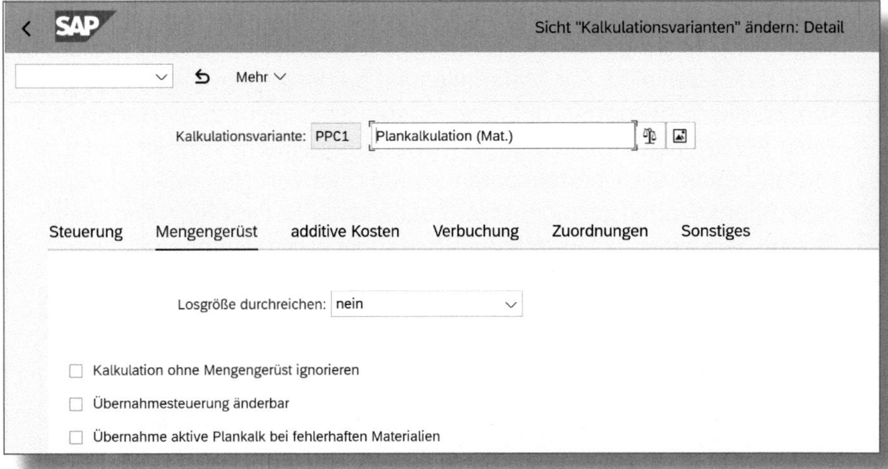

Abbildung 4.59: Kalkulationsvariante »Mengengerüst«

Additive Kosten

In diesem Abschnitt der Kalkulationsvariante entscheiden Sie, wie ADDITIVE KOSTENELEMENTE in der Kalkulation zu behandeln sind. Sie können die *additiven Kosten ignorieren, berücksichtigen* oder *berücksichtigen und bezuschlagen* (siehe Abbildung 4.60).

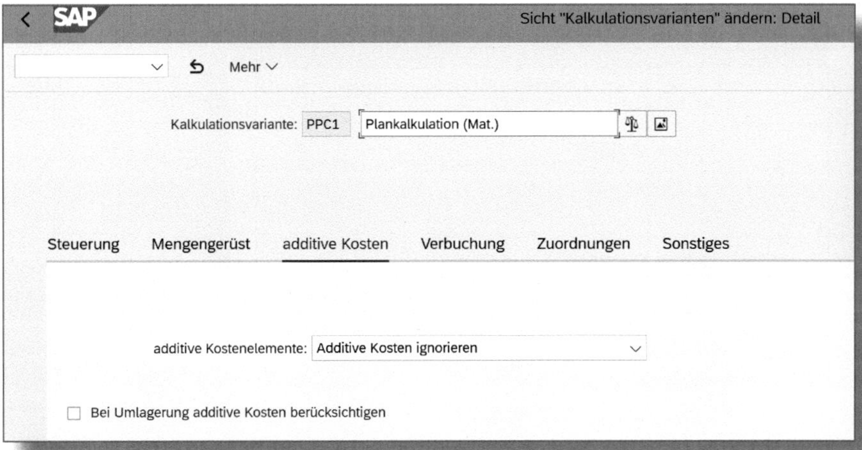

Sicht "Kalkulationsvarianten" ändern: Detail
Mehr
Kalkulationsvariante: PPC1
Plankalkulation (Mat.)
Steuerung
Mengengerüst
additive Kosten
Verbuchung
Zuordnungen
Sonstiges
additive Kostenelemente: Additive Kosten ignorieren
Bei Umlagerung additive Kosten berücksichtigen

Abbildung 4.60: Kalkulationsvariante »additive Kosten«

Additive Kosten sind Kostenbestandteile, die nicht über das bestehende Mengengerüst abgeleitet werden können und daher manuell zu definieren sind. Für Materialien mit bestehendem Mengengerüst kommt die Verwendung additiver Kosten eher nicht zum Tragen, da diese je Materialnummer angelegt werden. Vielmehr können additive Kosten helfen, die Herstellkosten im Rahmen von Neuentwicklungen oder Anpassungen abzuschätzen, ohne dass bereits eine komplette Stückliste oder ein vollständiger Arbeitsplan vorliegen muss.

Additive Kosten

In den Kalkulationen zum Fahrrad mit der Materialnummer FG126 sollen zusätzlich zwei Stunden Beratungsleistung je Losgröße berücksichtigt werden. Da die Beratungsleistung nicht Bestandteil des Arbeitsplans ist, wird die Anforderung mittels der additiven Kosten einbezogen.

Mit der App »Additive Kosten anlegen« rufen Sie die Bearbeitung auf. Im Einstiegsbild geben Sie die Nummer für das Material sowie das Werk an und gelangen mit `Enter` zur Terminsteuerung (siehe Abbildung 4.61). Dort bestätigen Sie ebenfalls mit `Enter`, woraufhin Sie das Listbild aus Abbildung 4.62 sehen.

Abbildung 4.61: Additive Kosten – Einstieg

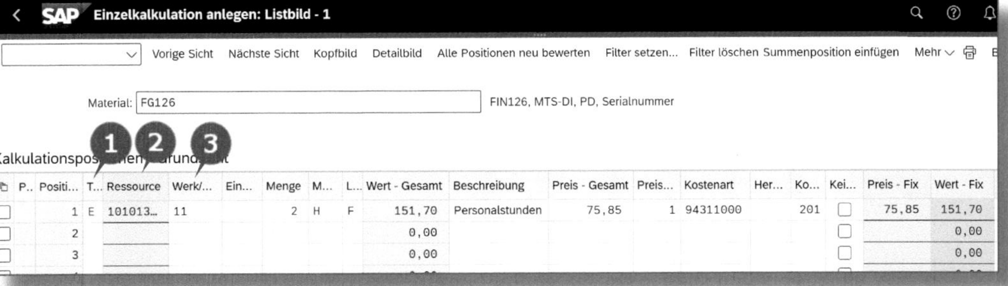

Abbildung 4.62: Additive Kosten – Listbild

Sie haben nun die Möglichkeit, in der Spalte T... ❶ den Positionstyp aus einer Liste zu wählen, für den Sie additive Kosten anlegen wollen. In unserem Beispiel wählen Sie *E* für Eigenleistung (siehe Abbildung 4.63) und selektieren dann in der Spalte RESSOURCE ❷ die Kostenstelle, deren Leistung Sie verrechnen möchten, gefolgt von der Eingabe der Leistungsart in Werk/Leistung (WERK/...) ❸.

Positionen (11)

	PositTyp	Kurzbeschreibung
◉	B	Musterkalkulation
○	E	Eigenleistung
○	F	Fremdleistung
○	L	Lohnbearbeitung
○	M	Material
○	N	Dienstleistung
○	O	Operation
○	P	Prozeß (manuell)
○	S	Summe
○	T	Textposition
○	V	Variable Position

Abbildung 4.63: Positionstypen für additive Kosten

Verbuchung

Im Abschnitt VERBUCHUNG definieren Sie, ob es erlaubt ist, die Kalkulationsergebnisse abzuspeichern, und welche Bestandteile zu sichern sind (siehe Abbildung 4.64).

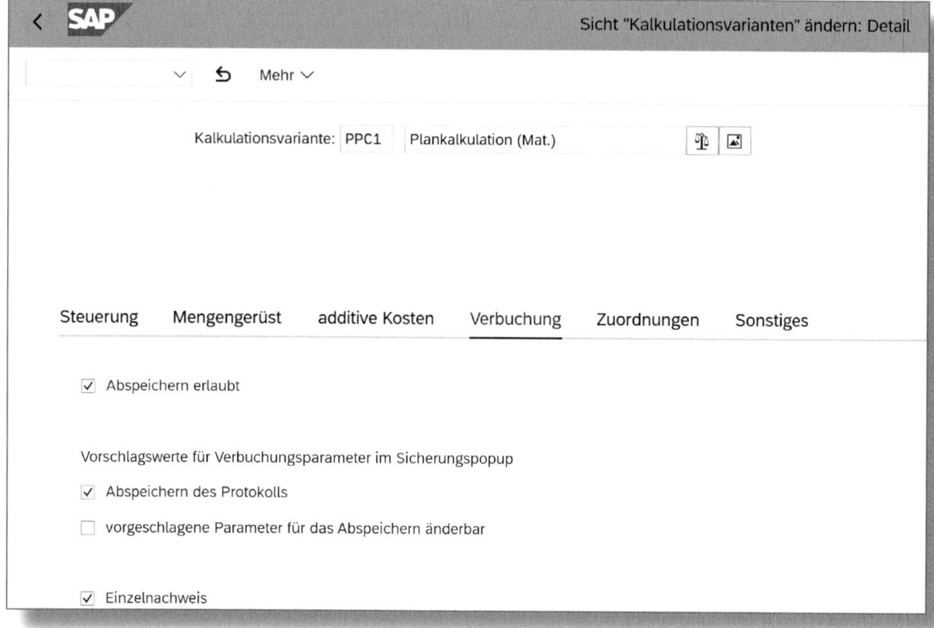

Abbildung 4.64: Kalkulationsvariante »Verbuchung«

Zuordnungen

Im Abschnitt ZUORDNUNGEN können Sie sich mit Klick auf den jeweiligen Eintrag anzeigen lassen, welche ELEMENTESCHEMATA und KALKULATIONSVERSIONEN diese Kalkulationsvariante nutzen (siehe Abbildung 4.65). Zudem sehen Sie, ob die SCHICHTUNG IN KOSTENRECHNUNGSKREISWÄHRUNG geführt und ob diese Variante auch für BUCHUNGSKREISÜBERGREIFENDE KALKULATIONEN herangezogen wird.

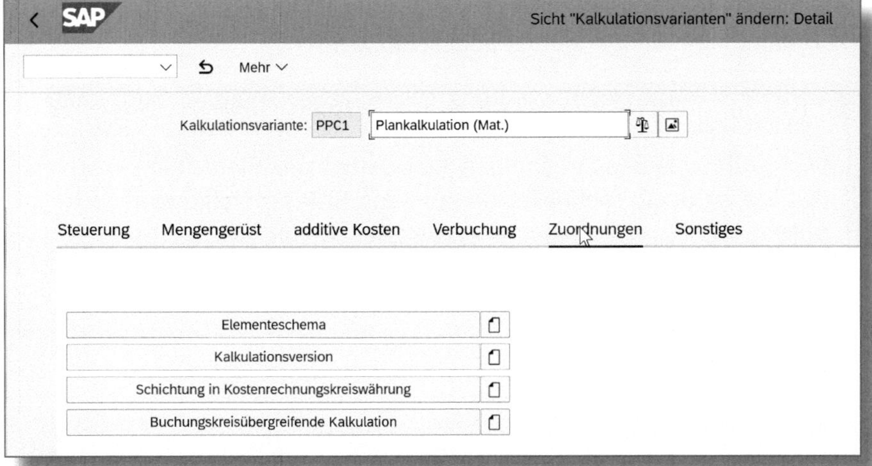

Abbildung 4.65: Kalkulationsvariante »Zuordnungen«

Sonstiges

Im Abschnitt SONSTIGES legen Sie fest, wie das System auf Fehler reagieren soll. Ich empfehle immer die in Abbildung 4.66 dargestellte Einstellung: Diese bewirkt, dass der Kalkulationslauf bis zum Ende durchgeführt wird und die Fehler in einer Liste gesammelt werden.

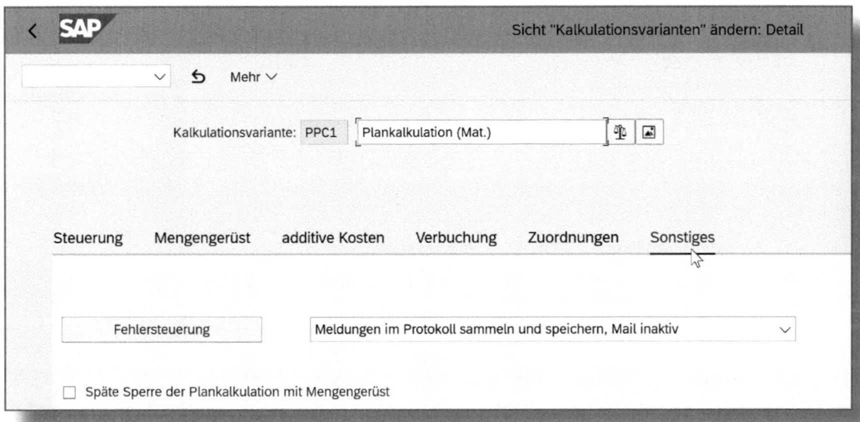

Abbildung 4.66: Kalkulationsvariante »Sonstiges«

An dieser Stelle sind die grundlegenden Vorarbeiten für die Materialkalkulation mit Mengengerüst abgeschlossen.

> **Lesetipp**
>
> Weiterführende Beschreibungen der Customizing-Einstellungen finden Sie im Buch »Schnelleinstieg in das SAP-Produktkosten-Controlling (CO-PC)« (Andreas Jansen, Espresso Tutorials, 2016).

4.4.3 Kalkulation

Nachdem nun die Einstellungen und weiteren Vorbereitungen beendet sind, können Sie eine Materialkalkulation durchführen. Grundsätzlich bieten sich dafür zwei Möglichkeiten: die *Einzelkalkulation* für ein einzelnes Material sowie der *Kalkulationslauf* für mehrere Materialien.

Die Einzelkalkulation rufen Sie über die App »Materialkalkulationen anlegen« auf. Sie gelangen auf den Einstiegsbildschirm der Kalkulation und geben dort die Nummer des MATERIALS, das WERK und die auszuführende KALKULATIONSVARIANTE an (siehe Abbildung 4.67).

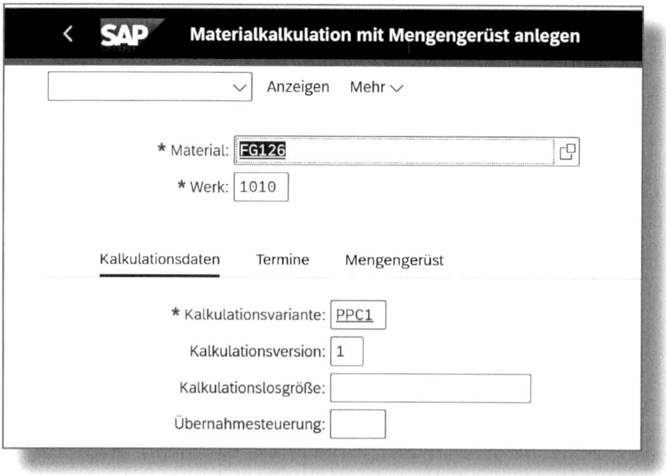

Abbildung 4.67: Einzelkalkulation anlegen – Einstieg

Mit Enter kommen Sie in den Abschnitt TERMINE, wo Sie den Zeitraum festsetzen können, für den die Kalkulation erstellt wird (siehe Abbildung 4.68). In der Regel sind die Felder bereits mit den Daten aus der Terminsteuerung vorbelegt.

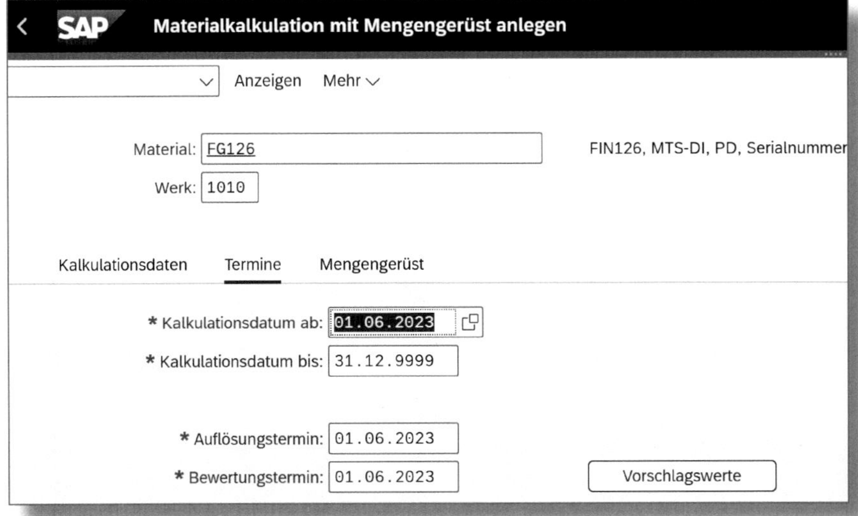

Abbildung 4.68: Einzelkalkulation anlegen – Einstieg, Termine

Mit einem erneuten Drücken der Enter-Taste wird das Material kalkuliert, und Sie gelangen zum Grundbild der Kalkulation (siehe Abbildung 4.69).

Wie in der Abbildung zu sehen ist, ergeben sich für unser Beispielprodukt HERSTELLKOSTEN in Höhe von *2.162,13 EUR* bei einer Losgröße von *100 ST*. Diese Kosten lassen sich in der Herstellkostensicht gemäß den Zuordnungen im Elementeschema anzeigen.

Ebenso können Sie die in Abbildung 4.62 eingerichteten additiven Kosten analysieren (siehe Abbildung 4.70).

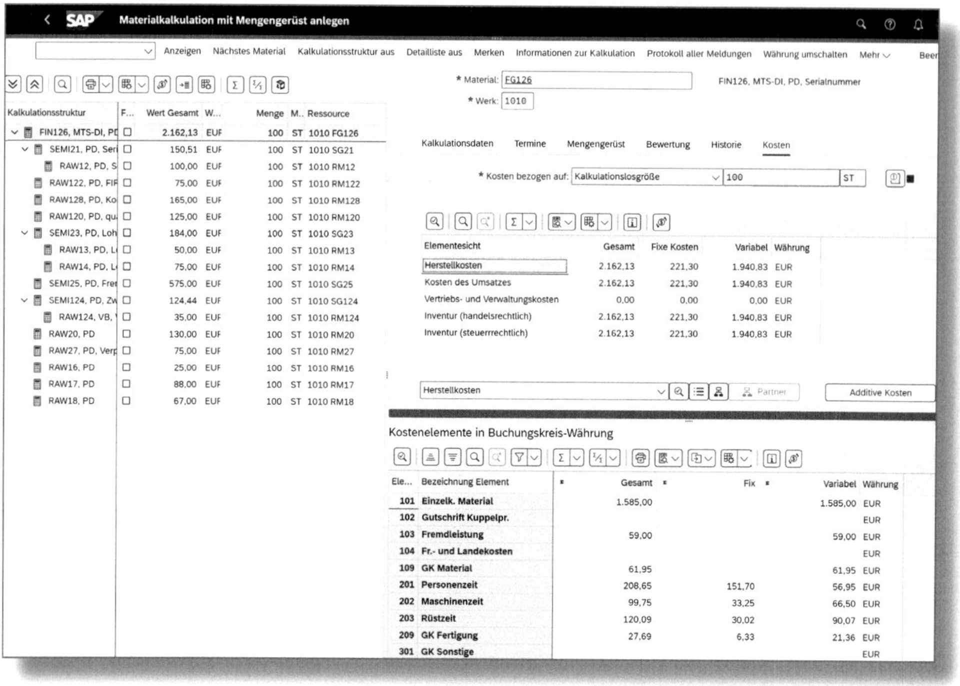

Materialkalkulation mit Mengengerüst anlegen

Anzeigen | Nächstes Material | Kalkulationsstruktur aus | Detailliste aus | Merken | Informationen zur Kalkulation | Protokoll aller Meldungen | Währung umschalten | Mehr | Beer

* Material: FG126 — FIN126, MTS-DI, PD, Serialnummer
* Werk: 1010

Kalkulationsstruktur	F...	Wert Gesamt	W...	Menge	M..	Ressource
FIN126, MTS-DI, PD	☐	2.162,13	EUR	100	ST	1010 FG126
SEMI21, PD, Seri	☐	150,51	EUR	100	ST	1010 SG21
RAW12, PD, S	☐	100,00	EUR	100	ST	1010 RM12
RAW122, PD, FIF	☐	75,00	EUR	100	ST	1010 RM122
RAW128, PD, Ko	☐	165,00	EUR	100	ST	1010 RM128
RAW120, PD, qu	☐	125,00	EUR	100	ST	1010 RM120
SEMI23, PD, Loh	☐	184,00	EUR	100	ST	1010 SG23
RAW13, PD, L	☐	50,00	EUR	100	ST	1010 RM13
RAW14, PD, L	☐	75,00	EUR	100	ST	1010 RM14
SEMI25, PD, Frei	☐	575,00	EUR	100	ST	1010 SG25
SEMI124, PD, Zw	☐	124,44	EUR	100	ST	1010 SG124
RAW124, VB,	☐	35,00	EUR	100	ST	1010 RM124
RAW20, PD	☐	130,00	EUR	100	ST	1010 RM20
RAW27, PD, Verp	☐	75,00	EUR	100	ST	1010 RM27
RAW16, PD	☐	25,00	EUR	100	ST	1010 RM16
RAW17, PD	☐	88,00	EUR	100	ST	1010 RM17
RAW18, PD	☐	67,00	EUR	100	ST	1010 RM18

Kalkulationsdaten | Termine | Mengengerüst | Bewertung | Historie | Kosten

* Kosten bezogen auf: Kalkulationslosgröße 100 ST

Elementesicht	Gesamt	Fixe Kosten	Variabel	Währung
Herstellkosten	2.162,13	221,30	1.940,83	EUR
Kosten des Umsatzes	2.162,13	221,30	1.940,83	EUR
Vertriebs- und Verwaltungskosten	0,00	0,00	0,00	EUR
Inventur (handelsrechtlich)	2.162,13	221,30	1.940,83	EUR
Inventur (steuerrechtlich)	2.162,13	221,30	1.940,83	EUR

Herstellkosten | Partner | Additive Kosten

Kostenelemente in Buchungskreis-Währung

Ele...	Bezeichnung Element	Gesamt	Fix	Variabel	Währung
101	**Einzelk. Material**	1.585,00		1.585,00	EUR
102	**Gutschrift Kuppelpr.**				EUR
103	**Fremdleistung**	59,00		59,00	EUR
104	**Fr.- und Landekosten**				EUR
109	**GK Material**	61,95		61,95	EUR
201	**Personenzeit**	208,65	151,70	56,95	EUR
202	**Maschinenzeit**	99,75	33,25	66,50	EUR
203	**Rüstzeit**	120,09	30,02	90,07	EUR
209	**GK Fertigung**	27,69	6,33	21,36	EUR
301	**GK Sonstige**				EUR

Abbildung 4.69: Kalkulationsergebnis – Kostenelementesicht

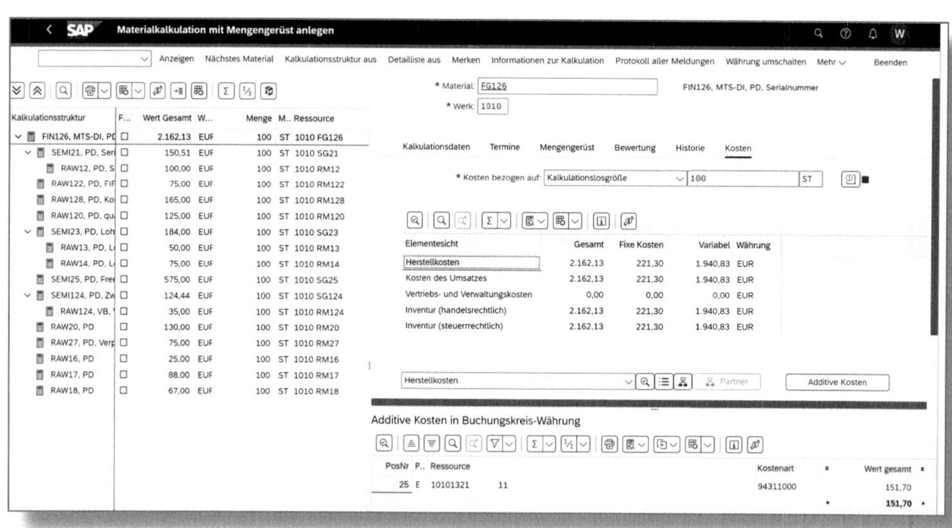
Materialkalkulation mit Mengengerüst anlegen

Anzeigen | Nächstes Material | Kalkulationsstruktur aus | Detailliste aus | Merken | Informationen zur Kalkulation | Protokoll aller Meldungen | Währung umschalten | Mehr | Beenden

* Material: FG126 — FIN126, MTS-DI, PD, Serialnummer
* Werk: 1010

Kalkulationsstruktur	F...	Wert Gesamt	W...	Menge	M..	Ressource
FIN126, MTS-DI, PD	☐	2.162,13	EUR	100	ST	1010 FG126
SEMI21, PD, Seri	☐	150,51	EUR	100	ST	1010 SG21
RAW12, PD, S	☐	100,00	EUR	100	ST	1010 RM12
RAW122, PD, FIF	☐	75,00	EUR	100	ST	1010 RM122
RAW128, PD, Ko	☐	165,00	EUR	100	ST	1010 RM128
RAW120, PD, qu	☐	125,00	EUR	100	ST	1010 RM120
SEMI23, PD, Loh	☐	184,00	EUR	100	ST	1010 SG23
RAW13, PD, L	☐	50,00	EUR	100	ST	1010 RM13
RAW14, PD, L	☐	75,00	EUR	100	ST	1010 RM14
SEMI25, PD, Frei	☐	575,00	EUR	100	ST	1010 SG25
SEMI124, PD, Zw	☐	124,44	EUR	100	ST	1010 SG124
RAW124, VB,	☐	35,00	EUR	100	ST	1010 RM124
RAW20, PD	☐	130,00	EUR	100	ST	1010 RM20
RAW27, PD, Verp	☐	75,00	EUR	100	ST	1010 RM27
RAW16, PD	☐	25,00	EUR	100	ST	1010 RM16
RAW17, PD	☐	88,00	EUR	100	ST	1010 RM17
RAW18, PD	☐	67,00	EUR	100	ST	1010 RM18

Kalkulationsdaten | Termine | Mengengerüst | Bewertung | Historie | Kosten

* Kosten bezogen auf: Kalkulationslosgröße 100 ST

Elementesicht	Gesamt	Fixe Kosten	Variabel	Währung
Herstellkosten	2.162,13	221,30	1.940,83	EUR
Kosten des Umsatzes	2.162,13	221,30	1.940,83	EUR
Vertriebs- und Verwaltungskosten	0,00	0,00	0,00	EUR
Inventur (handelsrechtlich)	2.162,13	221,30	1.940,83	EUR
Inventur (steuerrechtlich)	2.162,13	221,30	1.940,83	EUR

Herstellkosten | Partner | Additive Kosten

Additive Kosten in Buchungskreis-Währung

PosNr	P..	Ressource		Kostenart	Wert gesamt
25	E	10101321	11	94311000	151,70
					151,70

Abbildung 4.70: Kalkulationsergebnis – additive Kosten

Alternativ zur Darstellung der Herstellkosten nach Kostenelementen können Sie sich diese auch als Einzelnachweis aufschlüsseln lassen (siehe Abbildung 4.71).

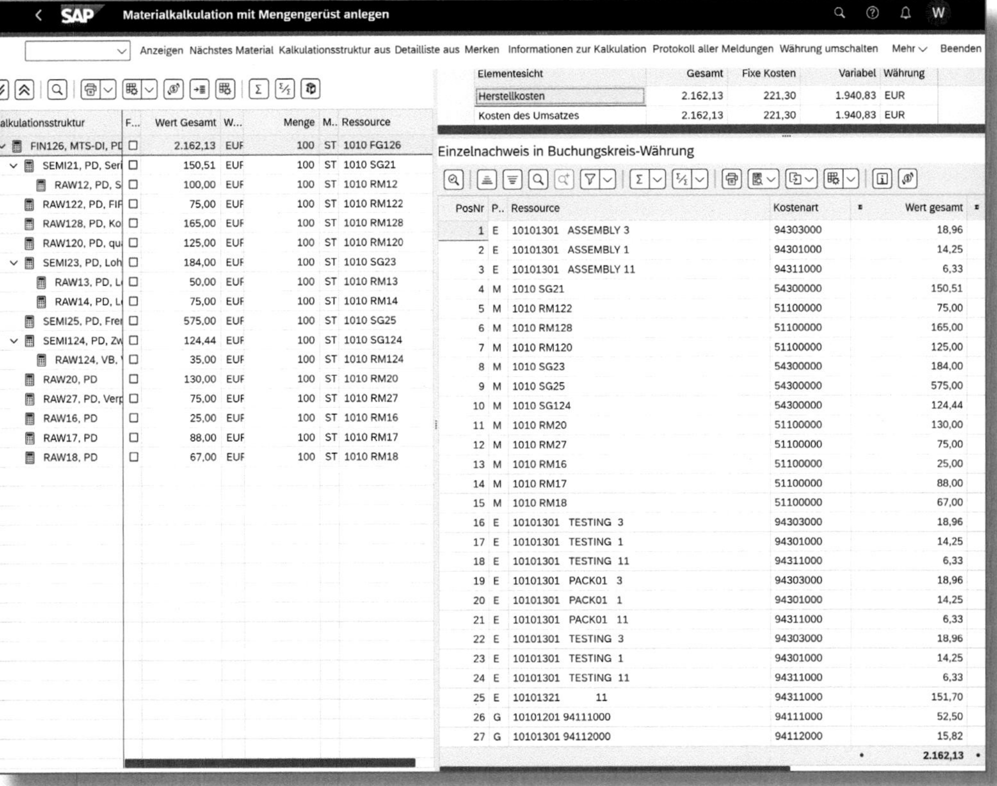

Abbildung 4.71: Kalkulationsergebnis – Einzelnachweis

Durch Klick auf das Icon [→≣] können Sie sich im linken Fensterbereich neben der Strukturstückliste auch alle dazugehörigen Arbeitsvorgänge einblenden lassen (siehe Abbildung 4.72).

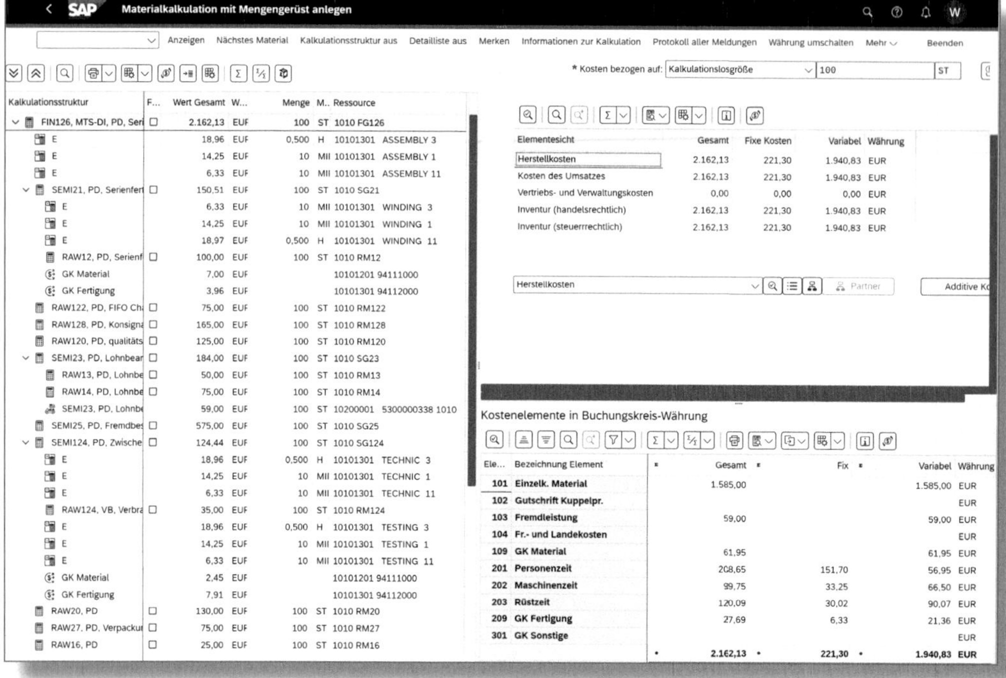

Abbildung 4.72: Kalkulationsergebnis – alle Positionen

Für alternative Kalkulationen zu demselben Material führen Sie den beschriebenen Ablauf mit weiteren Kalkulationsvarianten erneut durch, um dann ggf. für Entscheidungssituationen im Reporting Vergleiche der einzelnen Kalkulationen anzustellen. Im Rahmen eines entscheidungsorientierten Produktkosten-Controllings ist diese Form der Bearbeitung jedoch sehr mühselig und wenig flexibel – ganz im Gegensatz zum Einsatz der Planungsfunktionalitäten der SAC. Hier können Sie bei der Produktkostenplanung Parameter »on the fly« ändern und sofort die Auswirkungen der jeweiligen Modifizierung sehen. Im folgenden Abschnitt gehe ich daher auf die Möglichkeiten der integrierten Planung in SAC ein.

4.5 Integrierte Finanzplanung mit SAC

Mit der Einführung von S/4HANA hat die SAP auch die Haltung der Plandaten komplett an die neue Strategie des Universal Journal angepasst. Die klassischen Planungsfunktionalitäten, die mit R/3 jahrzehntelang verwendet wurden, sind zwar noch vorhanden, schreiben aber ihre Daten nicht in die Tabelle ACDOCP, sondern in die klassischen Tabellen fort. Da das gesamte Reporting in S/4HANA jedoch das Universal Journal für Plan und Ist verwendet, werden die Daten der klassischen Planung erst einmal nicht dargestellt. Erst wenn sie mit dem Programm R_FINS_PLAN_TRANS_CO_ERP_2_S4H in die Tabelle ACDOCP kopiert wurden, stehen sie auch dem S/4-Reporting zur Verfügung.

Anstatt die klassischen Planungstransaktionen – *KP06* und *KP26* – auf S/4HANA zu portieren, ist die SAP einen gänzlich anderen Weg gegangen und hat mit der »integrierten Finanzplanung in SAC« eine mächtige Planungsplattform geschaffen, deren Funktionalitäten für ein entscheidungsorientiertes Produktkosten-Controlling essenziell sind. Dies möchte ich am Beispiel des ausgelieferten End-to-End-Planungsprozesses verdeutlichen (siehe Abbildung 4.73).

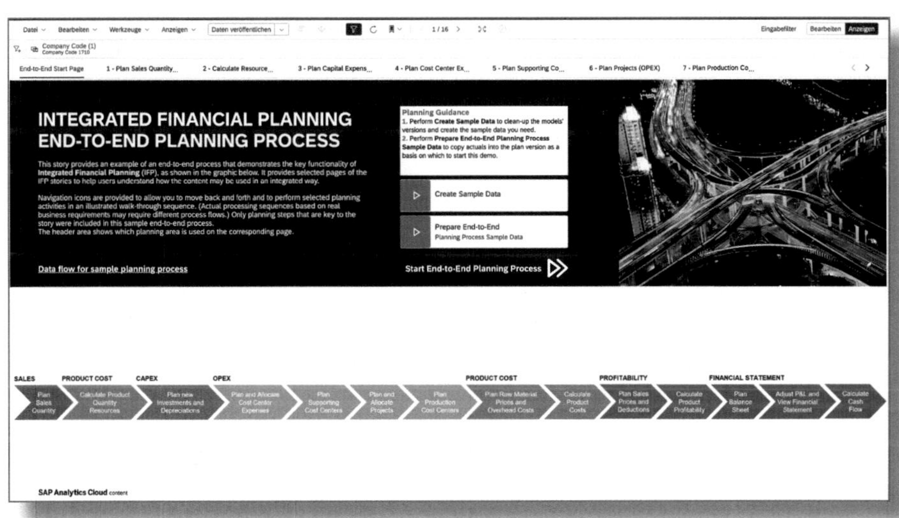

Abbildung 4.73: Integrierte Finanzplanung – End-to-End-Prozess

Ausgangspunkt der Planung sind aus dem ERP-System bereitgestellte Daten. Dies können beispielsweise sein:

- Istdaten des laufenden Jahres mit Hochrechnung bis zum Jahresende
- Plandaten des laufenden Jahres
- andere mittels Modellen berechnete Daten
- Daten aus einer Simulation

Nach Bereitstellung der Daten werden die Schritte des End-to-End-Prozesses sequenziell mit dem Ziel abgearbeitet, eine abgestimmte Planung für eine entsprechende Periode zu generieren.

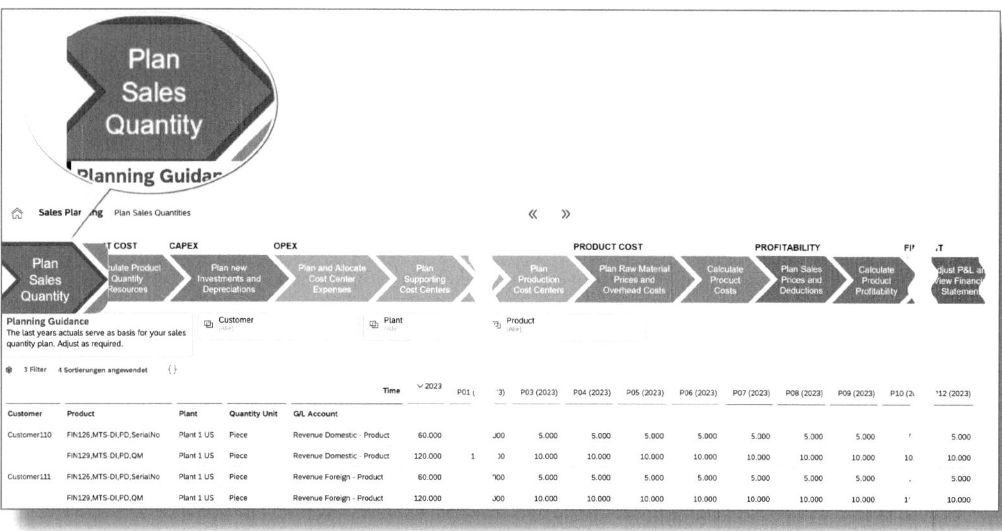

Abbildung 4.74: Integrierte Finanzplanung – End-to-End-Prozess, Absatzmengenplanung

Beginnen wir mit der Absatzplanung:

Ausgehend von den in die Planung kopierten Istmengen (siehe Abbildung 4.74), können Sie die Verkaufsmengen direkt in der angezeigten Tabelle aus Abbildung 4.75 ändern. Dazu geben Sie entweder einen absoluten Zu- oder Abnahmewert oder eine prozentuale Zu- oder Abnahme ein. Sie können die Werte auch einfach mit neuen überschreiben.

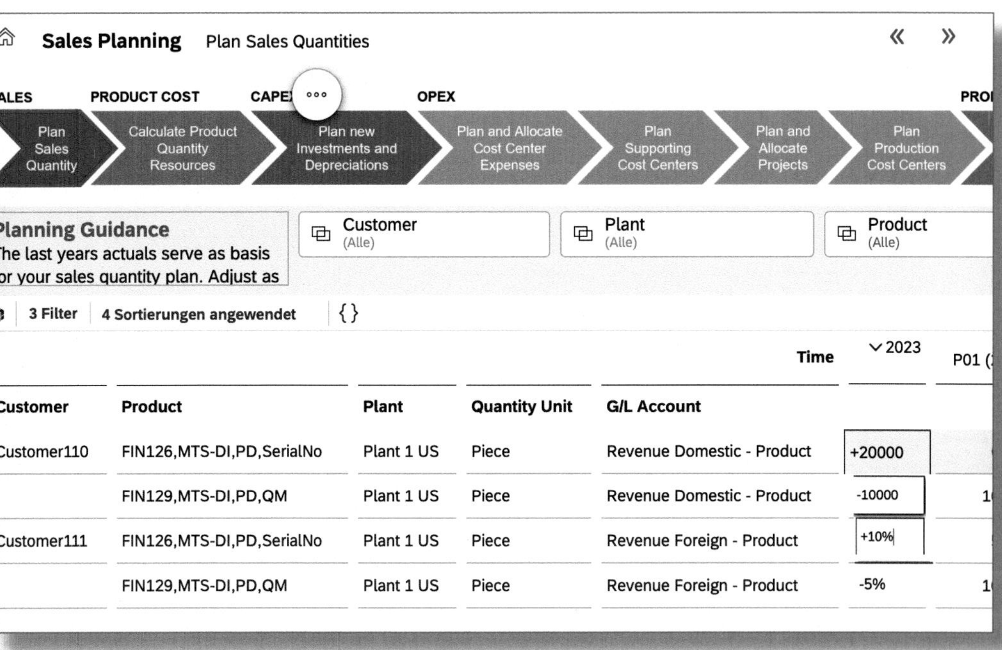

Abbildung 4.75: Integrierte Finanzplanung – End-to-End-Prozess, Anpassung der Absatzmengenplanung

Mit CALCULATE RESOURCES FROM PRODUCT COST PLAN werden die auf Basis der geänderten Absatzmengenplanung benötigten Materialbedarfe und Produktionskapazitäten ermittelt (siehe Abbildung 4.76).

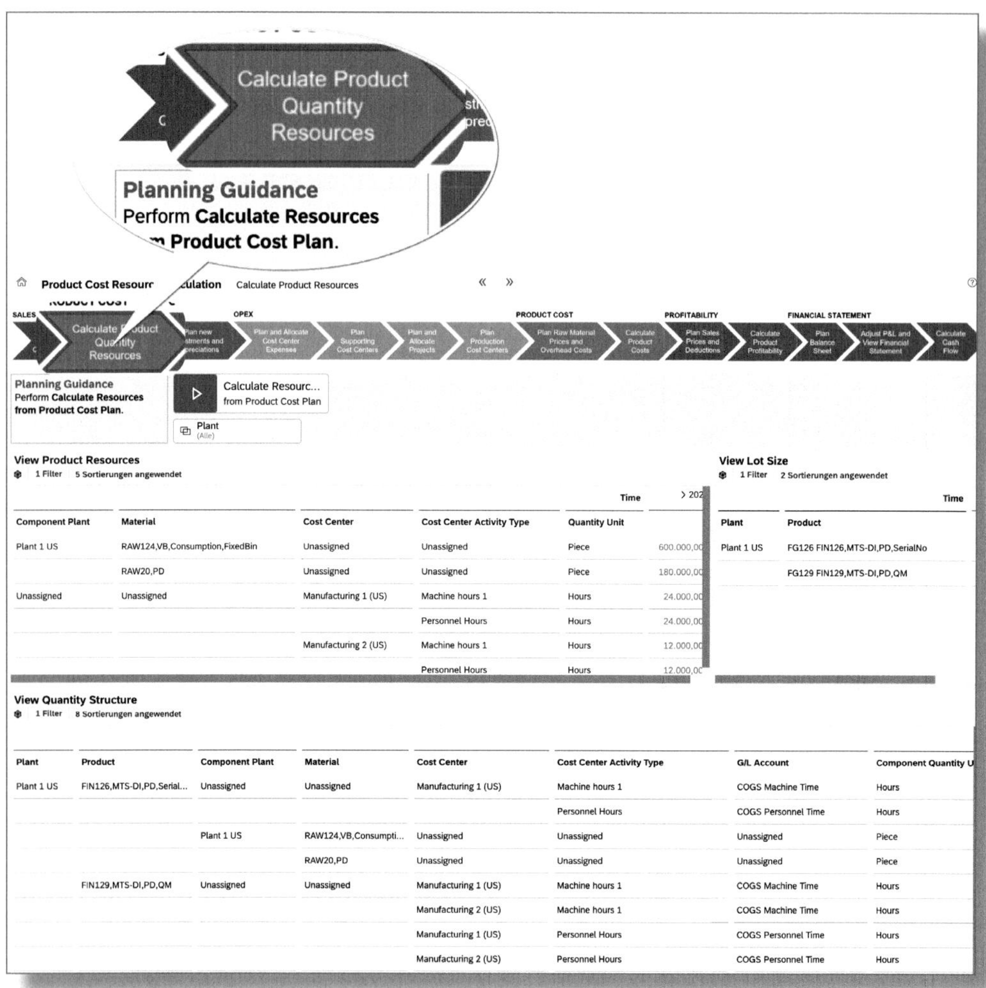

Abbildung 4.76: Integrierte Finanzplanung – End-to-End-Prozess, Bedarfsermittlung

Durch Klick auf den Button ALLOCATE CCTR EXP... werden die im Bereich MAINTAIN COST CENTER ALLOCATION WEIGHT hinterlegten Regeln auf die in der Sektion PLAN COST CENTER EXPENSES dargestellten Werte angewendet (siehe Abbildung 4.77).

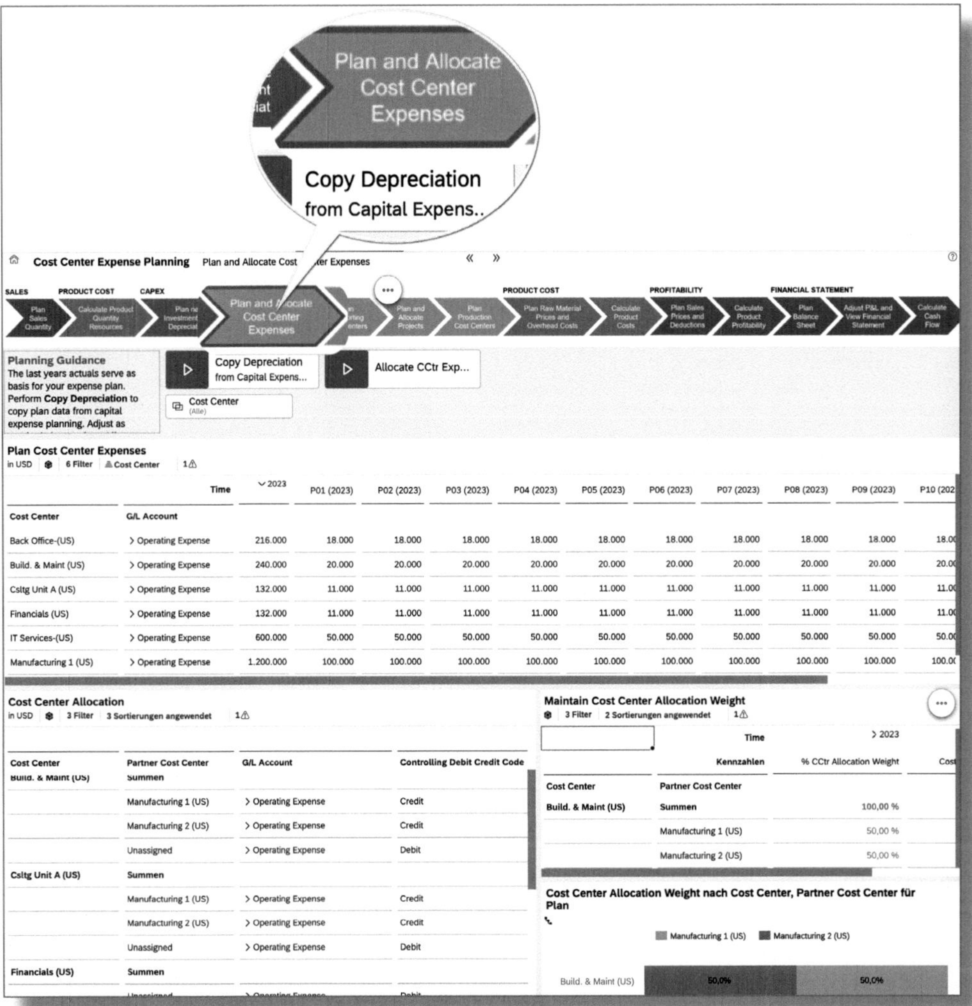

Abbildung 4.77: Integrierte Finanzplanung – End-to-End-Prozess, Kostenplanung

Das Ergebnis wird dann im Bereich COST CENTER ALLOCATION angezeigt (siehe Abbildung 4.78).

Cost Center Allocation
in USD | 3 Filter | 3 Sortierungen angewendet | 1⚠

			Time	> 2023
Cost Center	**Partner Cost Center**	**G/L Account**	**Controlling Debit Credit Code**	
Summen				**120.000**
Back Office-(US)	**Summen**			**96.000**
	Unassigned	∨ Operating Expense	Debit	216.000
			Credit	-120.000
		> Employee Expense	Debit	204.000
		> Depreciation & Amortization	Debit	12.000
		∨ Secondary Accounts	Credit	-120.000
		Personnel hours	Credit	-120.000
Build. & Maint (US)	**Summen**			
	Manufacturing 1 (US)	> Operating Expense	Credit	-120.000
	Manufacturing 2 (US)	> Operating Expense	Credit	-120.000
	Unassigned	> Operating Expense	Debit	
Csltg Unit A (US)	**Summen**			**-228.000**
	Manufacturing 1 (US)	> Operating Expense	Credit	-180.000
	Manufacturing 2 (US)	> Operating Expense	Credit	-180.000
	Unassigned	> Operating Expense	Debit	132.000
Financials (US)	**Summen**			**132.000**
	Unassigned	> Operating Expense	Debit	132.000
IT Services-(US)	**Summen**			**120.000**
	Unassigned	> Operating Expense	Debit	600.000
			Credit	-480.000
Manufacturing 1 (US)	**Summen**			**0**
	Build. & Maint (US)	∨ Operating Expense	Debit	120.000
		∨ Secondary Accounts	Debit	120.000
		Secondary costs	Debit	120.000
	Csltg Unit A (US)	> Operating Expense	Debit	180.000
	Unassigned	> Operating Expense	Debit	1.200.000
			Credit	-1.500.000
Manufacturing 2 (US)	**Summen**			**0**
	Build. & Maint (US)	> Operating Expense	Debit	120.000
	Csltg Unit A (US)	> Operating Expense	Debit	180.000
	Unassigned	> Operating Expense	Debit	1.200.000
			Credit	-1.500.000

Abbildung 4.78: Integrierte Finanzplanung – End-to-End-Prozess, Ergebnis der Verrechnung

Die nächsten Schritte in unserem Planungsprozess sind die Planung der Leistungsmengen sowie die Kalkulation der Leistungstarife der Servicekostenstellen (siehe Abbildung 4.79).

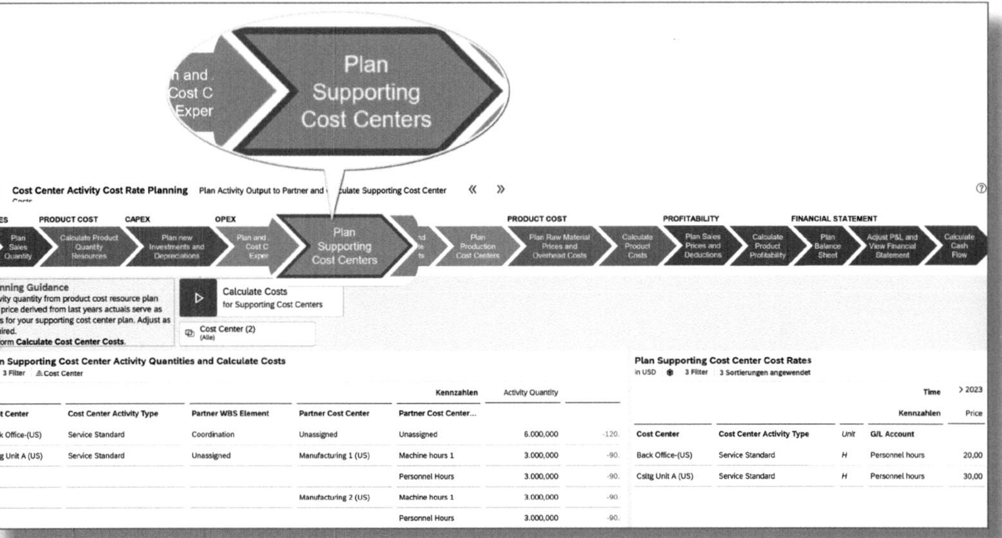

Abbildung 4.79: Integrierte Finanzplanung – End-to-End-Prozess, Planung der Servicekostenstellen

Über den Button CALCULATE COSTS wird die Datenaktion ausgeführt, es werden die Tarife der Hilfskostenstellen berechnet.

Anschließend planen Sie die Kosten und Tarife der Produktionskostenstellen (siehe Abbildung 4.80).

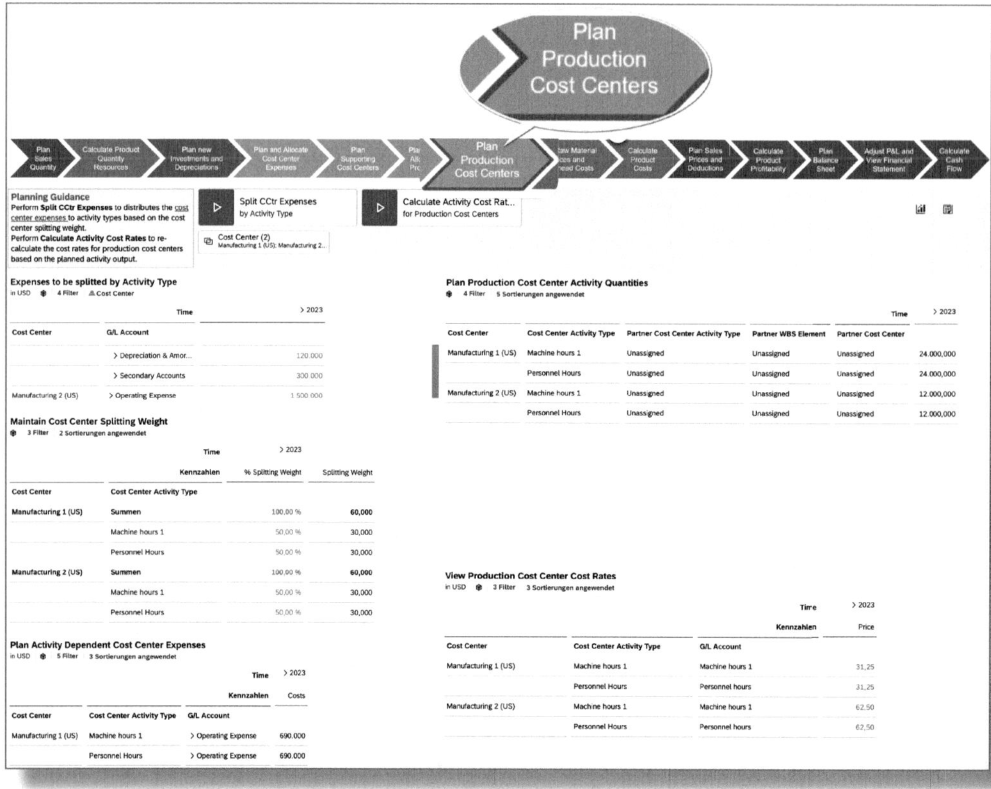

Abbildung 4.80: Integrierte Finanzplanung – End-to-End-Prozess, Planung der Produktionskostenstellen

Im linken Bereich der Planung der Produktionskostenstellen beschäftigen Sie sich mit den leistungsunabhängigen und leistungsabhängigen Kosten inklusive der Splittungsregeln (siehe Abbildung 4.81).

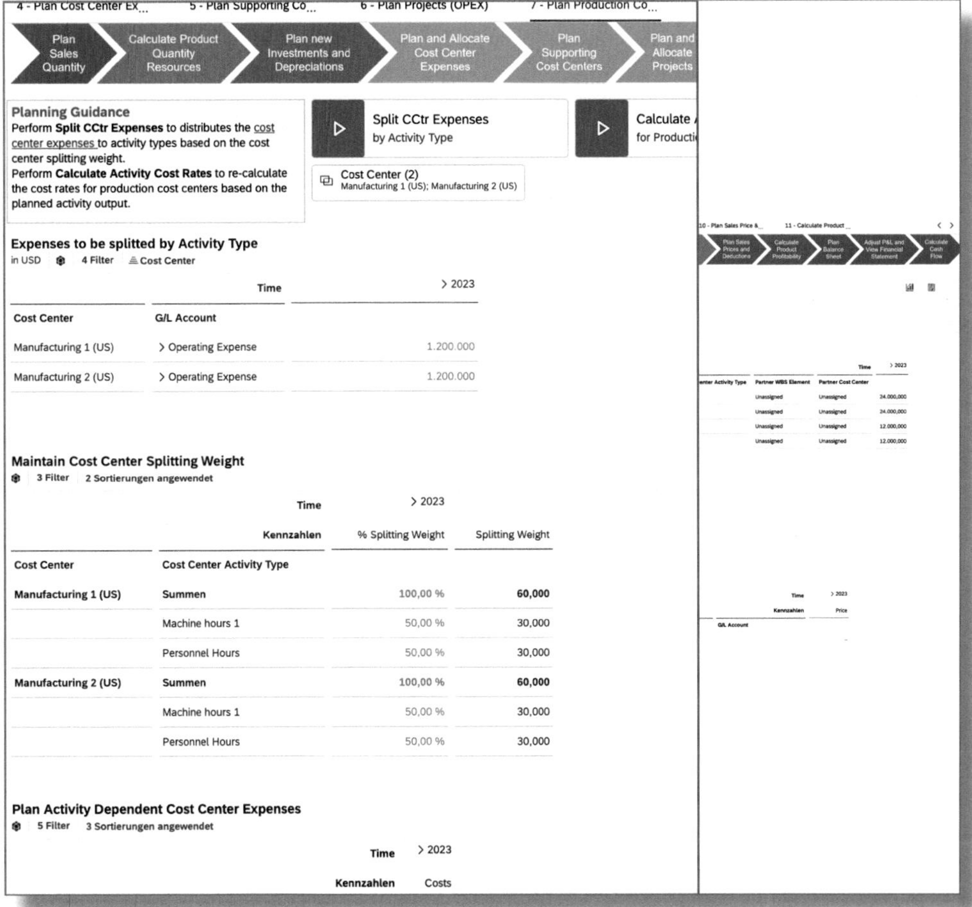

Abbildung 4.81: Produktionskostenstellen – Kostenplanung

Mit CALCULATE AVTIVITY COST RAT... werden die Tarife der Produktionskostenstellen ermittelt und im Bereich VIEW PRODUCTION COST CENTER COST RATES angezeigt (siehe Abbildung 4.82).

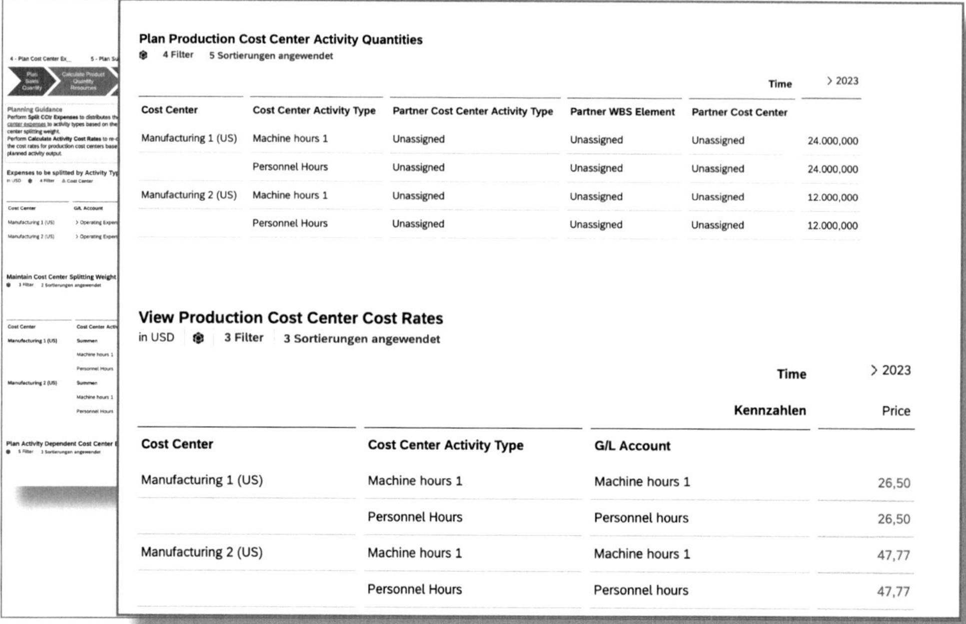

Abbildung 4.82: Produktionskostenstellen – Leistungsmengen und Tarife

Nachdem Sie die Kostenstellenplanung damit abgeschlossen haben, können Sie vor der Durchführung der Produktkalkulation noch Einfluss auf die Rohstoffpreise ausüben und die für das Planjahr erwarteten Rohstoffpreisänderungen vornehmen (siehe Abbildung 4.83).

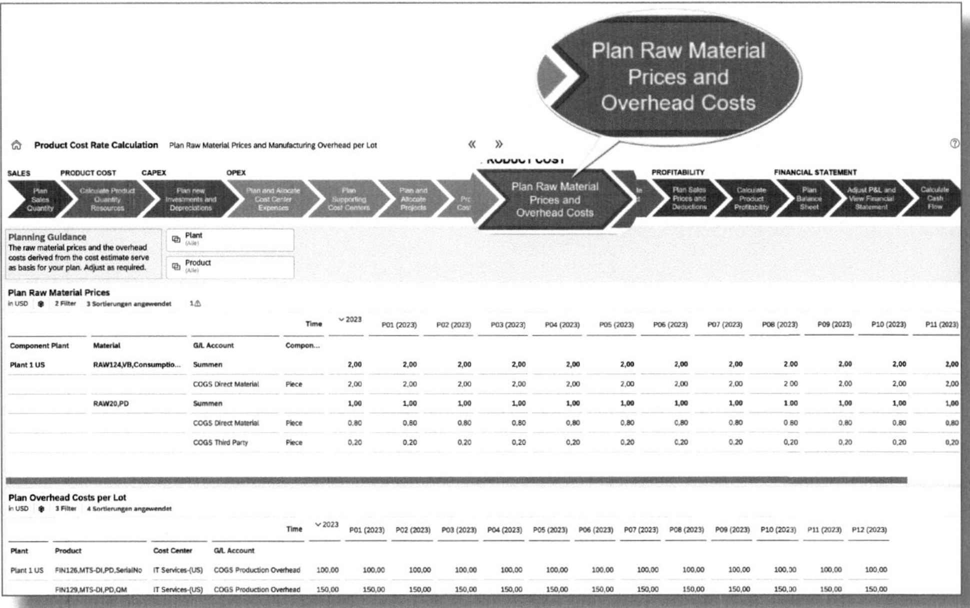

Abbildung 4.83: Integrierte Finanzplanung – End-to-End-Prozess, Rohstoffpreise

Wir rechnen für das Planjahr mit einer Preissteigerung von 20 Prozent, die wir entsprechend erfassen (siehe Abbildung 4.84).

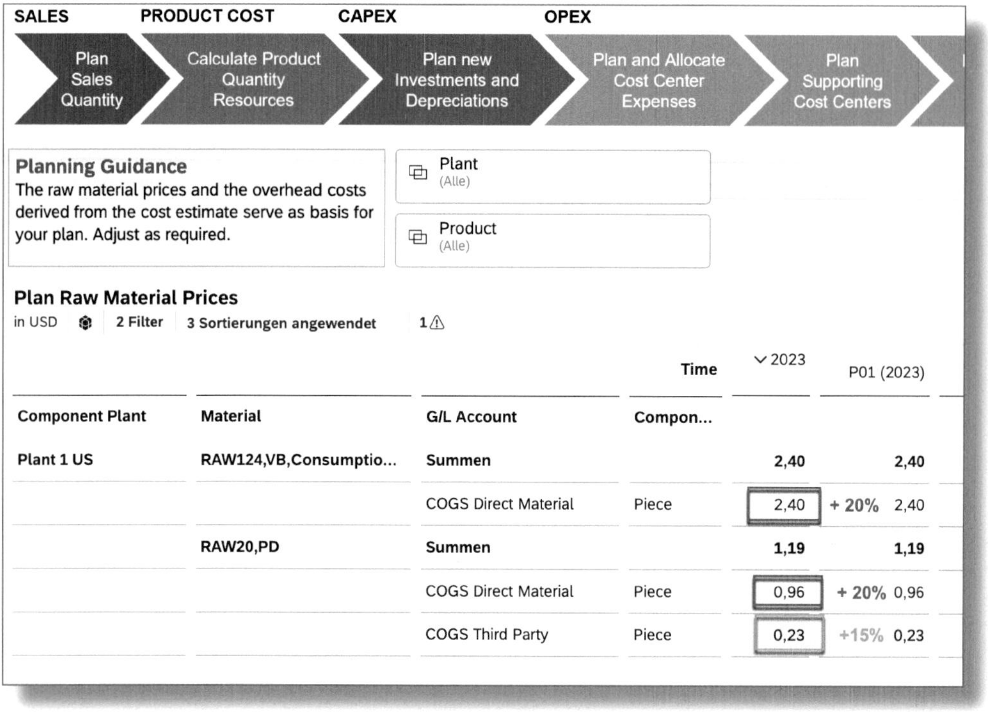

SALES | PRODUCT COST | CAPEX | OPEX

Plan Sales Quantity | Calculate Product Quantity Resources | Plan new Investments and Depreciations | Plan and Allocate Cost Center Expenses | Plan Supporting Cost Centers

Planning Guidance
The raw material prices and the overhead costs derived from the cost estimate serve as basis for your plan. Adjust as required.

Plant (Alle)

Product (Alle)

Plan Raw Material Prices
in USD | 2 Filter | 3 Sortierungen angewendet | 1

			Time	2023	P01 (2023)
Component Plant	**Material**	**G/L Account**	**Compon...**		
Plant 1 US	**RAW124,VB,Consumptio...**	**Summen**		**2,40**	**2,40**
		COGS Direct Material	Piece	2,40	**+ 20%** 2,40
	RAW20,PD	**Summen**		**1,19**	**1,19**
		COGS Direct Material	Piece	0,96	**+ 20%** 0,96
		COGS Third Party	Piece	0,23	+15% 0,23

Abbildung 4.84: Integrierte Finanzplanung – End-to-End-Prozess, Rohstoffpreisanpassung

Mit dem Button CALCULATE PRODUCT COSTS werden die neuen Produktkosten berechnet und differenziert nach Kostenelementen in der Tabelle dargestellt (siehe Abbildung 4.85).

Im Anschluss daran können die Produktkosten analysiert werden, über Klick auf gelangen Sie zur grafischen Aufbereitung der Produktkosten, wie auch in Abbildung 4.86 visualisiert.

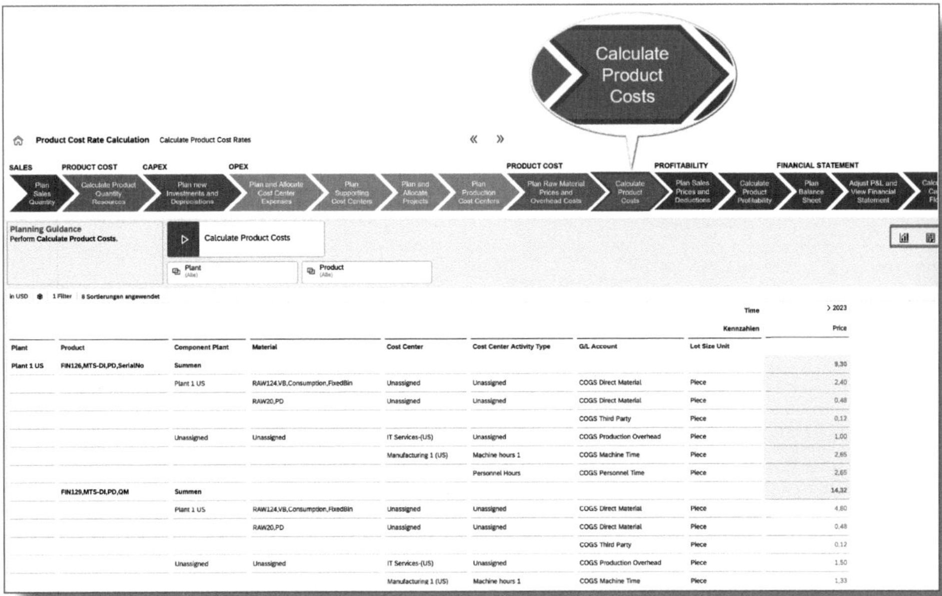

Calculate Product Costs

Product Cost Rate Calculation Calculate Product Cost Rates

SALES | PRODUCT COST | CAPEX | OPEX | PRODUCT COST | PROFITABILITY | FINANCIAL STATEMENT

Plan Sales Quantity · Calculate Product Quantity Resources · Plan new Investments and Depreciations · Plan and Allocate Cost Center Expenses · Plan Supporting Cost Centers · Plan and Allocate Projects · Plan Production Cost Centers · Plan Raw Material Prices and Overhead Costs · Calculate Product Costs · Plan Sales Prices and Deductions · Calculate Product Profitability · Plan Balance Sheet · Adjust P&L and View Financial Statement

Planning Guidance
Perform **Calculate Product Costs.**

Calculate Product Costs

Plant (Alle) Product (Alle)

in USD | 1 Filter | 8 Sortierungen angewendet

Plant	Product	Component Plant	Material	Cost Center	Cost Center Activity Type	G/L Account	Lot Size Unit	Time > 2023 / Kennzahlen: Price
Plant 1 US	FIN126,MTS-DI,PD,SerialNo	Summen						9,30
		Plant 1 US	RAW124,VB,Consumption,FixedBin	Unassigned	Unassigned	COGS Direct Material	Piece	2,40
			RAW20,PD	Unassigned	Unassigned	COGS Direct Material	Piece	0,48
						COGS Third Party	Piece	0,12
		Unassigned	Unassigned	IT Services-(US)	Unassigned	COGS Production Overhead	Piece	1,00
				Manufacturing 1 (US)	Machine hours 1	COGS Machine Time	Piece	2,65
					Personnel Hours	COGS Personnel Time	Piece	2,65
	FIN129,MTS-DI,PD,QM	Summen						14,32
		Plant 1 US	RAW124,VB,Consumption,FixedBin	Unassigned	Unassigned	COGS Direct Material	Piece	4,80
			RAW20,PD	Unassigned	Unassigned	COGS Direct Material	Piece	0,48
						COGS Third Party	Piece	0,12
		Unassigned	Unassigned	IT Services-(US)	Unassigned	COGS Production Overhead	Piece	1,50
				Manufacturing 1 (US)	Machine hours 1	COGS Machine Time	Piece	1,33

Abbildung 4.85: Integrierte Finanzplanung – End-to-End-Prozess, Produktkostenkalkulation

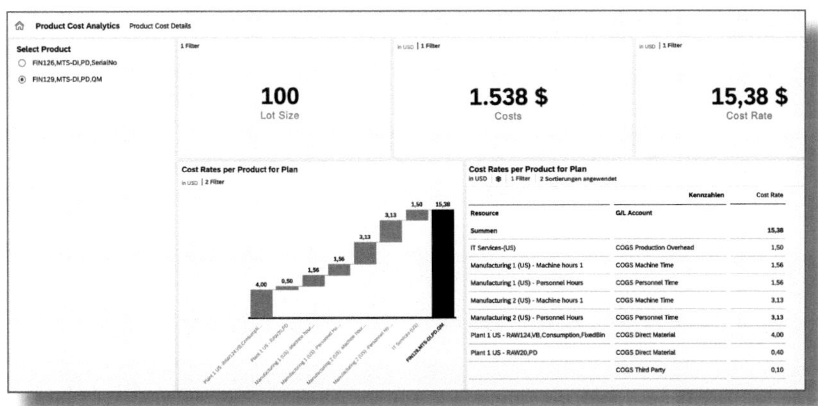

Abbildung 4.86: Integrierte Finanzplanung – End-to-End-Prozess, grafische Produktkostenanalyse

Alternativ zu dieser grafischen Analyse können Sie mit dem Button 📋 aus Abbildung 4.85 die Sicht der tabellarischen Darstellung der Produktkostenanalyse aufrufen (siehe Abbildung 4.87).

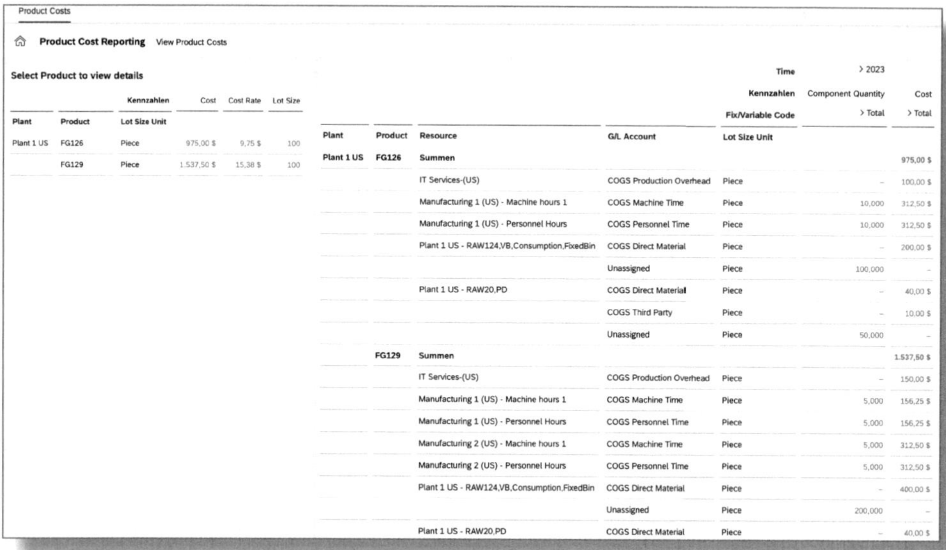

Product Costs

Product Cost Reporting View Product Costs

Select Product to view details

Plant	Product	Kennzahlen / Lot Size Unit	Cost	Cost Rate	Lot Size
Plant 1 US	FG126	Piece	975,00 $	9,75 $	100
	FG129	Piece	1.537,50 $	15,38 $	100

Plant	Product	Resource	G/L Account	Lot Size Unit	Component Quantity > Total (Time > 2023)	Cost > Total
Plant 1 US	FG126	Summen				975,00 $
		IT Services-(US)	COGS Production Overhead	Piece	–	100,00 $
		Manufacturing 1 (US) - Machine hours 1	COGS Machine Time	Piece	10,000	312,50 $
		Manufacturing 1 (US) - Personnel Hours	COGS Personnel Time	Piece	10,000	312,50 $
		Plant 1 US - RAW124,VB,Consumption,FixedBin	COGS Direct Material	Piece	–	200,00 $
			Unassigned	Piece	100,000	–
		Plant 1 US - RAW20,PD	COGS Direct Material	Piece	–	40,00 $
			COGS Third Party	Piece	–	10,00 $
			Unassigned	Piece	50,000	–
	FG129	Summen				1.537,50 $
		IT Services-(US)	COGS Production Overhead	Piece	–	150,00 $
		Manufacturing 1 (US) - Machine hours 1	COGS Machine Time	Piece	5,000	156,25 $
		Manufacturing 1 (US) - Personnel Hours	COGS Personnel Time	Piece	5,000	156,25 $
		Manufacturing 2 (US) - Machine hours 1	COGS Machine Time	Piece	5,000	312,50 $
		Manufacturing 2 (US) - Personnel Hours	COGS Personnel Time	Piece	5,000	312,50 $
		Plant 1 US - RAW124,VB,Consumption,FixedBin	COGS Direct Material	Piece	–	400,00 $
			Unassigned	Piece	200,000	–
		Plant 1 US - RAW20,PD	COGS Direct Material	Piece	–	40,00 $

Abbildung 4.87: Integrierte Finanzplanung – End-to-End-Prozess, tabellarische Darstellung der Produktkosten

Bevor Sie sich die Produktprofitabilität als Ergebnis Ihrer Planung ansehen und diese analysieren, müssen Sie zunächst Artikelpreise und eventuelle Erlösschmälerungen planen (siehe Abbildung 4.88).

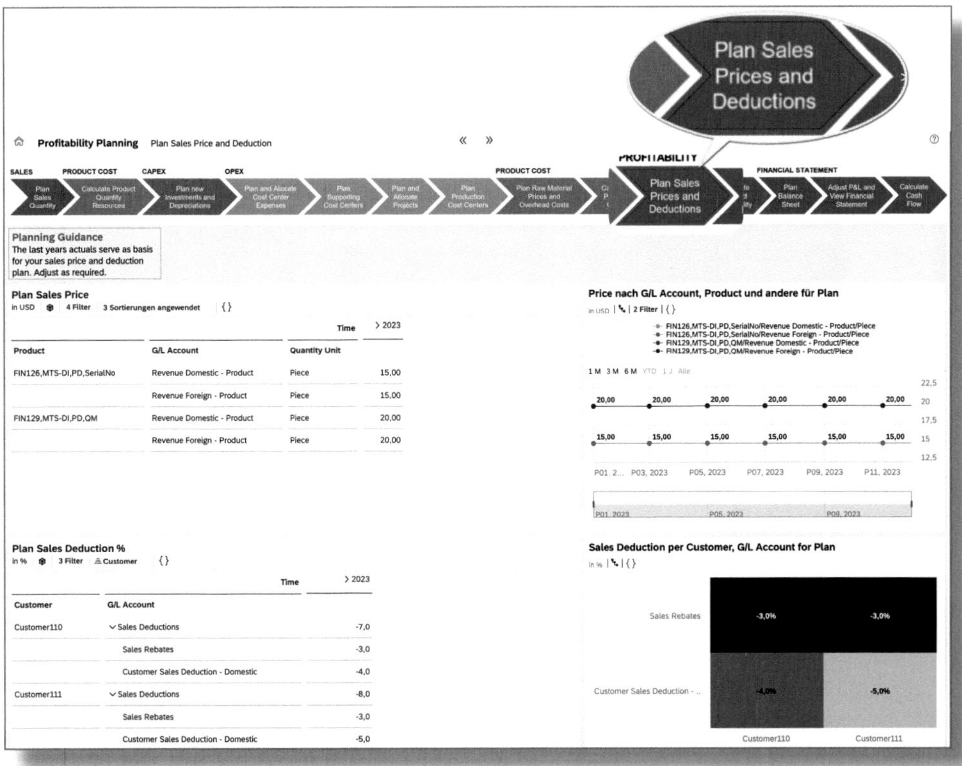

Product	G/L Account	Quantity Unit	> 2023
FIN126,MTS-DI,PD,SerialNo	Revenue Domestic - Product	Piece	15,00
	Revenue Foreign - Product	Piece	15,00
FIN129,MTS-DI,PD,QM	Revenue Domestic - Product	Piece	20,00
	Revenue Foreign - Product	Piece	20,00

Customer	G/L Account	> 2023
Customer110	Sales Deductions	-7,0
	Sales Rebates	-3,0
	Customer Sales Deduction - Domestic	-4,0
Customer111	Sales Deductions	-8,0
	Sales Rebates	-3,0
	Customer Sales Deduction - Domestic	-5,0

Abbildung 4.88: Integrierte Finanzplanung – End-to-End-Prozess, Planung der Absatzpreise und Erlösschmälerungen

Danach können Sie mit CALCULATE PROFITABILITY die Produktprofitabilität kalkulieren (siehe Abbildung 4.89) und anschließend – wie schon bei den Produktkosten – das Ergebnis analysieren (siehe Abbildung 4.90).

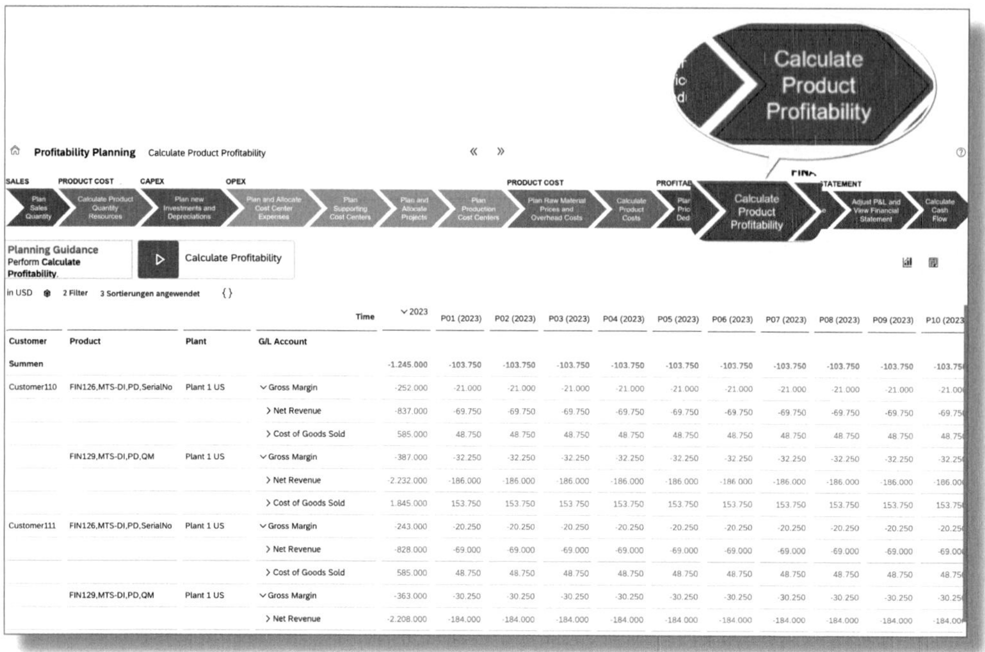

Customer	Product	Plant	G/L Account	2023	P01 (2023)	P02 (2023)	P03 (2023)	P04 (2023)	P05 (2023)	P06 (2023)	P07 (2023)	P08 (2023)	P09 (2023)	P10 (2023
Summen				-1.245.000	-103.750	-103.750	-103.750	-103.750	-103.750	-103.750	-103.750	-103.750	-103.750	-103.75
Customer110	FIN126,MTS-DI,PD,SerialNo	Plant 1 US	Gross Margin	-252.000	-21.000	-21.000	-21.000	-21.000	-21.000	-21.000	-21.000	-21.000	-21.000	-21.00
			Net Revenue	-837.000	-69.750	-69.750	-69.750	-69.750	-69.750	-69.750	-69.750	-69.750	-69.750	-69.75
			Cost of Goods Sold	585.000	48.750	48.750	48.750	48.750	48.750	48.750	48.750	48.750	48.750	48.75
	FIN129,MTS-DI,PD,QM	Plant 1 US	Gross Margin	-387.000	-32.250	-32.250	-32.250	-32.250	-32.250	-32.250	-32.250	-32.250	-32.250	-32.25
			Net Revenue	-2.232.000	-186.000	-186.000	-186.000	-186.000	-186.000	-186.000	-186.000	-186.000	-186.000	-186.00
			Cost of Goods Sold	1.845.000	153.750	153.750	153.750	153.750	153.750	153.750	153.750	153.750	153.750	153.75
Customer111	FIN126,MTS-DI,PD,SerialNo	Plant 1 US	Gross Margin	-243.000	-20.250	-20.250	-20.250	-20.250	-20.250	-20.250	-20.250	-20.250	-20.250	-20.25
			Net Revenue	-828.000	-69.000	-69.000	-69.000	-69.000	-69.000	-69.000	-69.000	-69.000	-69.000	-69.00
			Cost of Goods Sold	585.000	48.750	48.750	48.750	48.750	48.750	48.750	48.750	48.750	48.750	48.75
	FIN129,MTS-DI,PD,QM	Plant 1 US	Gross Margin	-363.000	-30.250	-30.250	-30.250	-30.250	-30.250	-30.250	-30.250	-30.250	-30.250	-30.25
			Net Revenue	-2.208.000	-184.000	-184.000	-184.000	-184.000	-184.000	-184.000	-184.000	-184.000	-184.000	-184.00

Abbildung 4.89: Integrierte Finanzplanung – End-to-End-Prozess, Produktprofitabilität

Neben den Storys und Modellen zur integrierten Finanzplanung ist in dem Paket eine weitere Story enthalten, die eine komplette Umgebung zur Simulation von Finanzdaten bereitstellt. Damit haben Sie die Möglichkeit, zusätzlich zu anderen Einflussgrößen auch die Auswirkungen von Materialpreis- und/oder Auslastungsschwankungen auf die Produktkosten und somit auf das Ergebnis zu simulieren (siehe Abbildung 4.91).

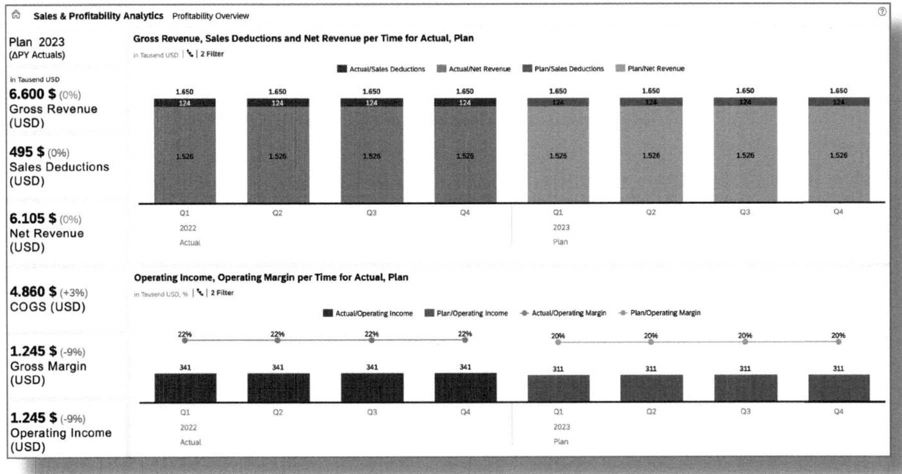

Abbildung 4.90: Integrierte Finanzplanung – End-to-End-Prozess, Analyse der Produktprofitabilität

Abbildung 4.91: Simulationscockpit für die integrierte Finanzplanung – Einstieg

Die Simulation bietet drei Szenarien für die Berechnung neuer Plan- oder Prognosewerte: Die SALES SIMULATION geht von veränderten Absatzmengen und/oder Preisen aus, die EXPENSE SIMULATION berücksichtigt Kostensteigerungen und/oder veränderte Beschäftigungsgrade, und die RAW MATERIAL PRICE SIMULATION ermittelt die Auswirkungen schwankender Rohstoffpreise auf das Ergebnis. Für das entscheidungsorientierte Produktkosten-Controlling sind insbesondere die beiden letztgenannten Szenarien relevant: Die Kosten haben Auswirkungen auf die Leistungspreise und damit auf den Wertschöpfungsanteil im Produkt, die Rohstoffpreise auf die Materialkosten des Produkts.

Die Funktionsweise der Simulation möchte ich Ihnen anhand der folgenden Bilder vor Augen stellen, wobei ich mich hier für die Simulation auf Basis veränderter Rohstoffpreise entschieden habe. Diese startet mit einer Übersicht der aktuellen Preise je Material. Diese Preise können entweder mit neuen überschrieben oder mittels der Eingabe von Prozenten angepasst werden.

Preisanpassung Rohstoff

In dem folgenden Beispiel gehe ich davon aus, dass sich die Rohstoffpreise für Material *RAW20* von *1,00* USD auf *2,50* USD und für *RAW124* von *2,00* USD auf *6,00* USD erhöhen (siehe Abbildung 4.92 und Abbildung 4.93). Die nachfolgenden Abbildungen zeigen dann, dass dadurch die Herstellkosten für *FIN126* bzw. *FIN129* von *9,50* USD bzw. *15,00* USD (siehe Abbildung 4.94) auf *14,25* USD bzw. *23,75* USD steigen (siehe Abbildung 4.95). Ohne Änderung weiterer Parameter führen diese Preisanpassungen zu einem negativen Deckungsbeitrag in Höhe von *45,00* USD bzw. *1.260,00* USD (siehe Abbildung 4.97) gegenüber den vorherigen positiven Deckungsbeiträgen in Höhe von *525* USD und *840* USD (siehe Abbildung 4.96). Dies führt wiederum zu Verlusten in der GuV (siehe Abbildung 4.98 und Abbildung 4.100).

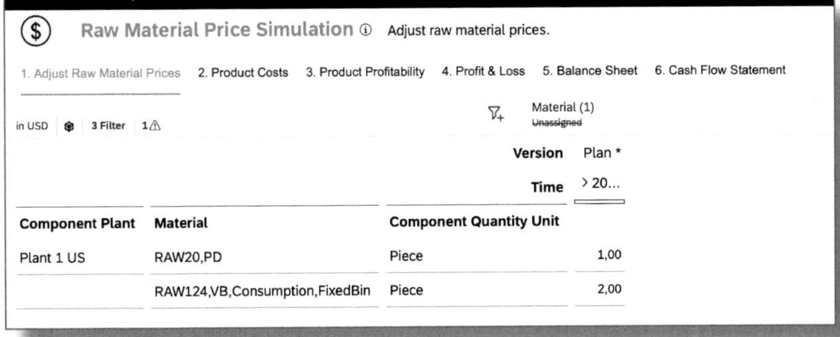

Abbildung 4.92: Simulation – Rohstoffpreis, Ausgangssituation

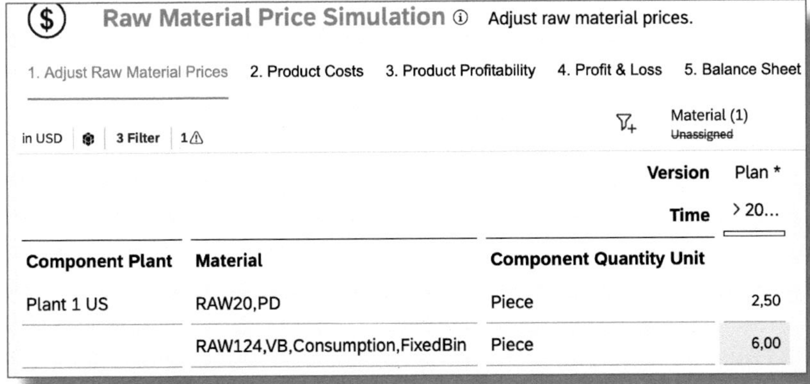

Abbildung 4.93: Simulation – angepasste Rohstoffpreise

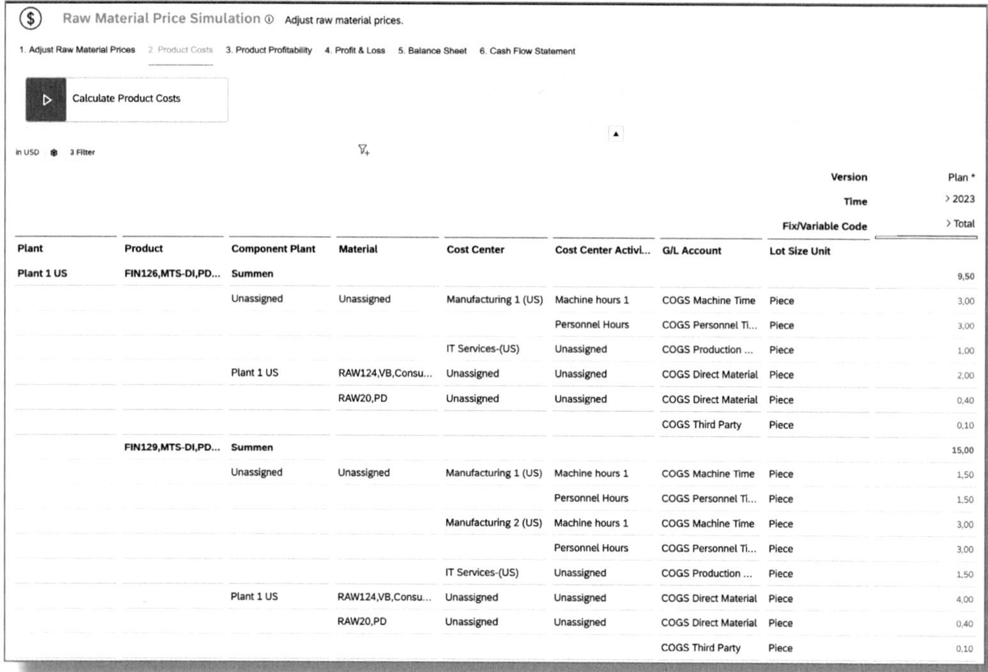

							Version	Plan *
							Time	> 2023
							Fix/Variable Code	> Total
Plant	**Product**	**Component Plant**	**Material**	**Cost Center**	**Cost Center Activi...**	**G/L Account**	**Lot Size Unit**	
Plant 1 US	**FIN126,MTS-DI,PD...**	**Summen**						**9,50**
		Unassigned	Unassigned	Manufacturing 1 (US)	Machine hours 1	COGS Machine Time	Piece	3,00
					Personnel Hours	COGS Personnel Ti...	Piece	3,00
				IT Services-(US)	Unassigned	COGS Production ...	Piece	1,00
		Plant 1 US	RAW124,VB,Consu...	Unassigned	Unassigned	COGS Direct Material	Piece	2,00
			RAW20,PD	Unassigned	Unassigned	COGS Direct Material	Piece	0,40
						COGS Third Party	Piece	0,10
	FIN129,MTS-DI,PD...	**Summen**						**15,00**
		Unassigned	Unassigned	Manufacturing 1 (US)	Machine hours 1	COGS Machine Time	Piece	1,50
					Personnel Hours	COGS Personnel Ti...	Piece	1,50
				Manufacturing 2 (US)	Machine hours 1	COGS Machine Time	Piece	3,00
					Personnel Hours	COGS Personnel Ti...	Piece	3,00
				IT Services-(US)	Unassigned	COGS Production ...	Piece	1,50
		Plant 1 US	RAW124,VB,Consu...	Unassigned	Unassigned	COGS Direct Material	Piece	4,00
			RAW20,PD	Unassigned	Unassigned	COGS Direct Material	Piece	0,40
						COGS Third Party	Piece	0,10

Abbildung 4.94: Simulation – Produktkosten vor Neukalkulation

Mit Ausführen der Aktion CALCULATE PRODUCT COSTS werden neue Kalkulationen unter Berücksichtigung der Rohstoffpreise erstellt.

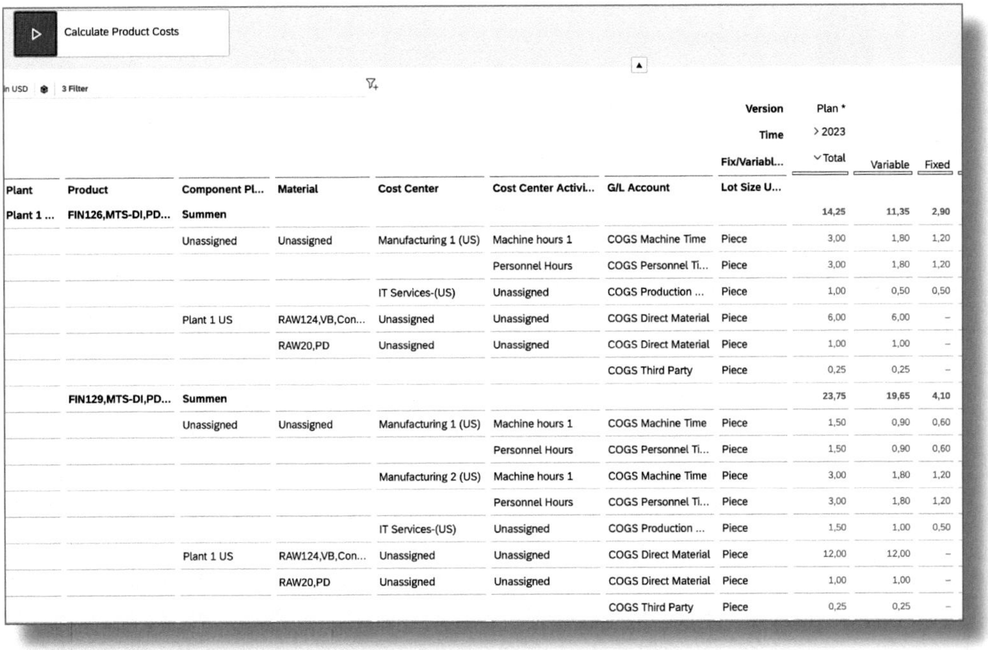

Calculate Product Costs

in USD | 3 Filter

							Version	Plan *		
							Time	> 2023		
							Fix/Variabl...	˅ Total	Variable	Fixed
Plant	**Product**	**Component Pl...**	**Material**	**Cost Center**	**Cost Center Activi...**	**G/L Account**	**Lot Size U...**			
Plant 1 ...	**FIN126,MTS-DI,PD...**	**Summen**						**14,25**	**11,35**	**2,90**
		Unassigned	Unassigned	Manufacturing 1 (US)	Machine hours 1	COGS Machine Time	Piece	3,00	1,80	1,20
					Personnel Hours	COGS Personnel Ti...	Piece	3,00	1,80	1,20
				IT Services-(US)	Unassigned	COGS Production ...	Piece	1,00	0,50	0,50
		Plant 1 US	RAW124,VB,Con...	Unassigned	Unassigned	COGS Direct Material	Piece	6,00	6,00	–
			RAW20,PD	Unassigned	Unassigned	COGS Direct Material	Piece	1,00	1,00	–
						COGS Third Party	Piece	0,25	0,25	–
	FIN129,MTS-DI,PD...	**Summen**						**23,75**	**19,65**	**4,10**
		Unassigned	Unassigned	Manufacturing 1 (US)	Machine hours 1	COGS Machine Time	Piece	1,50	0,90	0,60
					Personnel Hours	COGS Personnel Ti...	Piece	1,50	0,90	0,60
				Manufacturing 2 (US)	Machine hours 1	COGS Machine Time	Piece	3,00	1,80	1,20
					Personnel Hours	COGS Personnel Ti...	Piece	3,00	1,80	1,20
				IT Services-(US)	Unassigned	COGS Production ...	Piece	1,50	1,00	0,50
		Plant 1 US	RAW124,VB,Con...	Unassigned	Unassigned	COGS Direct Material	Piece	12,00	12,00	–
			RAW20,PD	Unassigned	Unassigned	COGS Direct Material	Piece	1,00	1,00	–
						COGS Third Party	Piece	0,25	0,25	–

Abbildung 4.95: Simulation – Produktkosten nach Rohstoffpreisanpassung

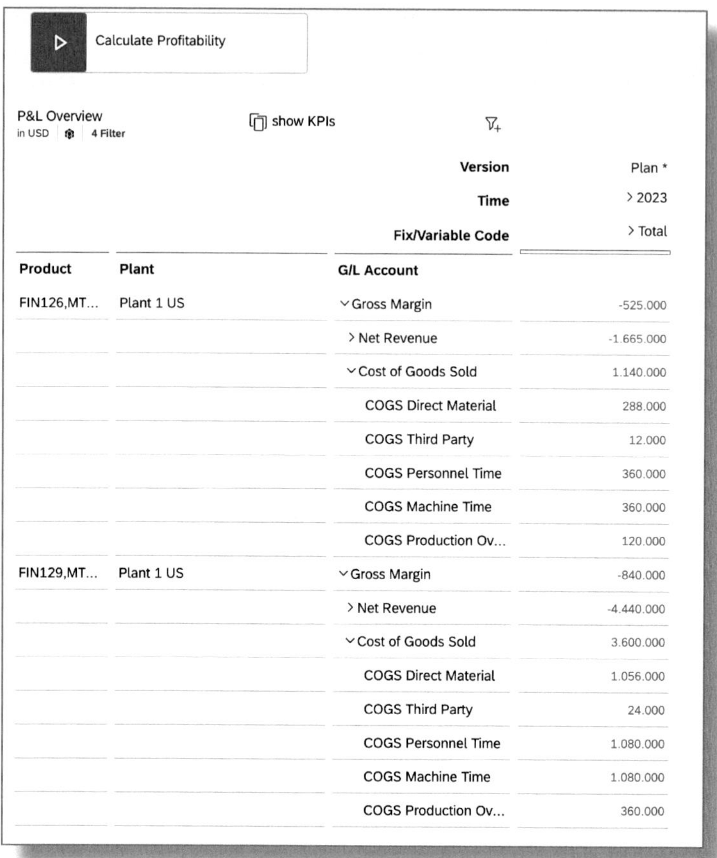

		Version	Plan *
		Time	> 2023
		Fix/Variable Code	> Total
Product	**Plant**	**G/L Account**	
FIN126,MT...	Plant 1 US	⌄Gross Margin	-525.000
		> Net Revenue	-1.665.000
		⌄Cost of Goods Sold	1.140.000
		COGS Direct Material	288.000
		COGS Third Party	12.000
		COGS Personnel Time	360.000
		COGS Machine Time	360.000
		COGS Production Ov...	120.000
FIN129,MT...	Plant 1 US	⌄Gross Margin	-840.000
		> Net Revenue	-4.440.000
		⌄Cost of Goods Sold	3.600.000
		COGS Direct Material	1.056.000
		COGS Third Party	24.000
		COGS Personnel Time	1.080.000
		COGS Machine Time	1.080.000
		COGS Production Ov...	360.000

Abbildung 4.96: Simulation – Profitabilität vor Preisanpassung

Im Anschluss an die Neukalkulation der Fertigerzeugnisse wird die daraus resultierende Produktprofitabilität mittels Klick auf CALCULATE PROFITABILITY berechnet (siehe Abbildung 4.97).

Calculate Profitability

P&L Overview
in USD | 4 Filter

show KPIs

		Version	Plan *			
		Time	> 2023			
		Fix/Variable Code	˅ Total	Variable	Fixed	Unassigned
Product	**Plant**	**G/L Account**				
FIN126,MT...	Plant 1 US	˅ Gross Margin	45.000	1.362.000	348.000	-1.665.000
		> Net Revenue	-1.665.000	–	–	-1.665.000
		˅ Cost of Goods Sold	1.710.000	1.362.000	348.000	0
		COGS Direct Material	840.000	840.000	–	–
		COGS Third Party	30.000	30.000	–	–
		COGS Personnel Time	360.000	216.000	144.000	0
		COGS Machine Time	360.000	216.000	144.000	0
		COGS Production Overhead	120.000	60.000	60.000	–
FIN129,MT...	Plant 1 US	˅ Gross Margin	1.260.000	4.716.000	984.000	-4.440.000
		> Net Revenue	-4.440.000	–	–	-4.440.000
		˅ Cost of Goods Sold	5.700.000	4.716.000	984.000	0
		COGS Direct Material	3.120.000	3.120.000	–	–
		COGS Third Party	60.000	60.000	–	–
		COGS Personnel Time	1.080.000	648.000	432.000	0
		COGS Machine Time	1.080.000	648.000	432.000	0
		COGS Production Overhead	360.000	240.000	120.000	–

Abbildung 4.97: Simulation – Profitabilität nach Preisanpassung

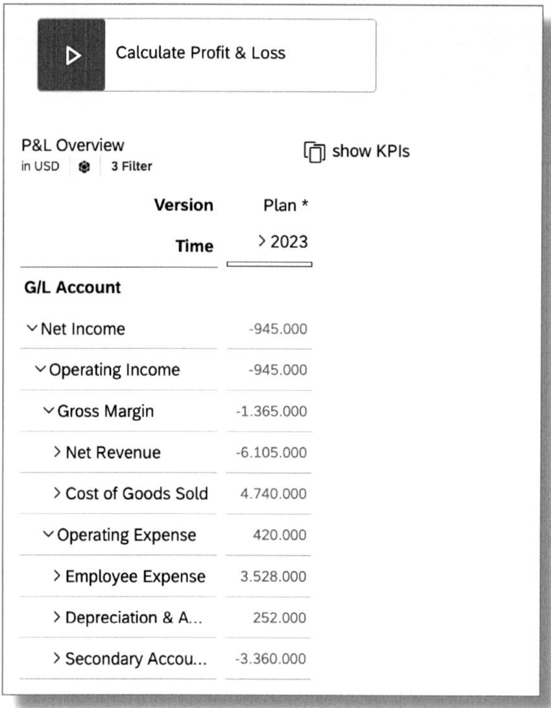

Abbildung 4.98: Simulation – GuV vor Preisanpassung

Im letzten Simulationsschritt rufen Sie die Auswirkungen auf die Gewinn- und Verlustrechnung mit CALCULATE PROFIT & LOSS auf (siehe Abbildung 4.99).

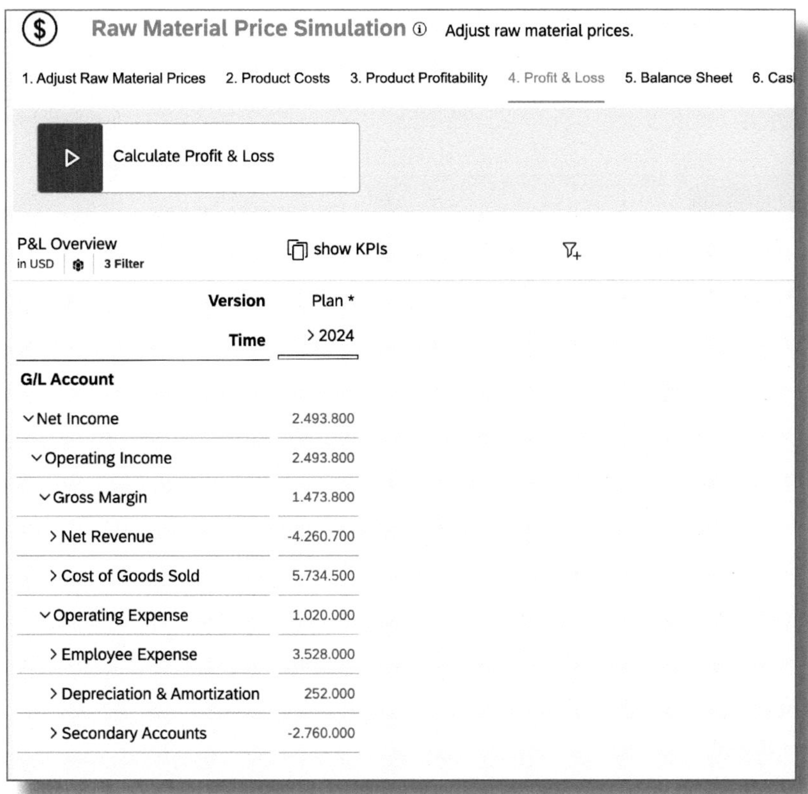

Version	Plan *
Time	> 2024
G/L Account	
⌄ Net Income	2.493.800
⌄ Operating Income	2.493.800
⌄ Gross Margin	1.473.800
> Net Revenue	-4.260.700
> Cost of Goods Sold	5.734.500
⌄ Operating Expense	1.020.000
> Employee Expense	3.528.000
> Depreciation & Amortization	252.000
> Secondary Accounts	-2.760.000

Abbildung 4.99: Simulation – GuV nach Preisanpassung

Aus der GuV heraus lassen sich mit dem Button SHOW KPIs weitere Kennzahlen bzw. KPIs anzeigen, wie die Margenanalyse aus Abbildung 4.100 oder die Darstellung der Produktprofitabilität aus Abbildung 4.101.

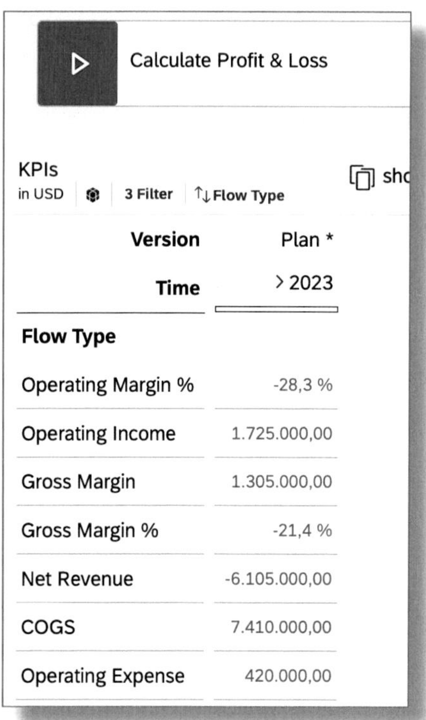

Abbildung 4.100: Simulation – GuV nach Preisanpassung, KPI-Darstellung

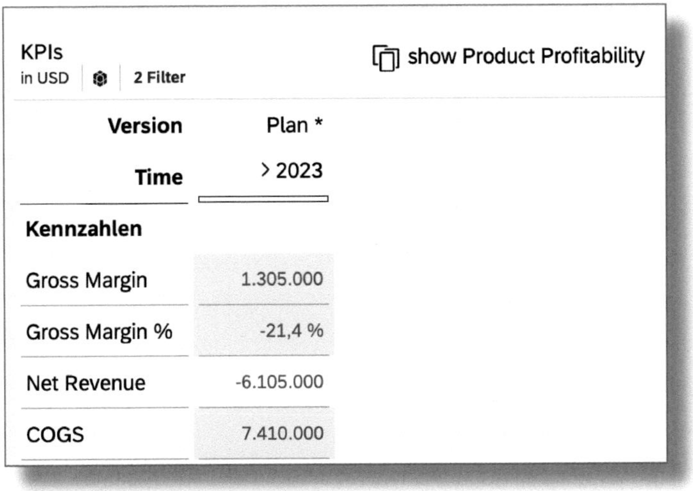

KPIs
in USD | 2 Filter

show Product Profitability

Version	Plan *
Time	> 2023
Kennzahlen	
Gross Margin	1.305.000
Gross Margin %	-21,4 %
Net Revenue	-6.105.000
COGS	7.410.000

Abbildung 4.101: Simulation – Produktprofitabilität nach Preisanpassung

Nach Eingabe der Preisanpassungen haben Sie neben der sequenziellen Einzelausführung auch die Möglichkeit, über die Schaltfläche TRIGGER ALL DATA ACTIONS FOR THIS SIMULATION alle Schritte sofort auszuführen.

Allein unser kleines Beispiel zeigt, wie wichtig Simulation bzw. Planung mit SAC für ein erfolgsorientiertes Produktkosten-Controlling ist, da alle Auswirkungen kleinster Veränderungen unmittelbar sichtbar werden. In unserem Fall muss der Vertrieb sofort handeln, um die massive Rohstoffpreisänderung an die Kunden weiterzugeben.

5 Werteflüsse im Produktkosten-Controlling

In diesem Kapitel stelle ich Ihnen die Werteflüsse im Produktkosten-Controlling von der Kostenstelle bis zur Ergebnisrechnung vor. Dabei gehe ich sowohl auf das Material-Ledger als auch auf die Deckungsbeitragsrechnung ein.

In der Abbildung 5.1 werden die Werteflüsse zwischen SERVICE- und PRODUKTIONSKOSTENSTELLEN, PRODUKTIONSKOSTENSTELLEN und FERTIGUNGSAUFTRÄGEN, ferner zwischen FERTIGUNGSAUFTRÄGEN und BESTAND sowie MARGIN ANALYSIS dargestellt.

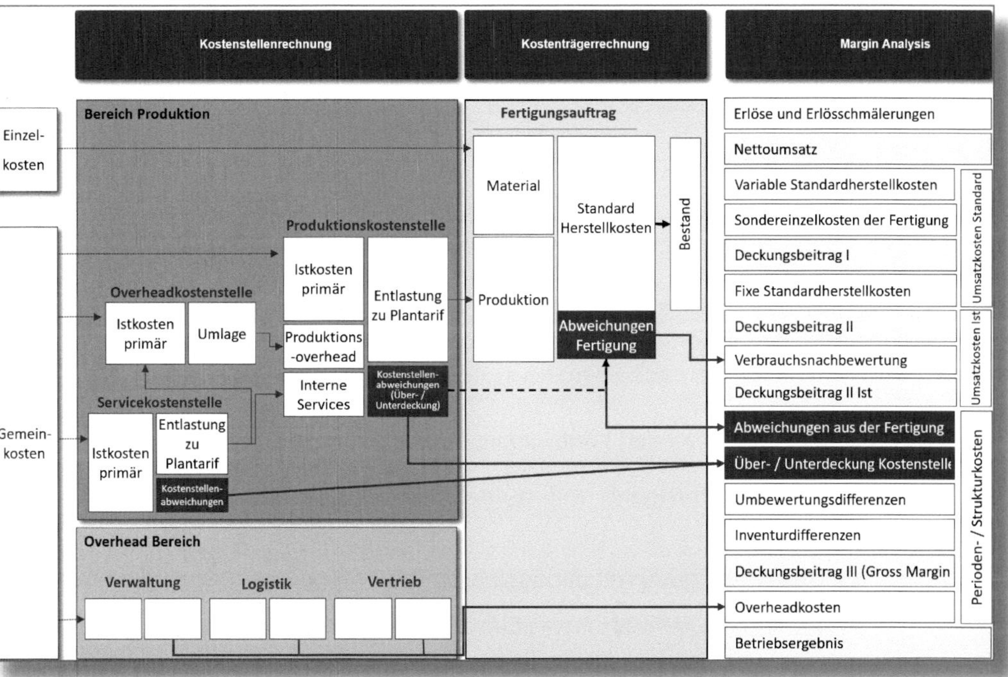

Abbildung 5.1: Werteflüsse im Produktkosten-Controlling

Im Einzelnen sind dies:

- Leistungsverrechnungen von Servicekostenstellen für Produktionskostenstellen
- Umlagen von Overheadkostenstellen an Produktionskostenstellen
- Rückmeldungen (Leistungsverrechnungen von Produktionskostenstellen an Fertigungsaufträge)
- Warenausgänge zum Fertigungsauftrag (Materialverbräuche)
- Wareneingänge vom Fertigungsauftrag ins Lager
- Abrechnung der Abweichungen vom Fertigungsauftrag in das Ergebnis
- Umlage der Über- bzw. Unterdeckung der Fertigungskostenstellen in das Ergebnis

Diese Werteflüsse und darüber hinaus die Buchung der WIP sowie die Nachbewertungen des Material-Ledgers stelle ich Ihnen nun im Detail vor.

5.1 Fertigungsszenarien im Produktkosten-Controlling

Bevor wir uns den Werteflüssen im Detail zuwenden, müssen wir uns zunächst die verschiedenen Produktionsszenarien ansehen, da sich die Werteströme je nach Szenario in Nuancen unterscheiden.

Grundsätzlich gibt es drei Fertigungsszenarien:

- **Werkstattfertigung** mit auftragsbezogenem Produktkosten-Controlling
- **Serienfertigung** mit periodischem Produktkosten-Controlling
- **Kundeneinzelfertigung** mit Kundenauftrags-Controlling

5.1.1 Werkstattfertigung

Die Werkstattfertigung wird eingesetzt:

- in hochflexiblen Fertigungsumgebungen
- bei hohen Rüstkosten
- wenn eine lückenlose Kostenverfolgung erforderlich ist
- wenn ein Controlling pro einzelnem Produktionslos notwendig ist

Werkstattfertigung ist dadurch gekennzeichnet, dass zum einen auf den Anlagen abwechselnd verschiedene Produkte gefertigt und zum anderen die Kosten auf dem jeweiligen Fertigungsauftrag gesammelt werden.

5.1.2 Serienfertigung

Die Serienfertigung kommt zur Anwendung:

- bei großen Produktionsmengen
- bei stabiler und kontinuierlicher Fertigung
- wenn keine losgrößenbezogene Steuerung erforderlich ist

In diesem Szenario findet auf den Anlagen kein Produktwechsel statt, es wird über einen längeren Zeitraum dasselbe Erzeugnis hergestellt. Nicht die Herstellkosten des einzelnen Loses sind von Interesse, sondern die der Perioden. Daher werden die Kosten in der Serienfertigung auf Produktkostensammlern zusammengefasst. Solche Fertigungsszenarien sind typisch für die Automobilindustrie, in der große Stückzahlen zum Teil über Jahre hinweg auf den gleichen Anlagen produziert werden.

5.1.3 Kundeneinzelfertigung

Bei der Kundeneinzelfertigung wird zwischen komplexer Einzelfertigung und kundenauftragsbezogener Massenfertigung unterschieden. Im letzten Fall weicht das Controlling nicht entscheidend von dem der Werkstattfertigung ab, d. h., auch in diesem Szenario werden die Kosten auf dem Fertigungsauftrag gesammelt. Die Differenz besteht lediglich in der Bedarfsplanung: Während bei der Werkstattfertigung anonym für das Lager produziert wird, löst bei der kundenauftragsbezogenen Massenfertigung ein entsprechender Kundenauftrag die Produktion aus.

Komplexe Kundeneinzelfertigung – häufig auch in Verbindung mit Projekten – liegt immer dann vor, wenn Sie ein Produkt oder eine Variante speziell für einen Kunden herstellen und die Kosten und Erlöse für diese Sonderfertigung überwachen wollen. Diese Art der Fertigung findet sich z. B. im Sondermaschinenbau, aber ebenfalls bei der Herstellung von Seekabeln für die Anbindung von Offshore-Windparks.

Bei den folgenden Ausführungen beschränke ich mich auf das Szenario der Werkstattfertigung.

5.2 Rückmeldungen und Warenbewegungen

Rückmeldungen und Warenausgänge spiegeln die Belastungsseite eines Fertigungsauftrags wider, während die Entlastungsseite durch den Wareneingang und die Abrechnung des Saldos beider Seiten abgebildet wird. Für das Produktkosten-Controlling reicht es jedoch nicht aus, auf dem Fertigungsauftrag nur die gebuchten Rückmeldungen und Warenbewegungen zu dokumentieren, sondern es werden auch Planwerte benötigt, um einen Vergleich zwischen Soll- und Istkosten und die Ermittlung der daraus resultierenden Abweichungen zu ermöglichen.

Die Planwerte sind das Ergebnis der Vorkalkulation, die beim Anlegen des Fertigungsauftrags erstellt wird. Diese ermittelt die Plankosten pro Vorgang und Warenbewegung auf Basis des im Fertigungsauftrag hinterlegten Mengengerüsts. Dieses Mengengerüst und damit auch der Wert der Vorkalkulation können vom Mengengerüst und dem Ergebnis der Materialkalkulation abweichen, da zwischen dem Zeitpunkt der Materialkalkulation und demjenigen der Vorkalkulation zum einen Anpassungen des Arbeitsplans und zum anderen – je nach Preissteuerung – Preisänderungen bei den Einsatzmaterialien stattgefunden haben können. Die mitlaufende Kalkulation (nicht zu verwechseln mit der konstruktionsbegleitenden Kalkulation) stellt sicher, dass der Fertigungsauftrag mit allen angefallenen Istkosten belastet wird und somit die Istkosten jederzeit auf dem Auftrag angezeigt und analysiert werden können.

Zu diesem Zweck definieren Sie Kalkulationsvarianten auch für die Vor- und die mitlaufende Kalkulation unter CONTROLLING • PRODUKTKOSTENCONTROLLING • KOSTENTRÄGERRECHNUNG • AUFTRAGSBEZOGENES PRODUKT-CONTROLLING • PRODUKTIONSAUFTRÄGE • KALKULATIONSVARIANTEN FÜR PRODUKTIONSAUFTRÄGE (PP) ÜBERPRÜFEN (siehe Abbildung 5.2 und Abbildung 5.3), und ordnen Sie sie den jeweiligen Fertigungsauftragsarten zu (siehe Abbildung 5.6).

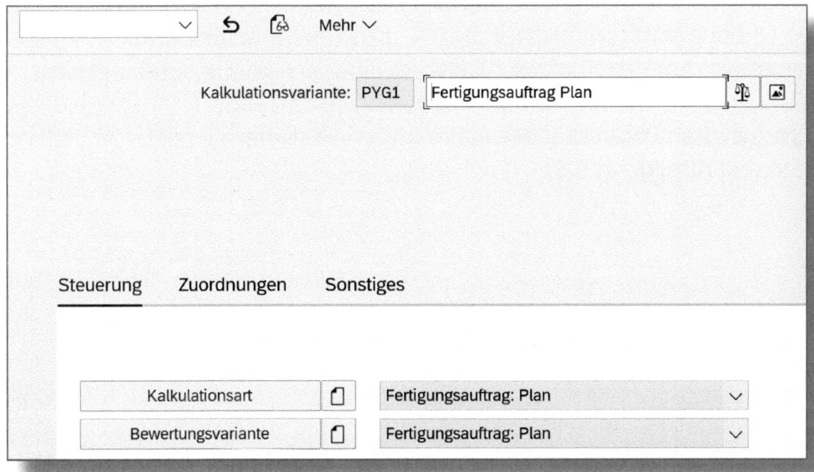

Abbildung 5.2: Kalkulationsvariante »Fertigungsauftrag Plan«

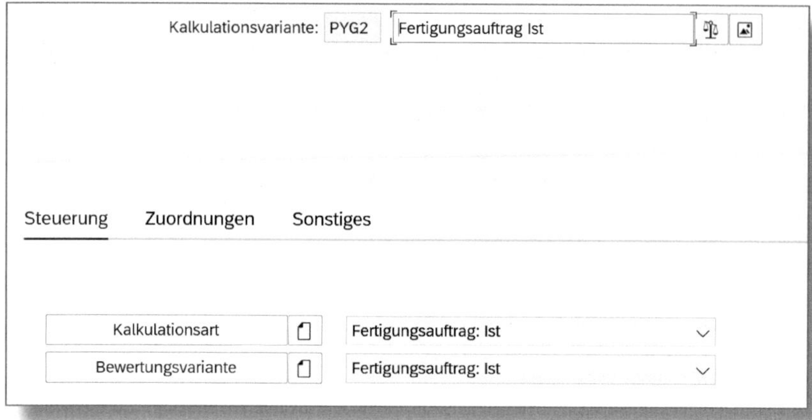

Abbildung 5.3: Kalkulationsvariante »Fertigungsauftrag Ist«

Im Gegensatz zur Materialkalkulation besteht die KALKULATIONSVARIANTE zum Fertigungsauftrag nur aus der KALKULATIONSART und der BEWERTUNGSVARIANTE. Die Kalkulationsart legt fest, ob es sich um eine Vorkalkulation zum Fertigungsauftrag handelt, d. h. um die Ermittlung von Plankosten, oder um eine Kalkulationsvariante für die mitlaufende Kalkulation. In der Bewertungsvariante pflegen Sie unter CONTROLLING • PRODUKTKOSTENCONTROLLING • KOSTENTRÄGERRECHNUNG • AUFTRAGSBEZOGENES PRODUKT-CONTROLLING • PRODUKTIONSAUFTRÄGE • BEWERTUNGSVARIANTEN FÜR PRODUKTIONSAUFTRÄGE (PP) ÜBERPRÜFEN die gleichen Parameter wie in der Materialkalkulation (siehe Abbildung 5.4 und Abbildung 5.5).

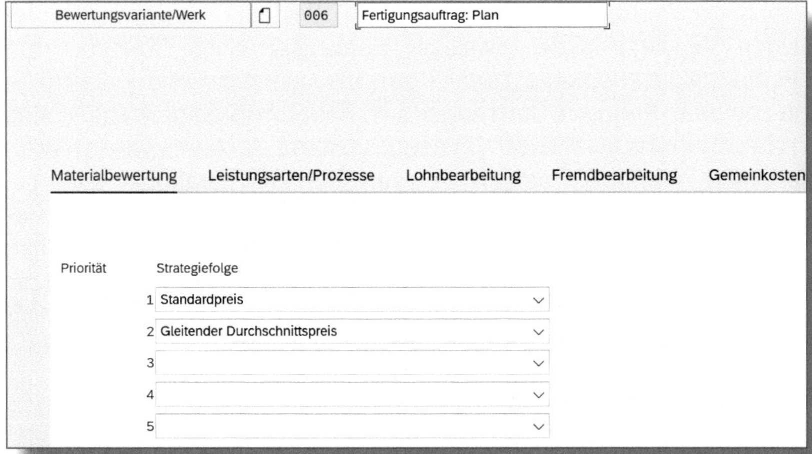

Abbildung 5.4: Bewertungsvariante »Fertigungsauftrag Plan«

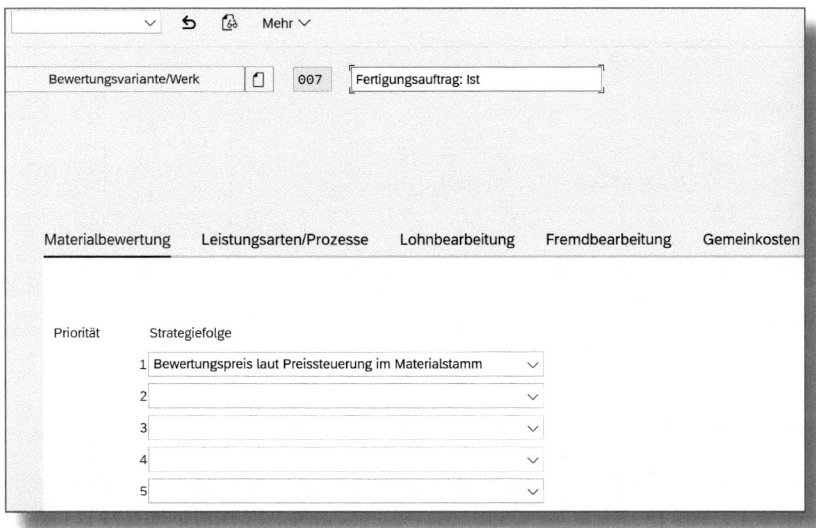

Abbildung 5.5: Bewertungsvariante »Fertigungsauftrag Ist«

Nach der Prüfung und Anpassung der Kalkulationsvarianten hinterlegen Sie diese in der jeweiligen Auftragsart unter CONTROLLING • PRODUKTKOSTENCONTROLLING • KOSTENTRÄGERRECHNUNG • AUFTRAGSBEZOGENES PRODUKT-CONTROLLING • PRODUKTIONSAUFTRÄGE • KOSTENRECHNUNGSRELEVANTE VORSCHLAGSWERTE JE AUFTRAGSART/WERK PFLEGEN. Außerdem setzen Sie hier auch den Zeitpunkt der Plankostenermittlung fest. In Abbildung 5.6 ist die PLANKOSTENERMITTLUNG mittels der Auswahl von *Beim Sichern Plankosten ermitteln* auf eine automatische Ermittlung eingestellt. Alternativ können Sie festlegen, dass die Plankosten erst bei der Freigabe des Auftrags oder gar nicht ermittelt werden.

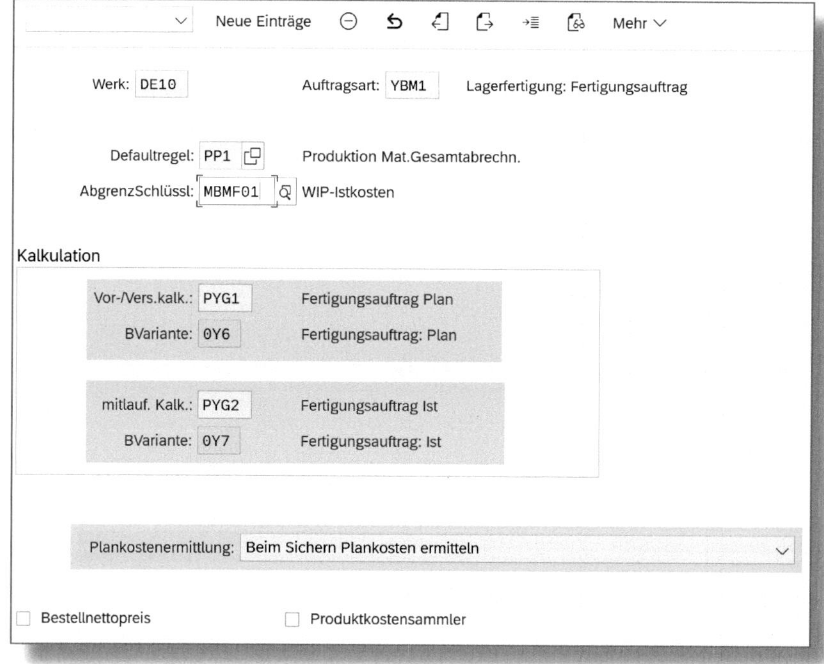

Abbildung 5.6: Kalkulation in der Auftragsart – Vorschlagswerte

Mit der Freigabe eines Fertigungsauftrags können Rückmeldungen und Warenbewegungen gebucht werden. Die Rückmeldungen werden mit dem Tarif der Kostenstelle bewertet, die im Arbeitsplatz für die

Leistung hinterlegt ist, Warenverbräuche mit dem Wertansatz aus der Bewertungsvariante für die mitlaufende Kalkulation. Für die Wareneingänge ist der über die Materialkalkulation erzeugte Standardpreis maßgebend.

Alle Buchungen stehen direkt beispielsweise in der App »Fertigungskostenanalyse« zur Auswertung zur Verfügung.

Die App liefert zuerst eine Übersicht der ausgewählten Aufträge (siehe Abbildung 5.7). Von dort springen Sie über das Icon > in die Detailsicht des Auftrags.

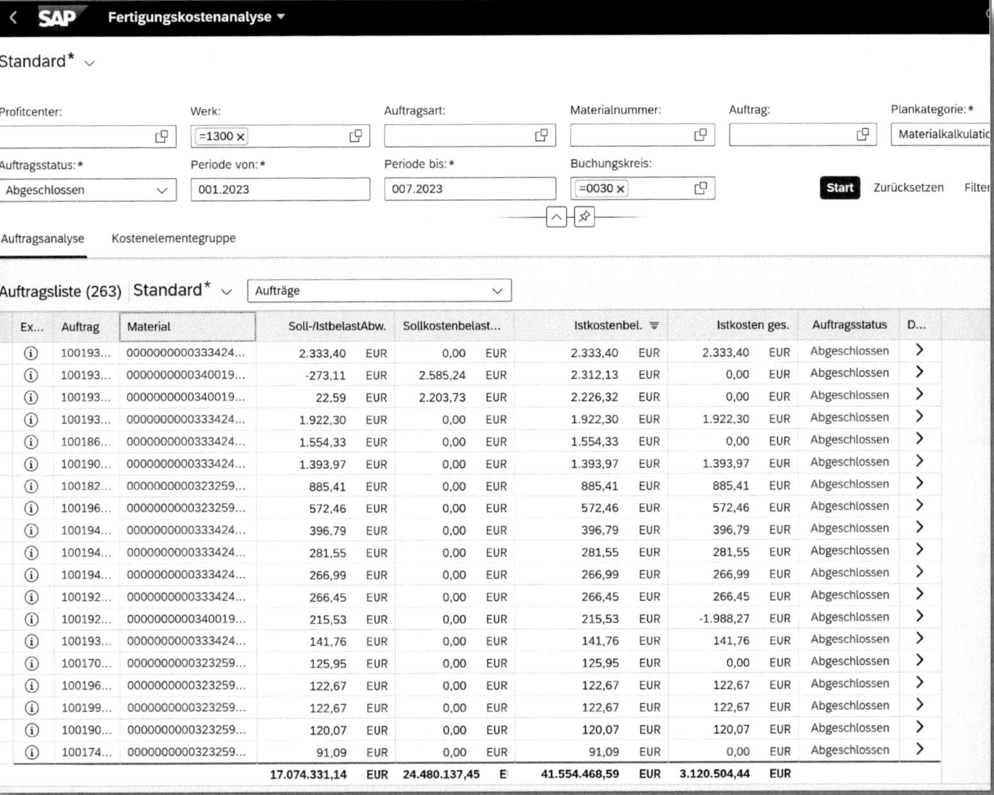

Ex...	Auftrag	Material	Soll-/IstbelastAbw.		Sollkostenbelast...		Istkostenbel.		Istkosten ges.		Auftragsstatus	D...
ⓘ	100193...	0000000000333424...	2.333,40	EUR	0,00	EUR	2.333,40	EUR	2.333,40	EUR	Abgeschlossen	>
ⓘ	100193...	0000000000340019...	-273,11	EUR	2.585,24	EUR	2.312,13	EUR	0,00	EUR	Abgeschlossen	>
ⓘ	100193...	0000000000340019...	22,59	EUR	2.203,73	EUR	2.226,32	EUR	0,00	EUR	Abgeschlossen	>
ⓘ	100193...	0000000000333424...	1.922,30	EUR	0,00	EUR	1.922,30	EUR	1.922,30	EUR	Abgeschlossen	>
ⓘ	100186...	0000000000333424...	1.554,33	EUR	0,00	EUR	1.554,33	EUR	0,00	EUR	Abgeschlossen	>
ⓘ	100190...	0000000000333424...	1.393,97	EUR	0,00	EUR	1.393,97	EUR	1.393,97	EUR	Abgeschlossen	>
ⓘ	100182...	0000000000323259...	885,41	EUR	0,00	EUR	885,41	EUR	885,41	EUR	Abgeschlossen	>
ⓘ	100196...	0000000000323259...	572,46	EUR	0,00	EUR	572,46	EUR	572,46	EUR	Abgeschlossen	>
ⓘ	100194...	0000000000333424...	396,79	EUR	0,00	EUR	396,79	EUR	396,79	EUR	Abgeschlossen	>
ⓘ	100194...	0000000000333424...	281,55	EUR	0,00	EUR	281,55	EUR	281,55	EUR	Abgeschlossen	>
ⓘ	100194...	0000000000333424...	266,99	EUR	0,00	EUR	266,99	EUR	266,99	EUR	Abgeschlossen	>
ⓘ	100192...	0000000000333424...	266,45	EUR	0,00	EUR	266,45	EUR	266,45	EUR	Abgeschlossen	>
ⓘ	100192...	0000000000340019...	215,53	EUR	0,00	EUR	215,53	EUR	-1.988,27	EUR	Abgeschlossen	>
ⓘ	100193...	0000000000333424...	141,76	EUR	0,00	EUR	141,76	EUR	141,76	EUR	Abgeschlossen	>
ⓘ	100170...	0000000000323259...	125,95	EUR	0,00	EUR	125,95	EUR	0,00	EUR	Abgeschlossen	>
ⓘ	100196...	0000000000323259...	122,67	EUR	0,00	EUR	122,67	EUR	122,67	EUR	Abgeschlossen	>
ⓘ	100199...	0000000000323259...	122,67	EUR	0,00	EUR	122,67	EUR	122,67	EUR	Abgeschlossen	>
ⓘ	100190...	0000000000323259...	120,07	EUR	0,00	EUR	120,07	EUR	120,07	EUR	Abgeschlossen	>
ⓘ	100174...	0000000000323259...	91,09	EUR	0,00	EUR	91,09	EUR	0,00	EUR	Abgeschlossen	>
			17.074.331,14	EUR	24.480.137,45	E	41.554.468,59	EUR	3.120.504,44	EUR		

Abbildung 5.7: Fertigungskostenanalyse

Die Detailsicht liefert anschließend ausführliche Informationen in Form der Plan-, Soll- und Istkosten zu den Warenverbräuchen sowie zu den gebuchten Leistungen der Produktionskostenstellen (siehe Abbildung 5.8). Die Plankosten sind das Ergebnis der Vorkalkulation, sie zeigen also die geplanten Kosten der geplanten Fertigungsmenge, während die Sollkosten die geplanten Kosten der tatsächlich produzierten Mengen angeben.

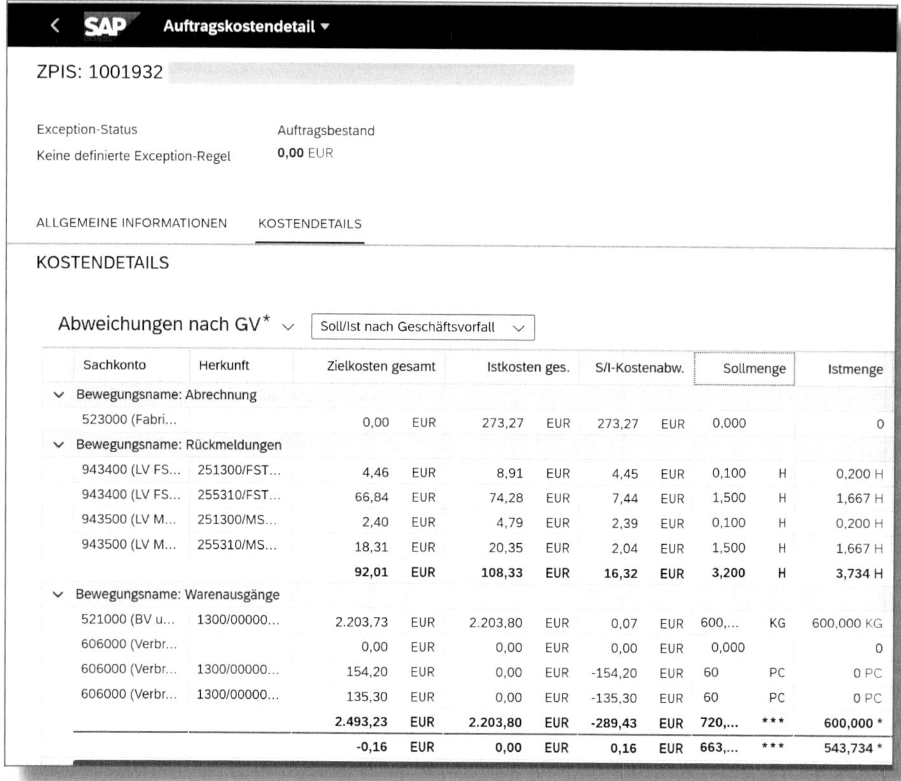

Sachkonto	Herkunft	Zielkosten gesamt		Istkosten ges.		S/I-Kostenabw.		Sollmenge		Istmenge
Bewegungsname: Abrechnung										
523000 (Fabri...		0,00	EUR	273,27	EUR	273,27	EUR	0,000		0
Bewegungsname: Rückmeldungen										
943400 (LV FS...	251300/FST...	4,46	EUR	8,91	EUR	4,45	EUR	0,100	H	0,200 H
943400 (LV FS...	255310/FST...	66,84	EUR	74,28	EUR	7,44	EUR	1,500	H	1,667 H
943500 (LV M...	251300/MS...	2,40	EUR	4,79	EUR	2,39	EUR	0,100	H	0,200 H
943500 (LV M...	255310/MS...	18,31	EUR	20,35	EUR	2,04	EUR	1,500	H	1,667 H
		92,01	**EUR**	**108,33**	**EUR**	**16,32**	**EUR**	**3,200**	**H**	**3,734 H**
Bewegungsname: Warenausgänge										
521000 (BV u...	1300/00000...	2.203,73	EUR	2.203,80	EUR	0,07	EUR	600,...	KG	600,000 KG
606000 (Verbr...		0,00	EUR	0,00	EUR	0,00	EUR	0,000		0
606000 (Verbr...	1300/00000...	154,20	EUR	0,00	EUR	-154,20	EUR	60	PC	0 PC
606000 (Verbr...	1300/00000...	135,30	EUR	0,00	EUR	-135,30	EUR	60	PC	0 PC
		2.493,23	**EUR**	**2.203,80**	**EUR**	**-289,43**	**EUR**	**720,...**	*******	**600,000 ***
		-0,16	**EUR**	**0,00**	**EUR**	**0,16**	**EUR**	**663,...**	*******	**543,734 ***

Abbildung 5.8: Fertigungskostenanalyse – Detail

Durch diese Möglichkeit der Überwachung der produktionsbedingten Werteströme kann bei Abweichungen frühzeitig gegengesteuert werden.

Eine weitere Option, Rückmeldungen und Warenverbräuche eingehend zu analysieren, besteht mit der App »Kosten nach Arbeitsplatz/Vorgang analysieren«.

Nach Aufruf der App und Selektion des Zeitraums sowie des Werks erhalten Sie eine frei konfigurierbare Auswertung aller Materialverbräuche und Leistungen zu jedem Arbeitsplatz. In der Abbildung 5.9 sehen wir in der Grafik oben die Plan- und Istkostenbelastung je Arbeitsplatz, während die Liste darunter eine Detailanalyse der gesamten Wertschöpfung eines Auftrags bietet.

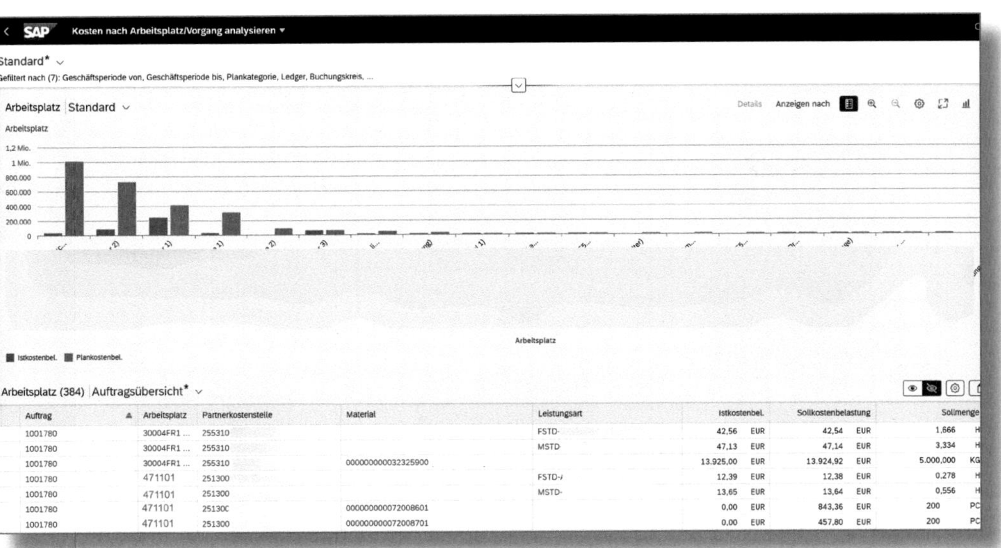

Abbildung 5.9: Kosten nach Arbeitsplatz – Vorgang analysieren

5.3 Werteflüsse im Periodenabschluss

Ein zentraler Baustein des Produktkosten-Controllings ist der Periodenabschluss, da hier das Gros der controllingrelevanten Informationen erzeugt wird. Die einzelnen Schritte des klassischen CO-Produktkostenabschlusses zeigt die Abbildung 5.10.

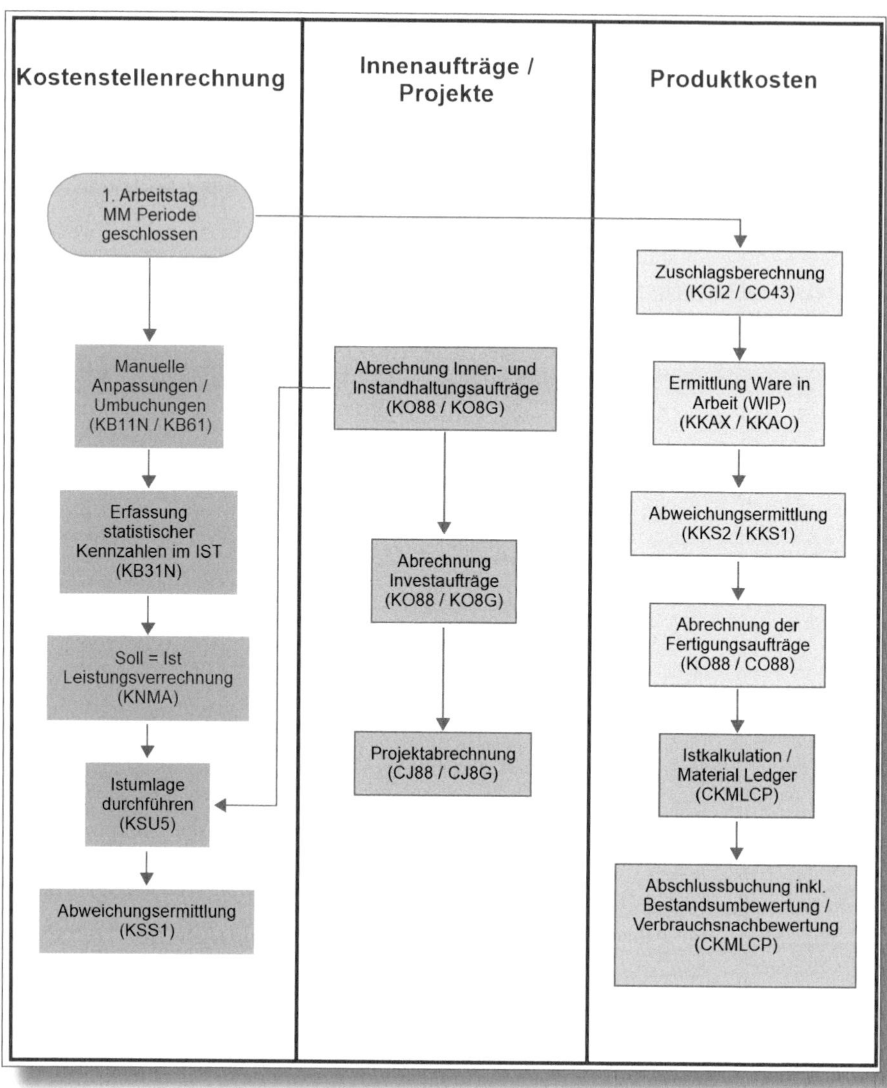

Abbildung 5.10: Schritte im Periodenabschluss des Controllings

5.3.1 Zuschläge

Die Zuschlagsermittlung im Ist folgt denselben Regeln wie die Zuschlagsermittlung im Plan, d. h., die Einstellungen sind für beide Verarbeitungen identisch. In einem entscheidungsorientierten Produktkosten-Controlling stellt sich jedoch die Frage, ob die Zuschlagsermittlung überhaupt eingesetzt werden sollte. Die Erfahrungswerte aus diversen Projekten zeigen, dass zunehmend auch für Gemeinkosten die Leistungsverrechnung angewandt wird. Ich möchte dies am Beispiel der Fertigungsgemeinkosten illustrieren. Hierzu gehören in der Regel die Gebäudekosten, innerbetrieblicher Transport und weitere Leitungskosten wie z. B. Werks- oder Bereichsleitung. Für die Verrechnung dieser Kosten gibt es nun drei Varianten:

- Variante 1: Es wird ein Zuschlag auf die Fertigungskosten berechnet.
- Variante 2: Die Gemeinkosten werden auf die direkten Fertigungskostenstellen umgelegt und gehen in den Tarif der direkten Kostenstellen ein.
- Variante 3: Die Gemeinkosten werden auf eine Verrechnungskostenstelle gebucht und von dort über den Tarif auf die Fertigungsaufträge verrechnet.

Variante 3 ist zwar die aufwendigste der drei Optionen, da neben den Leistungsarten, der Planung und der Tarifermittlung auch die Leistungsart und die Formeln im Arbeitsplatz gepflegt werden müssen, der Lohn dieses Aufwands ist jedoch eine größere Transparenz bei der Darstellung der Herstellkosten in der Kostenschichtung.

5.3.2 Ware in Arbeit

Die Ermittlung der Ware in Arbeit (WIP) ist nur für die Bestandsbewertung im Rahmen des Monatsabschlusses von Bedeutung, sie hat für ein entscheidungsorientiertes Produktkosten-Controlling zwar keine Relevanz, ist aber Bestandteil der Werteflüsse in ebendiesem.

Daher wird an dieser Stelle auch auf die Regeln zur Ermittlung der WIP eingegangen.

Die Regeln zur Aktivierung der WIP werden unter CONTROLLING • PRODUKTKOSTENCONTROLLING • KOSTENTRÄGERRECHNUNG • AUFTRAGSBEZOGENES PRODUKT-CONTROLLING • PERIODENABSCHLUSS • WARE IN ARBEIT eingerichtet. Dies beginnt mit der Definition des Abgrenzungsschlüssels (siehe Abbildung 5.11), wobei die im Standard ausgelieferten Schlüssel bereits alle Produktionsszenarien abdecken (siehe Abschnitt 5.1). Der Abgrenzungsschlüssel ist das Bindeglied zwischen dem Fertigungsauftrag und der Aktivierung der WIP, denn nur wenn im Fertigungsauftrag ein Abgrenzungsschlüssel eingetragen ist, wird WIP überhaupt ermittelt. Damit diese Eingabe nicht manuell bei jedem Fertigungsauftrag erfolgen muss, geben Sie im Rahmen des Customizings den Abgrenzungsschlüssel in den Vorschlagswerten zur jeweiligen Auftragsart ein (siehe Abbildung 5.6).

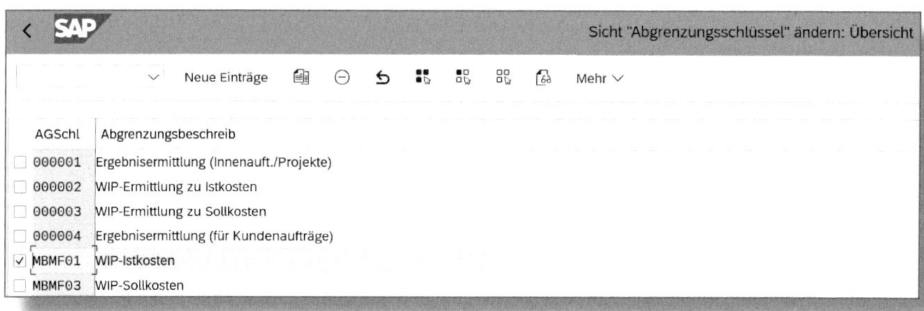

Abbildung 5.11: Abgrenzungsschlüssel definieren

Die in der Abbildung 5.11 dargestellten Schlüssel spiegeln die Fertigungsszenarien wider, da WIP je nach Szenario anderen Regelwerken folgt. Die vielschichtigste und aufwendigste Art der Ermittlung ist dabei die Ergebnisermittlung bei der komplexen Kundeneinzelfertigung. Allein schon durch die wesentlich längere Durchlaufzeit im Vergleich zur Werkstattfertigung – der Bohrer für den Gotthardtunnel beispielsweise benötigte mehrere Jahre Fertigungszeit – können hier je nach Rechnungslegungsvorschrift unterschiedliche Verfahren zum Einsatz kommen. Das Spektrum reicht dabei von der *erlösproportionalen Methode* bis hin zur *einzelpostenbasierten Abgrenzung mit dynamischen Postenprofilen*.

Nach der Festlegung des Abgrenzungsschlüssels folgt die eigentliche Definition der Steuerungsparameter mit Anlage der Abgrenzungsversion (siehe Abbildung 5.12). Zu einem Kostenträger (Fertigungsauftrag, Material) kann zwar immer nur genau ein Abgrenzungsschlüssel hinterlegt werden, allerdings sind zu einem Kostenträger mehrere Abgrenzungsversionen möglich, um beispielsweise unterschiedliche Bewertungsansätze (HGB, IFRS) parallel abzubilden.

Die Parameter im Detail sind:

- Bereich ISTERGEBNISERMITTLUNG/WIP-ERMITTLUNG
  - ABRECHNUNGSRELEVANTE VERSION: Hiermit steuern Sie, ob die Daten dieser Version bei komplexer Kundeneinzelfertigung in die Ergebnisrechnung zu übernehmen sind. Für die Werkstattfertigung ist das Kennzeichen nicht relevant, da in diesem Fall Bestandswerte an die Finanzbuchhaltung übergeben werden.
  - WEITERLEITUNG IN DIE FINANZBUCHHALTUNG: Mit diesem Kennzeichen legen Sie fest, ob die Ergebnisse der Ermittlung der WIP in das Umlaufvermögen der Finanzbuchhaltung gebucht werden sollen.
- Der Bereich ERWEITERTE STEUERUNG enthält Parameter für die interne Fortschreibung der ermittelten Abrechnungswerte.
  - Mit BILDUNG/VERBRAUCH TRENNEN bestimmen Sie, ob für die WIP-Bildung und die WIP-Auflösung unterschiedliche Konten zu buchen sind.
  - Mit Setzen des Kennzeichens EINZELPOSTEN ERZEUGEN erreichen Sie, dass bei der WIP-Buchung Einzelposten geschrieben werden.
  - Über ZUORDNUNG/ABGRSCHL. bzw. FORTSCHR./ABGRSCHL. legen Sie fest, ob im Rahmen der WIP-Ermittlung der Abgrenzungsschlüssel als differenzierendes Merkmal fortgeführt wird.

  - Des Weiteren ist es in diesem Bereich möglich zu entscheiden, ob die Version nur Ist- und/oder auch Planwerte fortschreiben soll.
- In der Sektion TECHNISCHE ABGRENZUNGSKOSTENART geben Sie eine eigens für die interne Fortschreibung auf den Aufträgen definierte sekundäre Kostenart 31 (Auftrags-/Projektabgrenzung) ein.

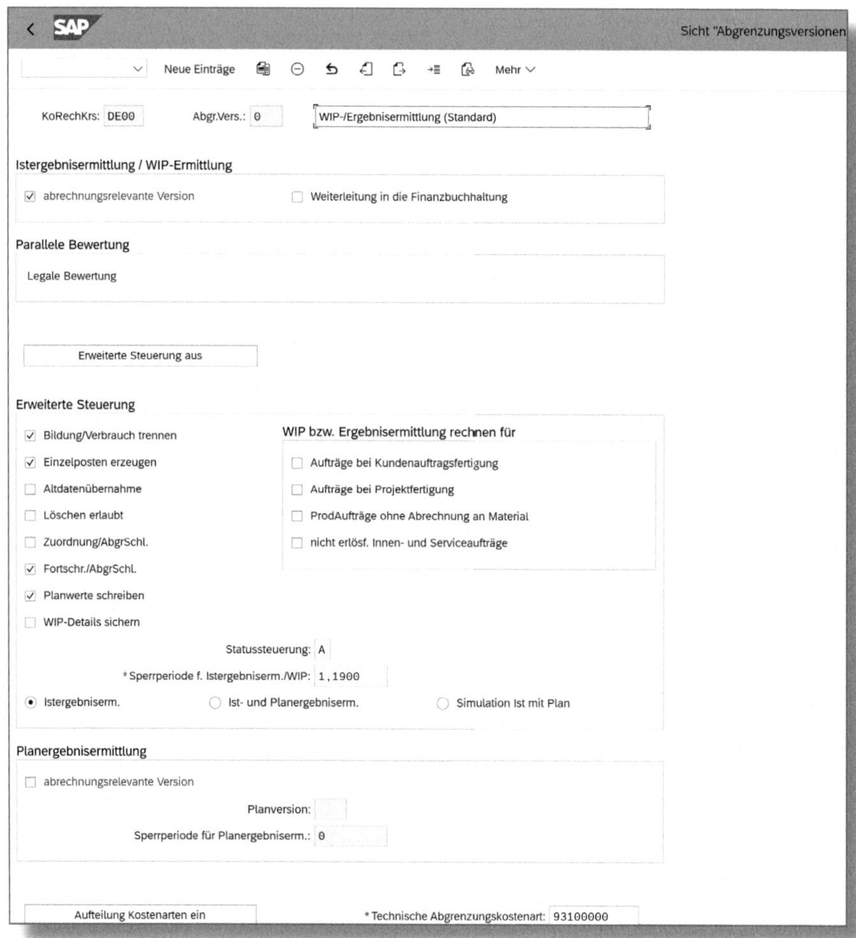

Abbildung 5.12: Abgrenzungsversion

Über die Abgrenzungsversion legen Sie fest, wie WIP ermittelt wird und welche statusabhängigen Zeitpunkte hierfür relevant sind.

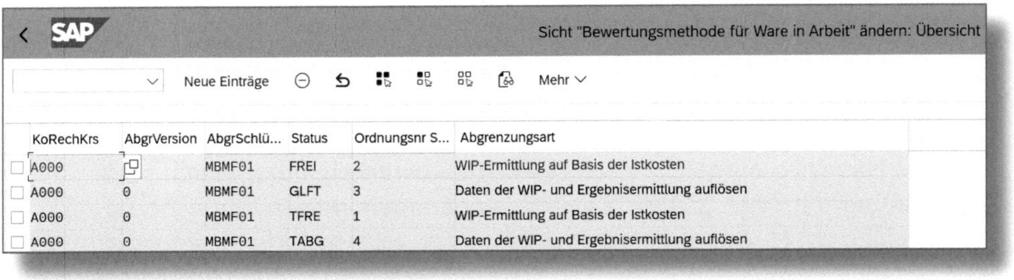
SAP
Sicht "Bewertungsmethode für Ware in Arbeit" ändern: Übersicht
Neue Einträge
Mehr
KoRechKrs AbgrVersion AbgrSchlü... Status Ordnungsnr S... Abgrenzungsart
A000 MBMF01 FREI 2 WIP-Ermittlung auf Basis der Istkosten
A000 0 MBMF01 GLFT 3 Daten der WIP- und Ergebnisermittlung auflösen
A000 0 MBMF01 TFRE 1 WIP-Ermittlung auf Basis der Istkosten
A000 0 MBMF01 TABG 4 Daten der WIP- und Ergebnisermittlung auflösen

Abbildung 5.13: Bewertungsmethoden für die WIP-Ermittlung

In der Abbildung 5.13 ist festgesetzt, dass WIP nach der Istkostenmethode zu ermitteln ist. Über den jeweiligen STATUS wird bestimmt, ob WIP zu bilden oder aufzulösen ist.

Weist der Fertigungsauftrag im Periodenabschluss den STATUS *FREI* oder *TFRE* (teilfrei) auf, wird WIP gebildet, d. h., alle zu diesem Zeitpunkt auf dem Auftrag gebuchten Istkosten werden als WIP abgegrenzt. Beim STATUS *GLFT* (geliefert) oder *TABG* (technisch abgeschlossen) hingegen wird WIP komplett wieder aufgelöst.

Im nächsten Schritt werden für die auf den Aufträgen gebuchten Kostenarten Kategorien erzeugt, die als *Zeilen-IDs* bezeichnet werden. Ziel ist es, die einzelnen Kategorien bei der Buchung der WIP unterschiedlich zu behandeln.

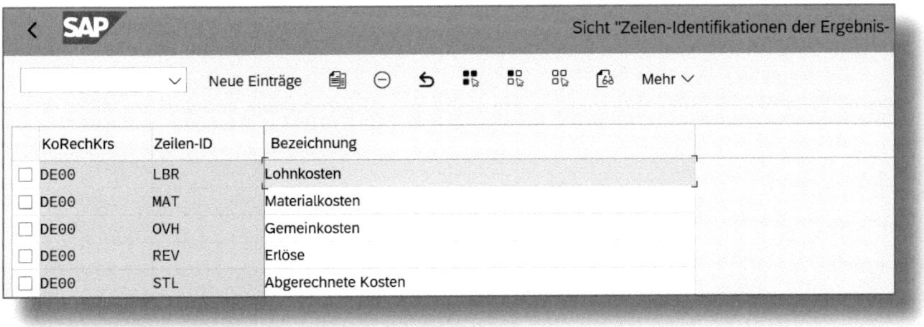
SAP
Sicht "Zeilen-Identifikationen der Ergebnis-
Neue Einträge
Mehr
KoRechKrs Zeilen-ID Bezeichnung
DE00 LBR Lohnkosten
DE00 MAT Materialkosten
DE00 OVH Gemeinkosten
DE00 REV Erlöse
DE00 STL Abgerechnete Kosten

Abbildung 5.14: Zeilen-IDs definieren

In der Abbildung 5.14 werden die Kosten nach LOHNKOSTEN, MATERIALKOSTEN und GEMEINKOSTEN sowie ABGERECHNETE KOSTEN unterschieden. Letztere werden den Bestandsveränderungskonten zugeordnet, die beim Wareneingang gebucht werden. Diese Kostenkategorie und eine weitere für die Belastungsbuchungen sind obligatorisch.

Als Nächstes ordnen Sie Ihre Zeilen-IDs Kostenarten bzw. durch Maskierung mit *++++* ganzen Kostenartennummernkreisen zu (siehe Abbildung 5.15). Dabei ist es möglich, auch weitere Differenzierungen vorzunehmen, z. B. nach Kostenstelle (KOSTENSTELLE...) und Leistungsart (LEISTUN...).

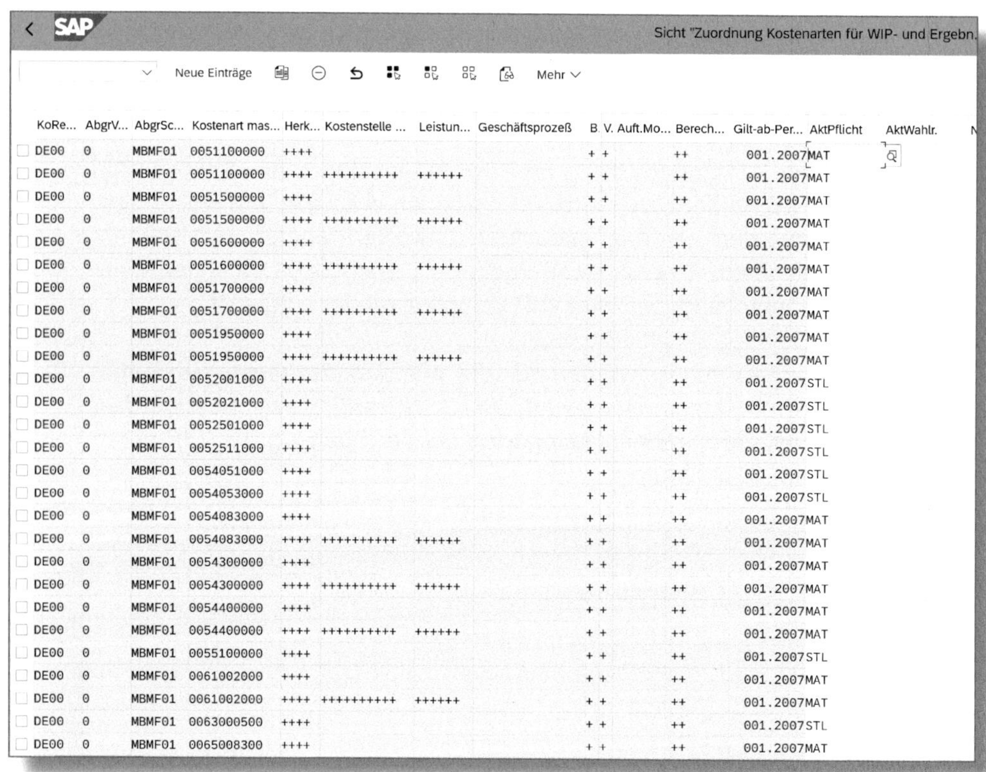

SAP — Sicht "Zuordnung Kostenarten für WIP- und Ergebn.

Neue Einträge — Mehr

KoRe...	AbgrV...	AbgrSc...	Kostenart mas...	Herk...	Kostenstelle ...	Leistun...	Geschäftsprozeß	B.	V.	Auft.Mo...	Berech...	Gilt-ab-Per...	AktPflicht	AktWahlr.
DE00	0	MBMF01	0051100000	++++				+	+		++	001.2007	MAT	
DE00	0	MBMF01	0051100000	++++	++++++++++	++++++		+	+		++	001.2007	MAT	
DE00	0	MBMF01	0051500000	++++				+	+		++	001.2007	MAT	
DE00	0	MBMF01	0051500000	++++	++++++++++	++++++		+	+		++	001.2007	MAT	
DE00	0	MBMF01	0051600000	++++				+	+		++	001.2007	MAT	
DE00	0	MBMF01	0051600000	++++	++++++++++	++++++		+	+		++	001.2007	MAT	
DE00	0	MBMF01	0051700000	++++				+	+		++	001.2007	MAT	
DE00	0	MBMF01	0051700000	++++	++++++++++	++++++		+	+		++	001.2007	MAT	
DE00	0	MBMF01	0051950000	++++				+	+		++	001.2007	MAT	
DE00	0	MBMF01	0051950000	++++	++++++++++	++++++		+	+		++	001.2007	MAT	
DE00	0	MBMF01	0052001000	++++				+	+		++	001.2007	STL	
DE00	0	MBMF01	0052021000	++++				+	+		++	001.2007	STL	
DE00	0	MBMF01	0052501000	++++				+	+		++	001.2007	STL	
DE00	0	MBMF01	0052511000	++++				+	+		++	001.2007	STL	
DE00	0	MBMF01	0054051000	++++				+	+		++	001.2007	STL	
DE00	0	MBMF01	0054053000	++++				+	+		++	001.2007	STL	
DE00	0	MBMF01	0054083000	++++				+	+		++	001.2007	MAT	
DE00	0	MBMF01	0054083000	++++	++++++++++	++++++		+	+		++	001.2007	MAT	
DE00	0	MBMF01	0054300000	++++				+	+		++	001.2007	MAT	
DE00	0	MBMF01	0054300000	++++	++++++++++	++++++		+	+		++	001.2007	MAT	
DE00	0	MBMF01	0054400000	++++				+	+		++	001.2007	MAT	
DE00	0	MBMF01	0054400000	++++	++++++++++	++++++		+	+		++	001.2007	MAT	
DE00	0	MBMF01	0055100000	++++				+	+		++	001.2007	STL	
DE00	0	MBMF01	0061002000	++++				+	+		++	001.2007	MAT	
DE00	0	MBMF01	0061002000	++++	++++++++++	++++++		+	+		++	001.2007	MAT	
DE00	0	MBMF01	0063000500	++++				+	+		++	001.2007	STL	
DE00	0	MBMF01	0065008300	++++				+	+		++	001.2007	MAT	

Abbildung 5.15: Zuordnung von Kostenarten zu Zeilen-IDs

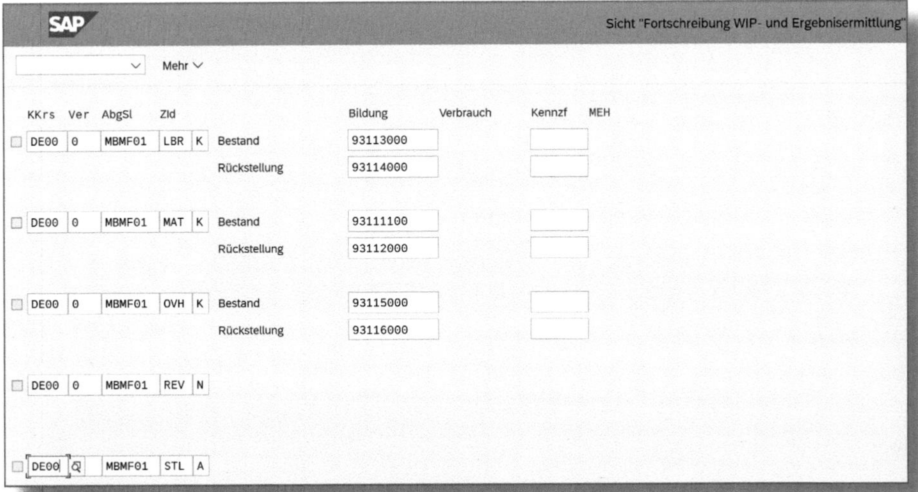

Abbildung 5.16: Fortschreibung WIP

Pro Zeilen-ID benötigt das System außerdem noch jeweils zwei Abgrenzungskostenarten für die BESTANDS- und RÜCKSTELLUNGSbildung (siehe Abbildung 5.16). Sie brauchen zwei weitere Konten je Zeilen-ID, wenn Sie in der Abgrenzungsversion aus Abbildung 5.12 das Kennzeichen BILDUNG/VERBRAUCH TRENNEN gesetzt haben.

! Zuordnung und Fortschreibung

Wenn Sie in der Abgrenzungsversion die Kennzeichen ZUORDNUNG/ABGRSCHL. bzw. FORTSCHR./ABGRSCHL. angeklickt haben, müssen Sie die Zuordnung der Kostenarten (siehe Abbildung 5.15) sowie die Fortschreibung (siehe Abbildung 5.16) jeweils pro Abgrenzungsversion und Abgrenzungsschlüssel einrichten.

Zum Abschluss der Customizing-Aktivitäten für WIP müssen Sie die Buchungsregeln für die einzelnen WIP-Kategorien festlegen (siehe Abbildung 5.17), d. h., Sie ordnen jeder relevanten Kategorie ein Bestandskonto und ein GUV-KONTO zu (siehe Abbildung 5.18). Im Abschluss des auftragsbezogenen Produktkosten-Controllings ist in der Regel nur die Kategorie *WIPA* (Ware in Arbeit, aktivierungspflichtig) relevant.

WIPA	Ware in Arbeit, aktivierungspflichtig	WIPA
WIPW	Ware in Arbeit, Aktivierungswahlrecht	WIPW
WIPN	Ware in Arbeit, nicht aktivierungsfähig	WIPN
RFKA	Rückstellungen für fehlende Kosten (Gruppe aktivpfl.)	RFKA

Abbildung 5.17: WIP – Kategorien

SAP Sicht "Buchungsregeln WIP- und Ergebnisermittlung"

Mehr

KoRech...	Buchun...	AbgrVersi...	Kategorie	Saldo/Bil...	Kostenart	Lfd. Satznr.	GuV-Konto	Bilanz-Konto	Rec...
DE00	DE10	0	WIPA				54200000	13200000	
DE00	DE10	0	WIPW				54200000	13200000	
DE00	DE10		RFKA				54040000	24098600	

Abbildung 5.18: WIP – Buchungsregeln

5.3.3 Abweichungen

Die Abweichungen aus Fertigungsaufträgen liefern wesentliche Informationen für ein entscheidungsorientiertes Produktkosten-Controlling, da sie einerseits auf Unwirtschaftlichkeiten hinweisen können, andererseits aber auch die Wirkungen von Effizienzmaßnahmen aufzeigen.

Auf den ersten Blick bilden die Abweichungen der Fertigungsaufträge die Differenz zwischen der Kostenbelastung und der zum Standardpreis bewerteten Wareneingangsbuchung ab. Bei näherer Betrachtung lässt sich diese Differenz sehr schnell in verschiedene Kategorien zerlegen. Das System bietet in diesem Zusammenhang die Möglichkeit, acht Abweichungskategorien zu analysieren.

Zur Berechnung der Abweichungen ist es notwendig, unter CONTROLLING • PRODUKTKOSTENCONTROLLING • KOSTENTRÄGERRECHNUNG • AUFTRAGSBEZOGENES PRODUKT-CONTROLLING • PERIODENABSCHLUSS • ABWEICHUNGSERMITTLUNG • ABWEICHUNGSSCHLÜSSEL DEFINIEREN einen Abweichungsschlüssel festzusetzen, der dann automatisch über die Vorschlagswerte pro Werk im Materialstamm der eigengefertigten Produkte hinterlegt wird – nur in diesem Fall werden Abweichungen ermittelt.

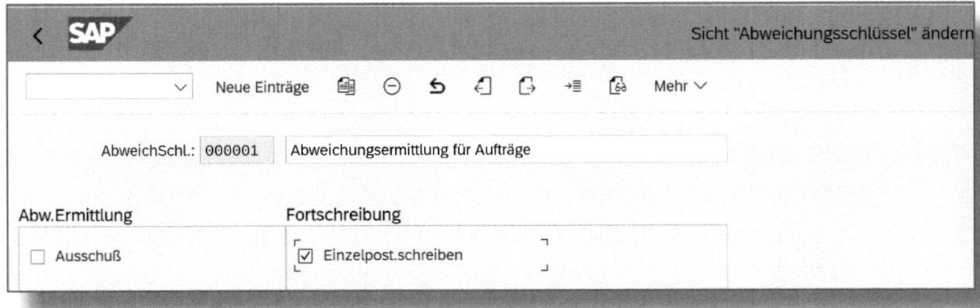

Abbildung 5.19: Abweichungsschlüssel definieren

Im Abweichungsschlüssel legen Sie fest, ob die Abweichungsermittlung den Ausschuss separat errechnen und Einzelposten schreiben soll (siehe Abbildung 5.19).

! Einzelposten Abweichungsermittlung

Das Kennzeichen EINZELPOST. SCHREIBEN bewirkt, dass zu jeder Abweichungsermittlung ein eigener Beleg geschrieben wird. Dadurch vervielfacht sich das Datenvolumen, und auch die Performance kann beeinträchtigt sein. Daher ist davon abzuraten, dieses Kennzeichen zu setzen, wenn es nicht zwingend erforderlich ist.

Den Abweichungsschlüssel ordnen Sie unter CONTROLLING • PRODUKTKOSTENCONTROLLING • KOSTENTRÄGERRECHNUNG • AUFTRAGSBEZOGENES PRODUKT-CONTROLLING • PERIODENABSCHLUSS • ABWEICHUNGSERMITTLUNG • ABWEICHUNGSSCHLÜSSEL PRO WERK VORSCHLAGEN als Vorschlagswert einem oder mehreren Werken zu (siehe Abbildung 5.20).

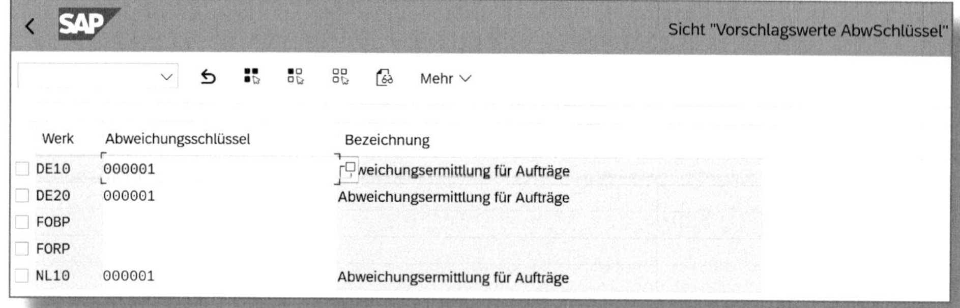

Abbildung 5.20: Abweichungsschlüssel – Vorschlagswerte

Wählen Sie dann unter CONTROLLING • PRODUKTKOSTENCONTROLLING • KOSTENTRÄGERRECHNUNG • AUFTRAGSBEZOGENES PRODUKT-CONTROLLING • PERIODENABSCHLUSS • ABWEICHUNGSERMITTLUNG • ABWEICHUNGSVARIANTEN ÜBERPRÜFEN die auszuwertenden Abweichungskategorien aus (siehe Abbildung 5.21).

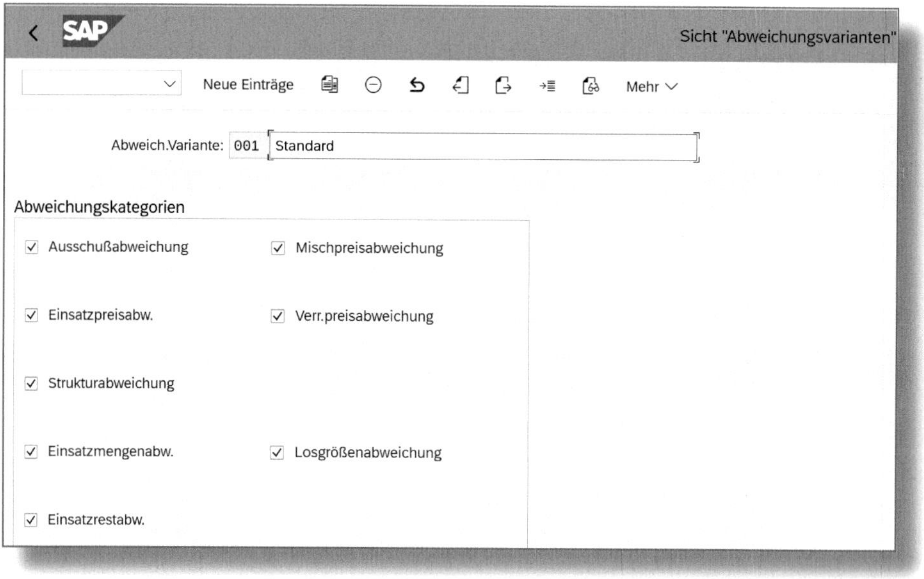

Abbildung 5.21: Abweichungsvarianten

Hierbei steht Ihnen folgende Optionen zur Verfügung:

- AUSSCHUSSABWEICHUNG: Hierunter ist der Wert des ungeplanten Ausschusses zu verstehen.
- EINSATZPREISABW.: Diese Abweichungen haben ihre Ursache in veränderten Preisen oder Tarifen gegenüber der Materialkalkulation.
- STRUKTURABWEICHUNG: Sie entsteht dadurch, dass ein anderes Material oder eine andere Anlage eingesetzt wurde, als dies ursprünglich geplant war.
- EINSATZMENGENABW.: Sie bezeichnet den Mehr- oder Minderverbrauch an Material oder Leistung.
- Die EINSATZRESTABW. bezeichnet eine Abweichung auf der Einsatzseite, die keiner der Kategorien zugeordnet werden kann, z. B. bei den Gemeinkostenzuschlägen.
- Eine MISCHPREISABWEICHUNG entsteht durch einen veränderten Mix von Eigenfertigung und Fremdbezug bei einem Material. Eine Mischkalkulation zum Material geht von einem fixen Verhältnis von Eigenfertigung und Fremdbezug aus; wird dieses Verhältnis nicht erreicht, entsteht eine Mischpreisabweichung.
- VERR.PREISABWEICHUNG: Von Verrechnungspreisabweichung spricht man bei einer Änderung des Standardpreises zwischen dem Zeitpunkt der Eröffnung des Fertigungsauftrags und dem Moment des Wareneingangs.
- Von einer LOSGRÖSSENABWEICHUNG ist die Rede, wenn eine andere Losgröße als die Kalkulationslosgröße gefertigt wurde und das Auswirkungen auf die Kosten hat. Diese Art der Abweichung tritt nur bei losfixen Kosten auf, z. B. bei Rüstkosten, die unabhängig von der Losgröße immer in derselben Höhe anfallen.

Nachdem nun festgelegt wurde, welche Abweichungen ermittelt werden sollen, definieren Sie unter CONTROLLING • PRODUKTKOSTENCONTROLLING • KOSTENTRÄGERRECHNUNG • AUFTRAGSBEZOGENES PRODUKT-CONTROLLING • PERIODENABSCHLUSS • ABWEICHUNGSERMITTLUNG • SOLLVERSION FESTLEGEN, wie die Abweichungen zu ermitteln sind.

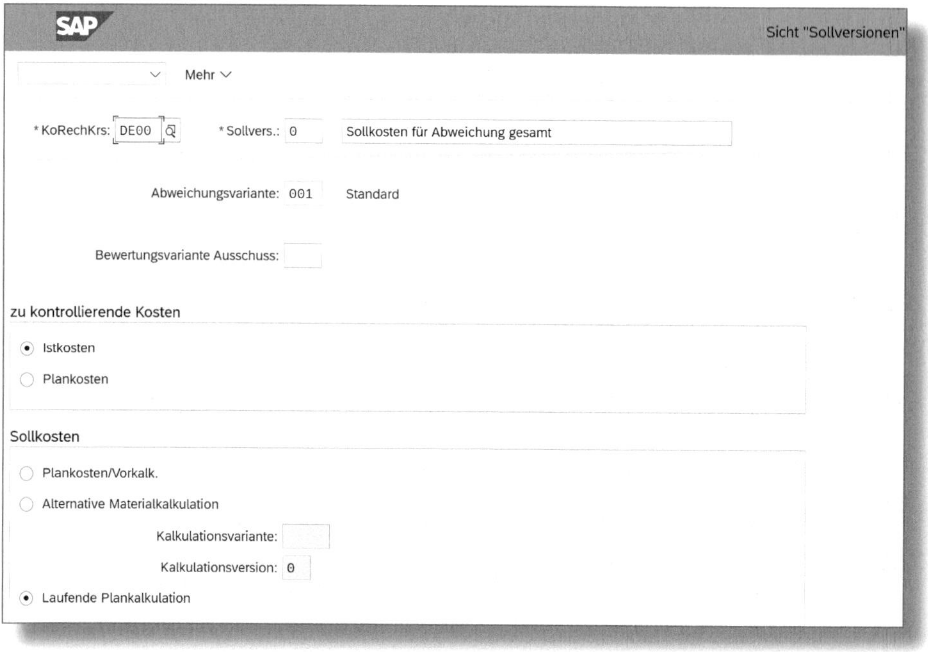

SAP
Sicht "Sollversionen"

Mehr

*KoRechKrs: DE00 *Sollvers.: 0 Sollkosten für Abweichung gesamt

Abweichungsvariante: 001 Standard

Bewertungsvariante Ausschuss:

zu kontrollierende Kosten

- (•) Istkosten
- ( ) Plankosten

Sollkosten

- ( ) Plankosten/Vorkalk.
- ( ) Alternative Materialkalkulation
  - Kalkulationsvariante:
  - Kalkulationsversion: 0
- (•) Laufende Plankalkulation

Abbildung 5.22: Sollversion definieren

In der Abbildung 5.22 ist die Sollversion *0* als Vergleich der Istkosten des Fertigungsauftrags mit der aktuellen Plankalkulation definiert, zu deren Wert der Wareneingang bewertet wird. Die SOLLVERS. *0* ist in der Regel auch die abrechnungsrelevante Version; sie rechnet die Abweichungswerte gesplittet nach Abweichungskategorien an die Ergebnisrechnung ab. Wie bereits erwähnt, empfiehlt SAP für S/4HANA die Verwendung der Margenanalyse anstelle der kalkulatorischen Ergebnisrechnung. Die Margenanalyse ist eine Weiterentwicklung der buchhalterischen Ergebnisrechnung und ermöglicht durch den bereits im Abschnitt 4.4.2 beschriebenen COGS-Split erstmals die Aufteilung der Herstellkosten in Kostenelemente sowie durch den nachfolgend beschriebenen PRD-Split die Darstellung der Abweichungen in entsprechenden Kategorien. Fernerhin zeigt meine Erfahrung, dass die Margenanalyse aufgrund der systemimmanenten automatischen Abstimmung mit dem FI die richtige Wahl ist. Zu beachten ist lediglich, dass der COGS-Split bei der Margenanalyse – anders als bei der kalkulatorischen Ergebnisrechnung – zum Zeitpunkt der Warenlieferung und nicht der Fakturierung erfolgt.

Der PRD-Split wird eingerichtet unter FINANZWESEN • HAUPTBUCH • PERIODISCHE ARBEITEN • INTEGRATION • MATERIALWIRTSCHAFT • KONTEN FÜR AUFTEILUNG DER PREISDIFFERENZEN DEFINIEREN. Wie beim COGS-Split legen Sie auch hier zunächst ein AUFTEILUNGSSCHEMA an (siehe Abbildung 5.23). Neben einem Schlüssel und einer Bezeichnung sind hier der Kostenrechnungskreis (KOSTRECHKREIS) *DE00* und der KONTENPLAN *YCOA* anzugeben.

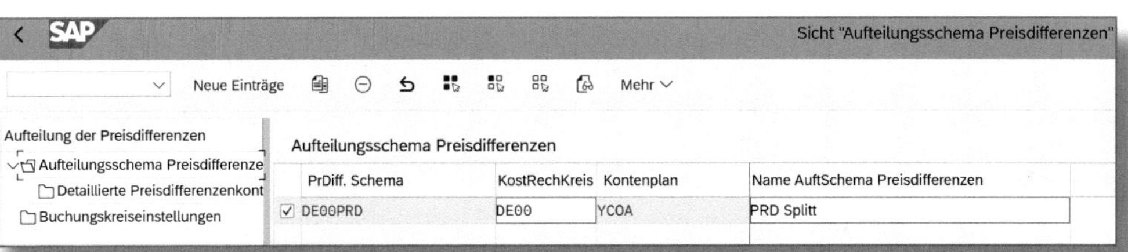

Abbildung 5.23: PRD-Split – Aufteilungsschema Preisdifferenzen einrichten

Anschließend erfolgt eine Zuordnung der Konten zu den einzelnen Abweichungskategorien, indem die Ursprungskonten bzw. -kostenarten und die jeweilige Abweichungskategorie einem Sachkonto zugewiesen werden.

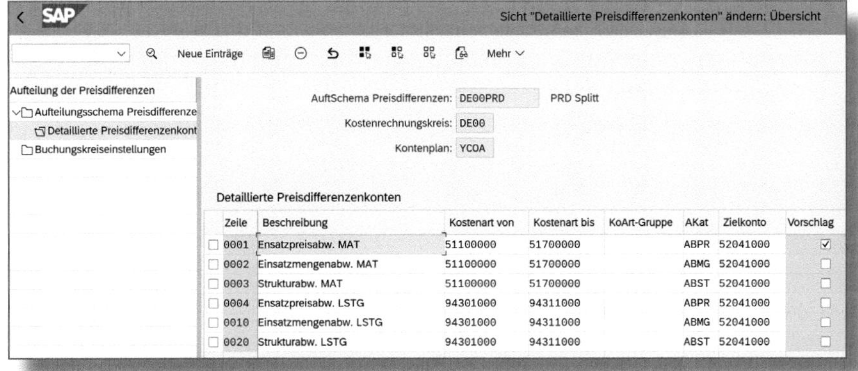

Zeile	Beschreibung	Kostenart von	Kostenart bis	KoArt-Gruppe	AKat	Zielkonto	Vorschlag
0001	Ensatzpreisabw. MAT	51100000	51700000		ABPR	52041000	☑
0002	Einsatzmengenabw. MAT	51100000	51700000		ABMG	52041000	☐
0003	Strukturabw. MAT	51100000	51700000		ABST	52041000	☐
0004	Ensatzpreisabw. LSTG	94301000	94311000		ABPR	52041000	☐
0010	Einsatzmengenabw. LSTG	94301000	94311000		ABMG	52041000	☐
0020	Strukturabw. LSTG	94301000	94311000		ABST	52041000	☐

Abbildung 5.24: PRD-Split – detaillierte Preisdifferenzenkonten ändern

Um noch mehr Transparenz in die Abweichungsanalyse zu bringen, sind die Abweichungen in der Abbildung 5.24 nicht nur nach entsprechenden Kategorien, sondern zusätzlich nach ihrer Herkunft aufgeschlüsselt: Stammt die Abweichung aus dem Material (MAT) oder aus der Leistung (LSTG)?

Abschließend ist das AUFTEILUNGSSCHEMA einem oder mehreren BUCHUNGSKREISEN zuzuordnen, wie in Abbildung 5.25 dargestellt.

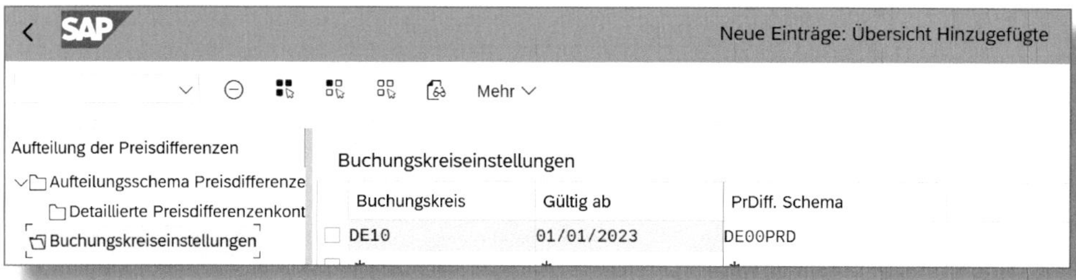

Abbildung 5.25: PRD-Split – Buchungskreiseinstellungen

Um auf die Sollversion zurückzukommen, können neben der Betrachtung der Gesamtabweichung durch die verschiedenen Vergleichsmöglichkeiten auch weitere Abweichungsarten analysiert werden.

Die Sollversion *1* enthält den Vergleich der Istkosten mit der Vorkalkulation, sie liefert somit die Sollkosten für die ausschließlich produktionsbedingten Abweichungen (siehe Abbildung 5.26). Da die Vorkalkulation das aktuelle Mengengerüst beinhaltet, können Abweichungen zwischen Vorkalkulation und Istkosten zwangsläufig nur produktionsbedingt sein.

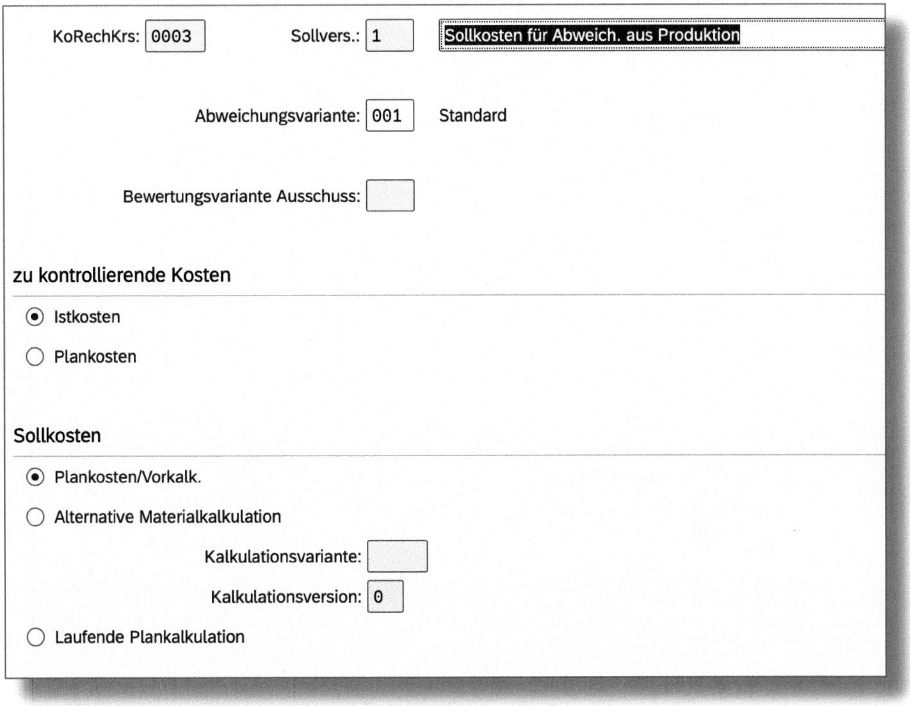

KoRechKrs: 0003 Sollvers.: 1 Sollkosten für Abweich. aus Produktion

Abweichungsvariante: 001 Standard

Bewertungsvariante Ausschuss:

zu kontrollierende Kosten

(●) Istkosten

( ) Plankosten

Sollkosten

(●) Plankosten/Vorkalk.

( ) Alternative Materialkalkulation

Kalkulationsvariante:

Kalkulationsversion: 0

( ) Laufende Plankalkulation

Abbildung 5.26: Sollversion 1

Die Sollversion *2* liefert die Sollkosten für die Abweichungen aus der Disposition (siehe Abbildung 5.27). Sie vergleicht die Plankosten des Fertigungsauftrags mit der aktuellen Plankalkulation. Da es sich bei diesen Abweichungen nur um geplante Änderungen des Mengengerüsts handeln kann, können diese beispielsweise als Maß für die Auswirkungen der Substitution von Einsatzmaterialien oder Fertigungsanlagen herangezogen werden.

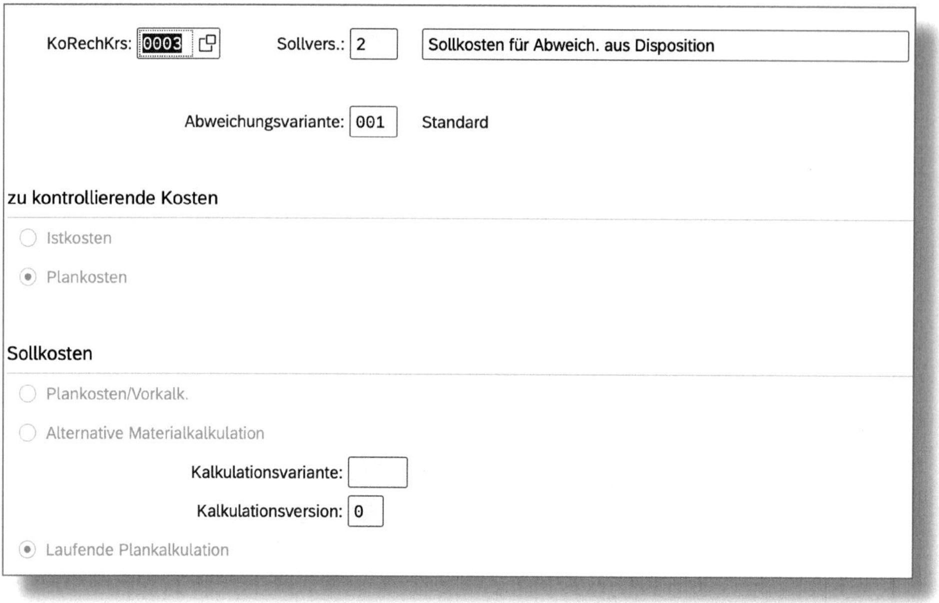

KoRechKrs: 0003 Sollvers.: 2 Sollkosten für Abweich. aus Disposition

Abweichungsvariante: 001 Standard

zu kontrollierende Kosten

Istkosten

Plankosten

Sollkosten

Plankosten/Vorkalk.

Alternative Materialkalkulation

Kalkulationsvariante:

Kalkulationsversion: 0

Laufende Plankalkulation

Abbildung 5.27: Sollversion 2

Abweichungsermittlung Kundeneinzelfertigung

Für die komplexe Kundeneinzelfertigung ist die Abweichungsermittlung zu vernachlässigen.

Sie starten die Abweichungsermittlung mit der App »Abweichungsermittlung ausführen« oder mit der Transaktion *KKS1*. Beim Einstieg erhalten Sie die Sicht zur Eingabe der Selektionskriterien, wie sie auch in Abbildung 5.28 zu sehen ist.

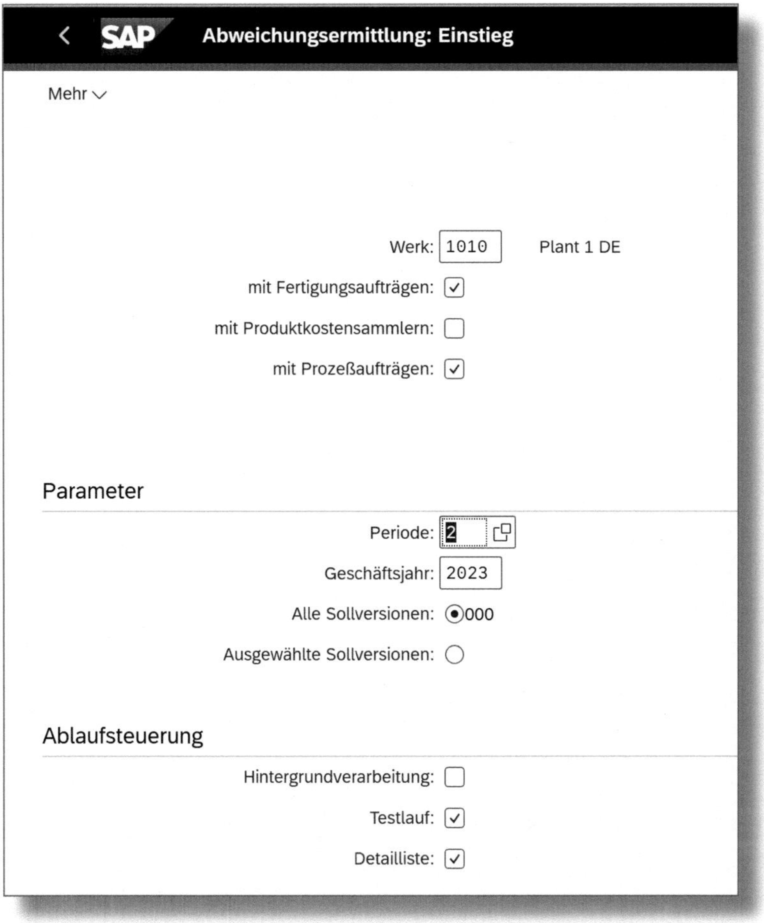

Abweichungsermittlung: Einstieg

Mehr

Werk: 1010 Plant 1 DE

mit Fertigungsaufträgen: ☑

mit Produktkostensammlern: ☐

mit Prozeßaufträgen: ☑

Parameter

Periode: 2

Geschäftsjahr: 2023

Alle Sollversionen: ◉ 000

Ausgewählte Sollversionen: ○

Ablaufsteuerung

Hintergrundverarbeitung: ☐

Testlauf: ☑

Detailliste: ☑

Abbildung 5.28: Abweichungsermittlung – Einstieg

Im Folgenden geben Sie nun das WERK, die zu bearbeitenden Auftragsarten, die PERIODE und das GESCHÄFTSJAHR sowie die zu verwendende SOLLVERSION an. Nach der Ergebnisermittlung erhalten Sie eine Übersichtsliste der bearbeiteten Aufträge (siehe Abbildung 5.29).

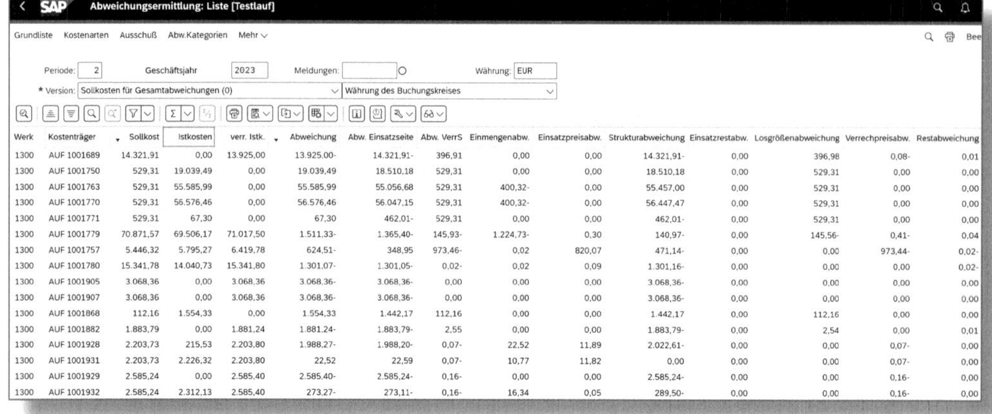

Abweichungsermittlung: Liste [Testlauf]

Grundliste Kostenarten Ausschuß Abw.Kategorien Mehr

Periode: 2 Geschäftsjahr 2023 Meldungen: Währung: EUR

* Version: Sollkosten für Gesamtabweichungen (0) Währung des Buchungskreises

Werk	Kostenträger	Sollkost	Istkosten	verr. Istk.	Abweichung	Abw. Einsatzseite	Abw. VerrS	Einmengenabw.	Einsatzpreisabw.	Strukturabweichung	Einsatzrestabw.	Losgrößenabweichung	Verrechpreisabw.	Restabweichung
1300	AUF 1001689	14.321,91	0,00	13.925,00	13.925,00-	14.321,91-	396,91	0,00	0,00	14.321,91-	0,00	396,98	0,08-	0,01
1300	AUF 1001750	529,31	19.039,49	0,00	19.039,49	18.510,18	529,31	0,00	0,00	18.510,18	0,00	529,31	0,00	0,00
1300	AUF 1001763	529,31	55.585,99	0,00	55.585,99	55.056,68	529,31	400,32-	0,00	55.457,00	0,00	529,31	0,00	0,00
1300	AUF 1001770	529,31	56.576,46	0,00	56.576,46	56.047,15	529,31	400,32-	0,00	56.447,47	0,00	529,31	0,00	0,00
1300	AUF 1001771	529,31	67,30	0,00	67,30	462,01-	529,31	0,00	0,00	462,01-	0,00	529,31	0,00	0,00
1300	AUF 1001779	70.871,57	69.506,17	71.017,50	1.511,33-	1.365,40-	145,93-	1.224,73-	0,30	140,97-	0,00	145,56-	0,41-	0,04
1300	AUF 1001757	5.446,32	5.795,27	6.419,78	624,51-	348,95	973,46-	0,02	820,07	471,14-	0,00	0,00	973,44-	0,02-
1300	AUF 1001780	15.341,78	14.040,73	15.341,80	1.301,07-	1.301,05-	0,02-	0,02	0,09	1.301,16-	0,00	0,00	0,00	0,02-
1300	AUF 1001905	3.068,36	0,00	3.068,36	3.068,36-	3.068,36-	0,00	0,00	0,00	3.068,36-	0,00	0,00	0,00	0,00
1300	AUF 1001907	3.068,36	0,00	3.068,36	3.068,36-	3.068,36-	0,00	0,00	0,00	3.068,36-	0,00	0,00	0,00	0,00
1300	AUF 1001868	112,16	1.554,33	0,00	1.554,33	1.442,17	112,16	0,00	0,00	1.442,17	0,00	112,16	0,00	0,00
1300	AUF 1001882	1.883,79	0,00	1.881,24	1.881,24-	1.883,79-	2,55	0,00	0,00	1.883,79-	0,00	2,54	0,00	0,01
1300	AUF 1001928	2.203,73	215,53	2.203,80	1.988,27-	1.988,20-	0,07-	22,52	11,89	2.022,61-	0,00	0,00	0,07-	0,00
1300	AUF 1001931	2.203,73	2.226,32	2.203,80	22,52	22,59	0,07-	10,77	11,82	0,00	0,00	0,00	0,07-	0,00
1300	AUF 1001929	2.585,24	0,00	2.585,40	2.585,40-	2.585,24-	0,16-	0,00	0,00	2.585,24-	0,00	0,00	0,16-	0,00
1300	AUF 1001932	2.585,24	2.312,13	2.585,40	273,27-	273,11-	0,16-	16,34	0,05	289,50-	0,00	0,00	0,16-	0,00

Abbildung 5.29: Abweichungen – Liste

Diese Liste ist so aufbereitet, dass neben den SOLLKOSTEN und ISTKOSTEN auch die einzelnen Abweichungskategorien angezeigt werden, sodass Sie die Ursachen für die Abweichungen auf einen Blick erkennen.

5.3.4 Abrechnung

Mit der Abrechnung werden alle zuvor ermittelten Werte auf die entsprechenden Zielkontierungen gebucht: WIP gemäß den hinterlegten Buchungsregeln (siehe Abbildung 5.18), Abweichungen auf das in der MM-Kontenfindung für den Vorgang PRD hinterlegte Konto. Ist jedoch ein PRD-Split angelegt (siehe Abschnitt 5.3.3), so werden die Abweichungen je Abweichungskategorie auf die dort zugeordneten Konten gebucht.

Um die Abrechnung durchführen zu können, legen Sie im Einführungsleitfaden unter CONTROLLING • PRODUKTKOSTENCONTROLLING • KOSTENTRÄGERRECHNUNG • AUFTRAGSBEZOGENES PRODUKT-CONTROLLING • PERIODENABSCHLUSS • ABRECHNUNG • ABRECHNUNGSPROFIL ANLEGEN das ABRECHNUNGSPROFIL *YBMFP1* an (siehe Abbildung 5.30). Dort legen Sie fest, wie die abrechnungsrelevanten Daten des Auftrags behandelt werden.

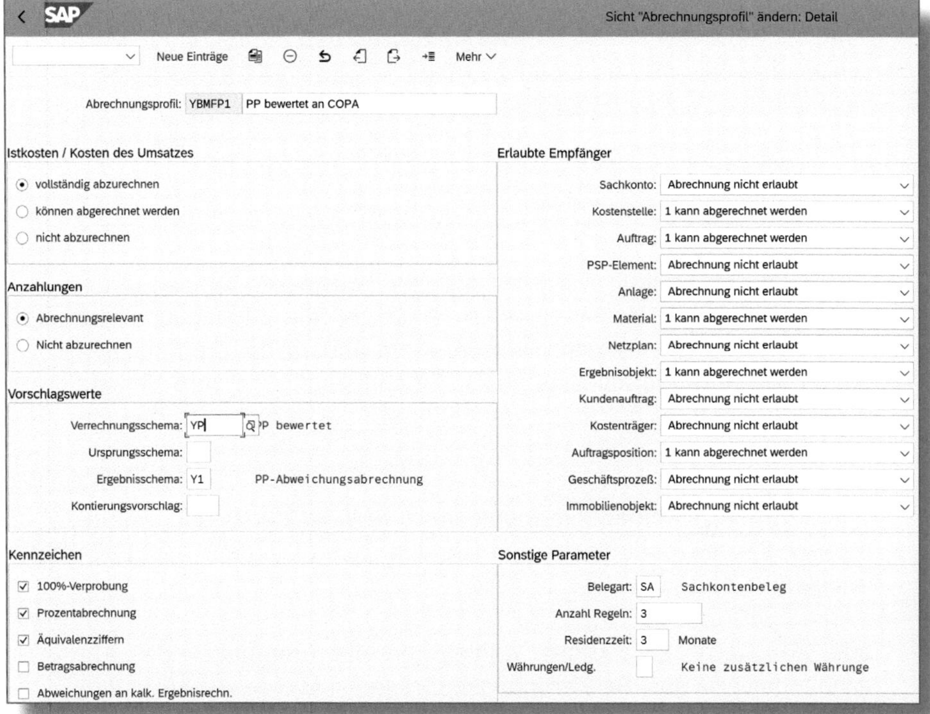

Abbildung 5.30: Abrechnungsprofil einrichten

Im Bereich ISTKOSTEN/KOSTEN DES UMSATZES legen Sie fest, wie mit den Istkosten verfahren werden soll. Sie können bestimmen, dass diese vollständig abgerechnet werden müssen oder aber dass die Abrechnung optional oder gar nicht erfolgt.

Abrechnung Istkosten/Kosten des Umsatzes

Bei Fertigungsaufträgen sollten Sie immer VOLLSTÄNDIG ABZURECHNEN markieren. Nur so ist sichergestellt, dass alle Abweichungen auch für die Nachbewertungen des Material-Ledgers verfügbar sind. Immer dann, wenn Sie nicht abgerechnete Aufträge aus der Vergangenheit haben, die nicht mehr abgerechnet und komplett abgeschlossen (Status *ABGS*) werden sollen, verhindert der Eintrag VOLLSTÄNDIG ABZURECHNEN das Setzen des Status. In diesen Fällen markieren Sie temporär das Kennzeichen KÖNNEN ABGERECHNET WERDEN und dann den Status. Damit erreichen Sie, dass diese Aufträge in den zukünftigen Abrechnungsläufen nicht mehr berücksichtigt werden.

Die Kategorie ANZAHLUNGEN ist nur bei komplexer Kundeneinzelfertigung relevant. VORSCHLAGSWERTE ist für die Abrechnung der Fertigungsaufträge nur dann wichtig, wenn anstatt der empfohlenen Margin Analysis die kalkulatorische Ergebnisrechnung zum Einsatz kommt. Andernfalls bestimmt der PRD-Split die Abrechnung der Abweichungen.

Da hier immer summarisch abgerechnet wird, ist der Bereich KENNZEICHEN für die periodische Abrechnung zentral, jedoch nicht für Fertigungsaufträge.

Unter ERLAUBTE EMPFÄNGER wählen Sie die Empfänger der Abrechnungswerte aus. Bei Fertigungsaufträgen sind dies MATERIAL und ERGEBNISOBJEKT.

Die SONSTIGEN PARAMETER dienen der technischen Abwicklung der Abrechnung, bei Fertigungsaufträgen ist nur die Auswahl der BELEGART für die Buchungen relevant.

Damit haben Sie die Einrichtung des Profils abgeschlossen und können es in die Auftragsart übernehmen (siehe Abbildung 5.31).

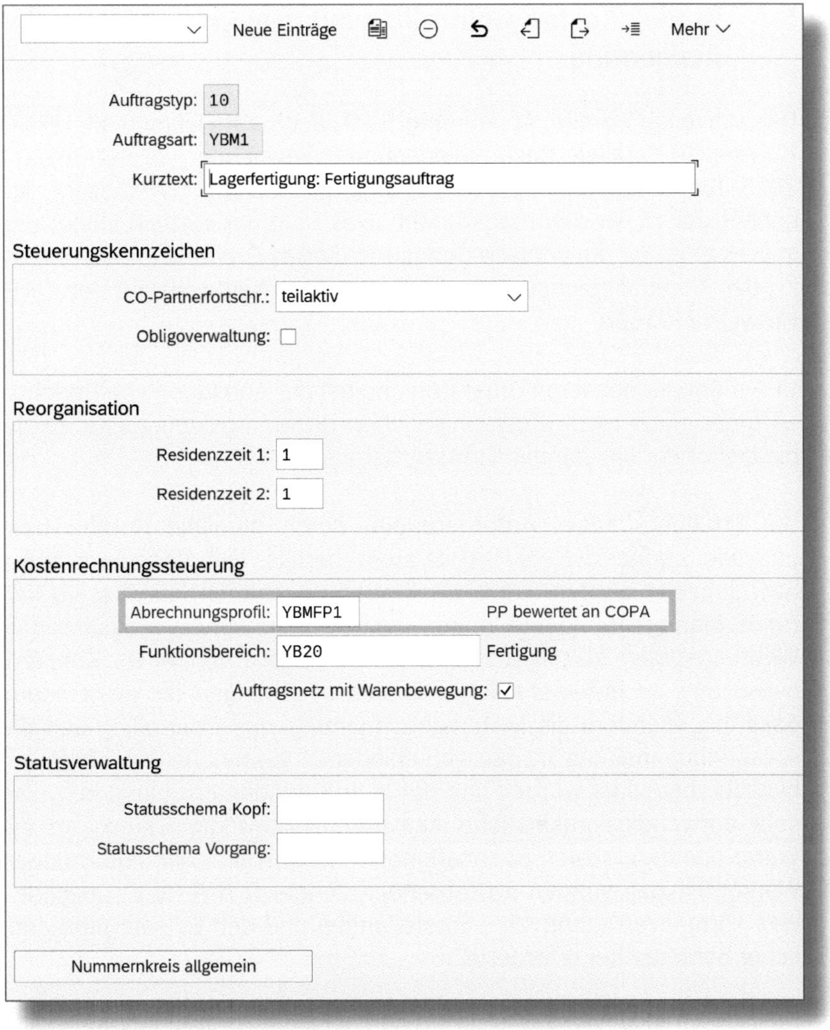

Neue Einträge Mehr

Auftragstyp: 10

Auftragsart: YBM1

Kurztext: Lagerfertigung: Fertigungsauftrag

Steuerungskennzeichen

CO-Partnerfortschr.: teilaktiv

Obligoverwaltung: ☐

Reorganisation

Residenzzeit 1: 1

Residenzzeit 2: 1

Kostenrechnungssteuerung

Abrechnungsprofil: YBMFP1 PP bewertet an COPA

Funktionsbereich: YB20 Fertigung

Auftragsnetz mit Warenbewegung: ☑

Statusverwaltung

Statusschema Kopf:

Statusschema Vorgang:

Nummernkreis allgemein

Abbildung 5.31: Abrechnungsprofil in der Auftragsart

So viel zu den Werteflüssen, die aus dem klassischen Periodenabschluss im Produktionskosten-Controlling resultieren. Im folgenden Abschnitt widmen wir uns dem Universal Parallel Accounting und den Auswirkungen, die dessen Aktivierung auf das Produktkosten-Controlling hat.

5.4 Produktkosten-Controlling mit dem Universal Parallel Accounting

Das Universal Parallel Accounting (UPA, auch auf Deutsch als UPR – Universelle Parallele Rechnungslegung – bezeichnet) ist mit Release 2022 für Greenfield-Implementierungen einsetzbar. In diesem Abschnitt gehen wir den Fragen nach, was es grundsätzlich leistet und inwieweit es für ein entscheidungsorientiertes Controlling relevant ist. Zu den Voraussetzungen für die Nutzung verweise ich auf den SAP-Hinweis 3191636.

UPA dient der besseren Unterstützung bei der Abbildung von Berichtsanforderungen nach unterschiedlichen Rechnungslegungsstandards, die bisher nur unzulänglich umsetzbar war.

Die Erfüllung dieser Anforderungen durch parallele Konten bzw. parallele Ledger ist im SAP-System bereits seit Längerem möglich. Jenseits dessen wurde die Option geschaffen, gleichzeitig laufende Managementbewertungen durch die Verwendung zusätzlicher Währungstypen zu ergänzen, um eine legale von einer Konzernbewertung zu unterscheiden. All diesen Lösungen ist gemeinsam, dass insbesondere die Materialbuchhaltung, das Controlling und die Anlagenbuchhaltung in den verschiedenen Nebenbüchern nicht einheitlich abgebildet wurden und daher im Periodenabschluss teilweise sehr aufwendige zusätzliche Aktivitäten notwendig waren, um die Werte aus den lokalen Buchhaltungen anzupassen. Alle zusätzlichen Währungstypen wurden im führenden Ledger (i. d. R. 0L) abgebildet, was komplexe Customizing-Einstellungen und den Einsatz umständlicher Berichtsfilter erforderte.

Diese Unzulänglichkeiten soll UPA nun beseitigen. Diese Lösung zeichnet sich dadurch aus, dass sie im Gegensatz zur bisherigen parallelen Rechnungslegung für jede Rechnungslegungsvorschrift sowie für jede Bewertungssicht ein separates Ledger vorsieht. Das bedeutet, dass der gesamte Buchungsstoff immer gleichzeitig in allen Ledgern vorhanden ist. UPA bietet eine harmonisierte Architektur für Ledger und Währungen. Damit ist das System auch für zukünftige innovative

Reporting-Anforderungen im Rechnungswesen gerüstet, so z. B. für eine transaktionale CO_2-Bilanzierung.

Die Aktivierung des UPA hat Auswirkungen auf alle Module, die parallel unterschiedliche Wertansätze verwenden. Dies sind in erster Linie die Anlagenbuchhaltung, das Gemeinkosten- und das Produktkosten-Controlling. Die folgenden Anwendungsfälle sind zurzeit vom UPA abgedeckt:

- **parallele Bewertung (nicht konsolidierte Sicht):** Ihr Unternehmen ist international tätig, und Sie müssen parallel nach Rechnungslegungsstandards für den Konzern (z. B. IFRS) und für lokale Gesellschaften (z. B. HGB) berichten? Durch die unterschiedlichen Bewertungsvorschriften gibt es Auswirkungen auf die Bewertung von Vorräten, WIP, Anlagenwerten usw.
- **parallele Bewertung (konsolidierte Sicht – Konzernbewertung):** In der Margin Analysis benötigen Sie zu Steuerungszwecken eine Konzernsicht, bei der die Zwischengewinne des Cross-Company-Geschäfts in Echtzeit eliminiert werden (durchgestochenes Ergebnis).
- **Mehrwährungsfähigkeit:** In Ihrem international tätigen Unternehmen muss das Finanz- und Management-Reporting in mehreren Währungen verfügbar sein, darunter nicht nur in der lokalen und der Konzernwährung, sondern ggf. auch in zusätzlichen Währungen wie Hartwährung oder Transaktionswährung.
- **alternative Geschäftsjahresvarianten:** Unternehmen, die in bestimmten Ländern aktiv sind, benötigen für ihre lokale Finanzberichterstattung eine Geschäftsjahresvariante, die von derjenigen auf Konzernebene abweicht.

Voraussetzung für den Einsatz des UPA ist die Aktivierung der entsprechenden Business Function unter SAP CUSTOMIZING EINFÜHRUNGSLEITFADEN • BUSINESS FUNCTIONS AKTIVIEREN (siehe Abbildung 5.32).

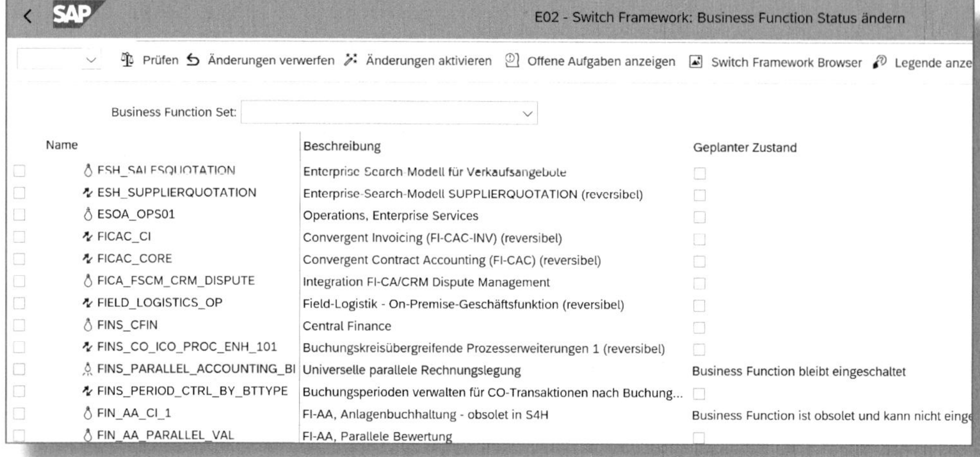

Abbildung 5.32: Business Functions aktivieren

Darüber hinaus ist es notwendig, die von SAP für das UPA bereitgestellten Best Practices in Form der Scope Items

- 6DF – Universal Parallel Accounting
- 3F0 – Event-Based Production Cost Posting
- 5W2 – Group Valuation

zu installieren, damit die für UPA relevanten Funktionalitäten und Customizing-Einstellungen zur Verfügung stehen. Beispielsweise ist das Ledger 4G für die Konzernbewertung erst nach der Aktivierung der Scope Items verfügbar.

Den grundlegenden Unterschied zwischen einem System mit und einem ohne UPA zeigen Abbildung 5.33 und Abbildung 5.34 aus dem Einführungsleitfaden unter FINANZWESEN • GRUNDEINSTELLUNGEN • BÜCHER • LEDGER • EINSTELLUNGEN FÜR LEDGER UND WÄHRUNGSTYPEN DEFINIEREN. In Abbildung 5.33 ist die Spalte BEWERTUNGSSICHT immer leer, d. h., diesem Ledger können mehrere Bewertungssichten zugeordnet werden.

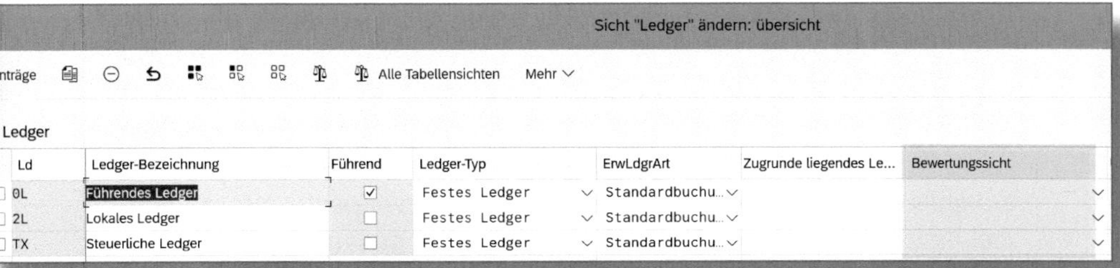

Abbildung 5.33: Ledger-Sicht ohne UPA

In Abbildung 5.34 hingegen ist diese Spalte stets gefüllt; es ist nicht mehr möglich, den Eintrag leer zu lassen, da sonst die Fehlermeldung aus der Abbildung 5.35 erscheint.

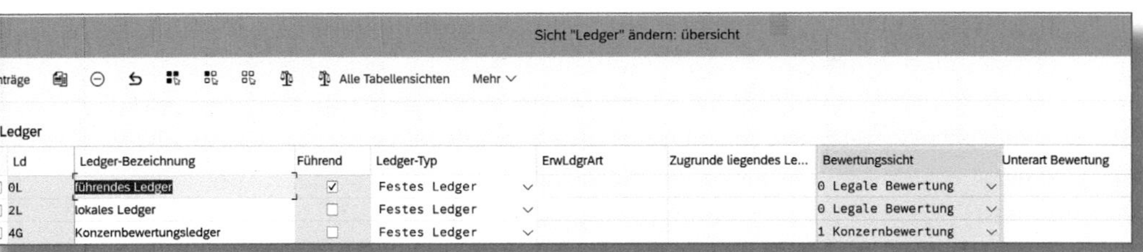

Abbildung 5.34: Ledger-Sicht mit UPA

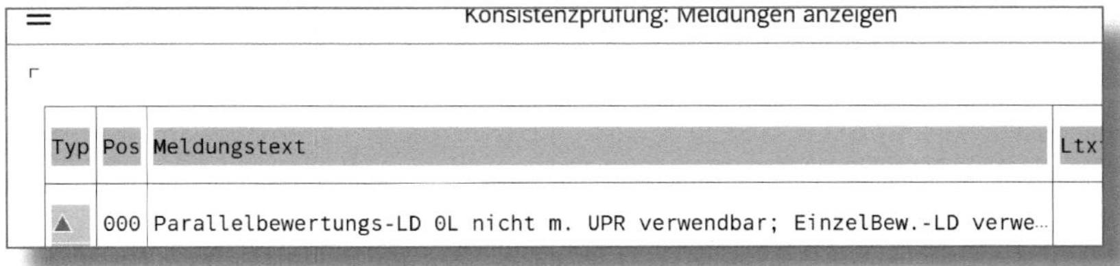

Abbildung 5.35: UPA – Fehlermeldung

Verlassen wir nun die grundsätzlichen Betrachtungen zur Universellen Parallelen Rechnungslegung und kehren zum Produktkosten-Controlling zurück.

Der Einsatz des UPA bedeutet für diesen Bereich, dass der Periodenabschluss vollständig entfällt und alle Geschäftsvorfälle von der Zuschlagskalkulation bis zur Abrechnung vorgangsbezogen gebucht werden. Mit anderen Worten: Mit der Nutzung von UPA ist auch eine Abkehr vom traditionellen Ansatz der WIP- und Ergebnisermittlung hin zur ereignisorientierten Produktkostenrechnung zwingend erforderlich. Ziel der ereignisorientierten bzw. vorgangsbezogenen Produktkostenrechnung ist es, das Management nicht erst mit der Abrechnung am Monatsende, sondern permanent während der Periode mit Informationen zu versorgen. Dazu ist es notwendig, jeden einzelnen Vorgang im Universal Journal präsent zu haben.

Im traditionellen Ansatz wurden WIP und die Abweichungen – wenngleich sie mehrmals in der Periode ermittelt werden konnten – in separaten CO-Tabellen gespeichert und standen erst nach der einmal monatlich durchgeführten Abrechnung für das Management-Reporting zur Verfügung. Beim Konzept der ereignisorientierten Produktkostenrechnung werden dagegen bei jedem Warenausgang und bei jeder Rückmeldung automatisch Gemeinkostenzuschläge (sofern definiert) und WIP erzeugt. Mit jeder Teillieferung wird dann WIP wieder reduziert, die entsprechenden Sollkosten werden »on the fly« berechnet, während die Abweichungen wie bisher erst bei der endgültigen Fertigmeldung ermittelt und gemäß dem PRD-Split gebucht werden. Abbildung 5.36 zeigt, welche VORGÄNGE IM CO bei den jeweiligen LOGISTISCHEN VORGÄNGEN automatisch ausgeführt werden.

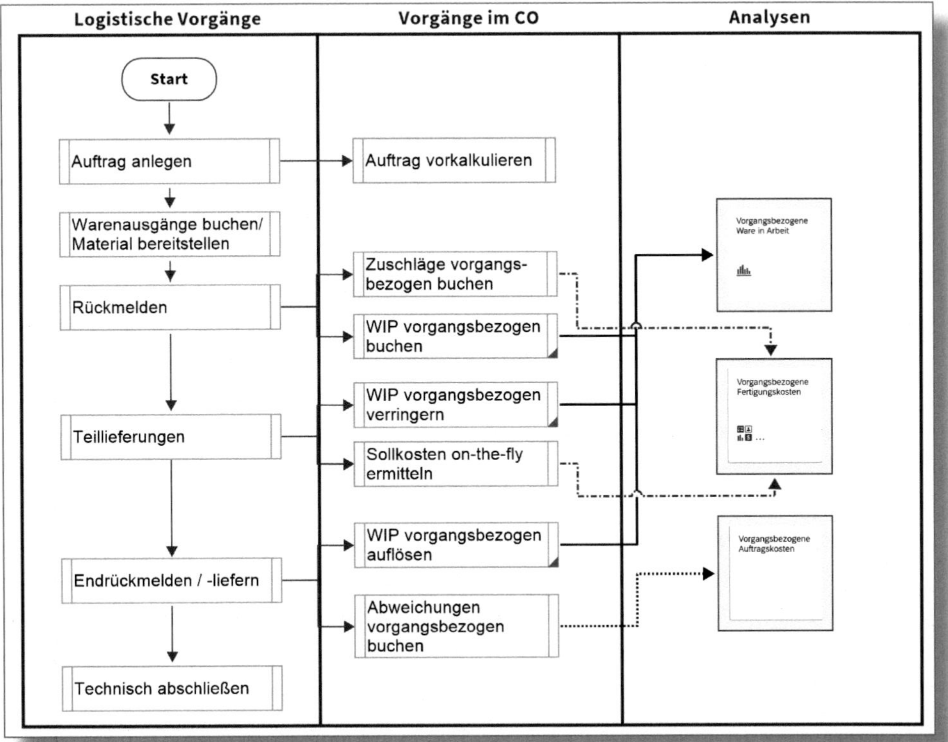

Abbildung 5.36: Ereignisorientierte Buchungen in der Fertigungsauftragsabwicklung

Des Weiteren ist beim Einsatz des UPA zu beachten, dass die Materialkalkulationen je Ledger zu erzeugen und fortzuschreiben sind. Dazu wird in der KALKULATIONSART das LEDGER hinterlegt (siehe Abbildung 5.37). Folglich müssen Sie für jedes Ledger nicht nur eine eigene Kalkulationsart, sondern auch eine Kalkulationsvariante anlegen.

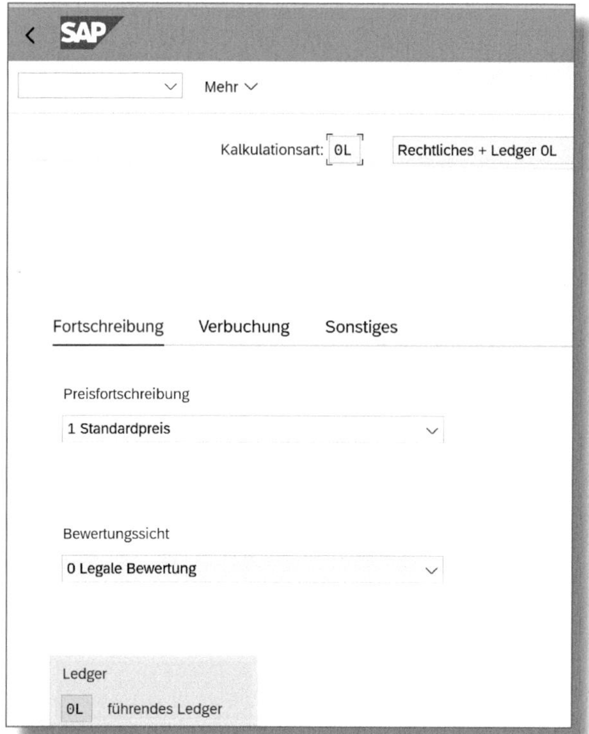

Abbildung 5.37: UPA – Kalkulationsart je Ledger

Für ein entscheidungsorientiertes Produktkosten-Controlling ist der Einsatz der ereignisorientierten Produktkostenrechnung ein weiterer Baustein zur schnellen Bereitstellung relevanter Informationen. Allein durch die sofortige Verfügbarkeit der Sollkosten sowie der Abweichungen unmittelbar nach Fertigstellung des Auftrags ergibt sich die Möglichkeit, frühzeitig und nicht erst in der Folgeperiode steuernde Maßnahmen zu ergreifen.

Mit der Umstellung auf UPA werden zudem einige Apps und Transaktionen obsolet bzw. durch neue Anwendungen ersetzt.

Gemäß dem SAP-Hinweis 3207925 können die aus Abbildung 5.38 ersichtlichen Transaktionen mit der Aktivierung von UPA nicht mehr genutzt werden.

UPR deaktiviert: Kachel - Untertitel	SAP-Fiori-ID/Transaktion
Produktkostensammler pflegen	KKF6N
Produktkostensammler anlegen - Fertigungsversionen - Sammelbearbeitung	KKF6M
CO-Fertigungsaufträge anzeigen	KKF3
Vorkalkulation anlegen	MF30
Zuschlagsberechnung ausführen - Fertigungsaufträge - Ist	CO43
Ware in Arbeit berechnen - Sammelbearbeitung	KKAO
Ware in Arbeit berechnen - Einzelbearbeitung	KKAX
Abweichungsermittlung ausführen - Aufträge - nach Los	KKS1
Abweichungsermittlung ausführen - Einzelbearbeitung	KKS2
Abweichungsermittlung ausführen - Aufträge - nach Periode	KKS5
Aufträge abrechnen - optimiert	CO88H

Abbildung 5.38: Mit UPA nicht mehr nutzbare Transaktionen

Dem entgegen stehen die in Abbildung 5.39 aufgeführten neuen Apps.

UPR aktiviert: Kachel - Untertitel	SAP-Fiori-ID/Transaktion
Vorgangsbezogener Lösungsmonitor - Erzeugniskalkulation	F5133
Vorgangsbezogene Buchungsfehler verwalten - Erzeugniskalkulation	F5132
Vorgangsbezogene Buchungen nachbearbeiten - Erzeugniskalkulation	F3669
Vorgangsbezogene Buchungen nachbearbeiten - Zuschlagsberechnung	F5763
Erzeugniskalkulationsjobs einplanen - Erzeugniskalkulation	F3683
Vorgangsbezogene Ware in Arbeit	F3498
Vorgangsbezogene Fertigungskosten	F4059
Details zu vorgangsbezogenen Auftragskosten	F4254
Vorgangsbezogene Buchungsregeln	F5228
Übersicht über vorgangsbezogene Produktionsbuchhaltung	F6248
Kosten nach Arbeitsplatz/Vorgang analysieren	F3331

Abbildung 5.39: Neue Apps bei aktiviertem UPA

Im Produktkosten-Controlling werden zwei Kategorien von Anwendungen unterschieden: erstens solche für eventuell notwendige Korrekturen oder Nachbearbeitungen von vorgangsbezogenen Buchungen und zweitens Anwendungen, die Auswertungs- und Analysezwecken dienen.

Schauen wir uns beide etwas genauer an:

Mit der App »Details zu vorgangsbezogenen Auftragskosten« erhalten Sie eine vollständige Aufschlüsselung der ereignisbasierten Produktionskostenbuchungen bei den selektierten Aufträgen (siehe Abbildung

5.40). Das Detailbild bietet dabei einen sauber gegliederten Vergleich der Plan-, Soll- und Istkosten (siehe Abbildung 5.41).

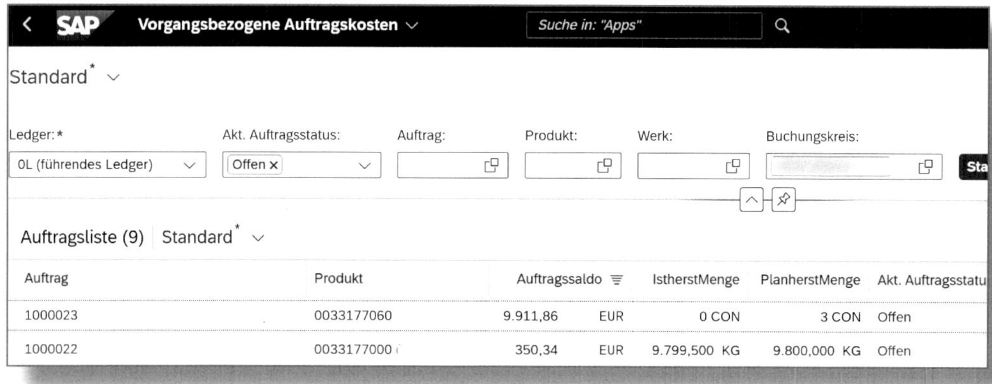

Abbildung 5.40: App »Details zu vorgangsbezogenen Auftragskosten« – Übersicht

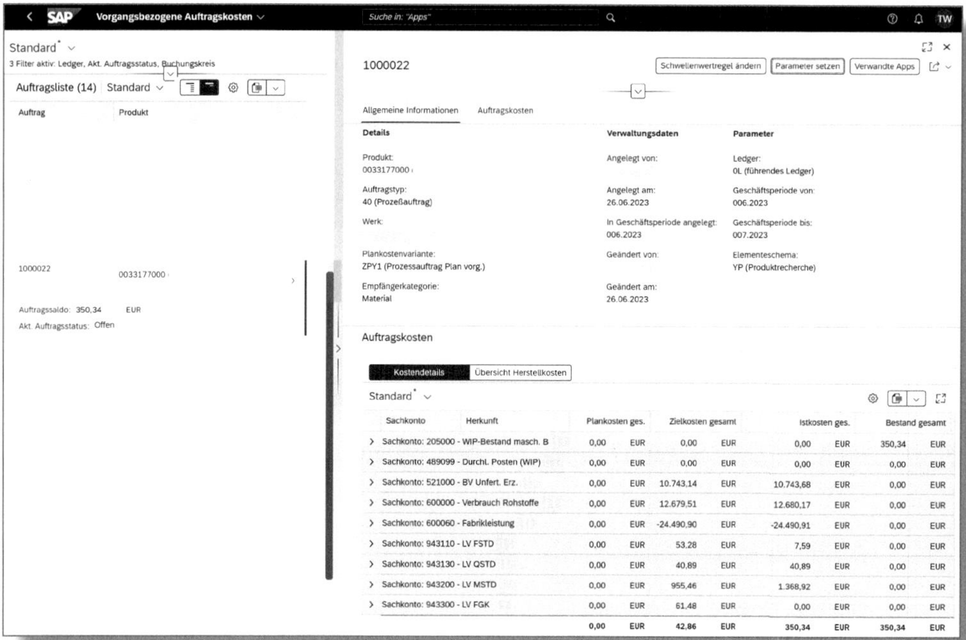

Auftragskosten

Sachkonto / Herkunft	Plankosten ges.		Zielkosten gesamt		Istkosten ges.		Bestand gesamt	
Sachkonto: 205000 - WIP-Bestand masch. B	0,00	EUR	0,00	EUR	0,00	EUR	350,34	EUR
Sachkonto: 489099 - Durchl. Posten (WIP)	0,00	EUR	0,00	EUR	0,00	EUR	0,00	EUR
Sachkonto: 521000 - BV Unfert. Erz.	0,00	EUR	10.743,14	EUR	10.743,68	EUR	0,00	EUR
Sachkonto: 600000 - Verbrauch Rohstoffe	0,00	EUR	12.679,51	EUR	12.680,17	EUR	0,00	EUR
Sachkonto: 600060 - Fabrikleistung	0,00	EUR	-24.490,90	EUR	-24.490,91	EUR	0,00	EUR
Sachkonto: 943110 - LV FSTD	0,00	EUR	53,28	EUR	7,59	EUR	0,00	EUR
Sachkonto: 943130 - LV QSTD	0,00	EUR	40,89	EUR	40,89	EUR	0,00	EUR
Sachkonto: 943200 - LV MSTD	0,00	EUR	955,46	EUR	1.368,92	EUR	0,00	EUR
Sachkonto: 943300 - LV FGK	0,00	EUR	61,48	EUR	0,00	EUR	0,00	EUR
	0,00	EUR	42,86	EUR	350,34	EUR	350,34	EUR

Abbildung 5.41: App »Details zu vorgangsbezogenen Auftragskosten« – Detailsicht

Die App »Vorgangsbezogene Fertigungskosten« liefert eine Übersicht der Plan-, Soll- und Istfertigungskosten zu den ausgewählten Aufträgen (siehe Abbildung 5.42).

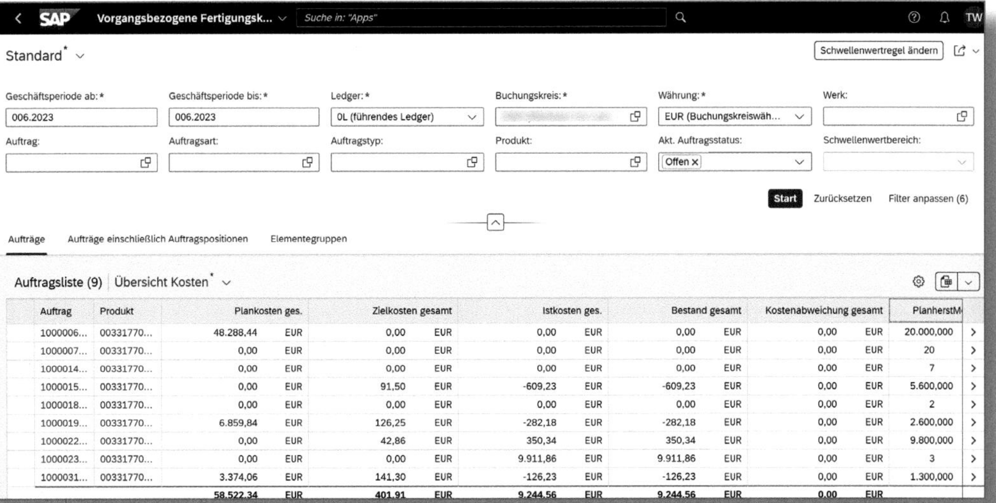

Auftrag	Produkt	Plankosten ges.		Zielkosten gesamt		Istkosten ges.		Bestand gesamt		Kostenabweichung gesamt		PlanherstM
1000006...	00331770...	48.288,44	EUR	0,00	EUR	0,00	EUR	0,00	EUR	0,00	EUR	20.000,000
1000007...	00331770...	0,00	EUR	0,00	EUR	0,00	EUR	0,00	EUR	0,00	EUR	20
1000014...	00331770...	0,00	EUR	0,00	EUR	0,00	EUR	0,00	EUR	0,00	EUR	7
1000015...	00331770...	0,00	EUR	91,50	EUR	-609,23	EUR	-609,23	EUR	0,00	EUR	5.600,000
1000018...	00331770...	0,00	EUR	0,00	EUR	0,00	EUR	0,00	EUR	0,00	EUR	2
1000019...	00331770...	6.859,84	EUR	126,25	EUR	-282,18	EUR	-282,18	EUR	0,00	EUR	2.600,000
1000022...	00331770...	0,00	EUR	42,86	EUR	350,34	EUR	350,34	EUR	0,00	EUR	9.800,000
1000023...	00331770...	0,00	EUR	0,00	EUR	9.911,86	EUR	9.911,86	EUR	0,00	EUR	3
1000031...	00331770...	3.374,06	EUR	141,30	EUR	-126,23	EUR	-126,23	EUR	0,00	EUR	1.300,000
		58.522,34	EUR	401,91	EUR	9.244,56	EUR	9.244,56	EUR	0,00	EUR	

Abbildung 5.42: App »Vorgangsbezogene Fertigungskosten«

Wenn Sie die App »Übersicht der vorgangsbezogenen Fertigungskosten« anwählen, haben Sie Zugriff auf ein Dashboard, das Ihnen auf einfache Weise Schlüsselinformationen und KPIs für Ihre Produktionsaufträge an die Hand gibt (siehe Abbildung 5.43). Die Anwendung gibt Ihnen einen Überblick über aktuelle Trends und hilft Ihnen ferner dabei, akute Probleme zu identifizieren und zu analysieren.

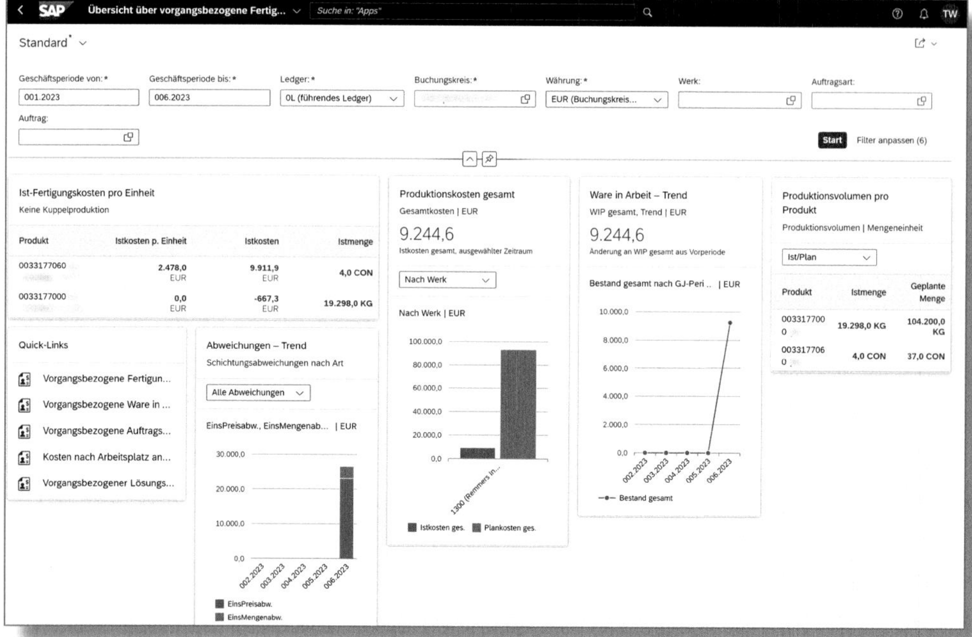

Abbildung 5.43: App »Übersicht der vorgangsbezogenen Fertigungskosten«

Die App »Vorgangsbezogene Ware in Arbeit« zeigt Ihnen WIP und die damit verbundenen Produktionskostendaten in Echtzeit (siehe Abbildung 5.44). Sie nutzt die vorgangsbezogene Buchung, um die Werte für einen beliebigen Stichtag sowohl als Gesamtwert für die ausgewählten Produkte als auch auf der Ebene der einzelnen Produktionsaufträge darzustellen.

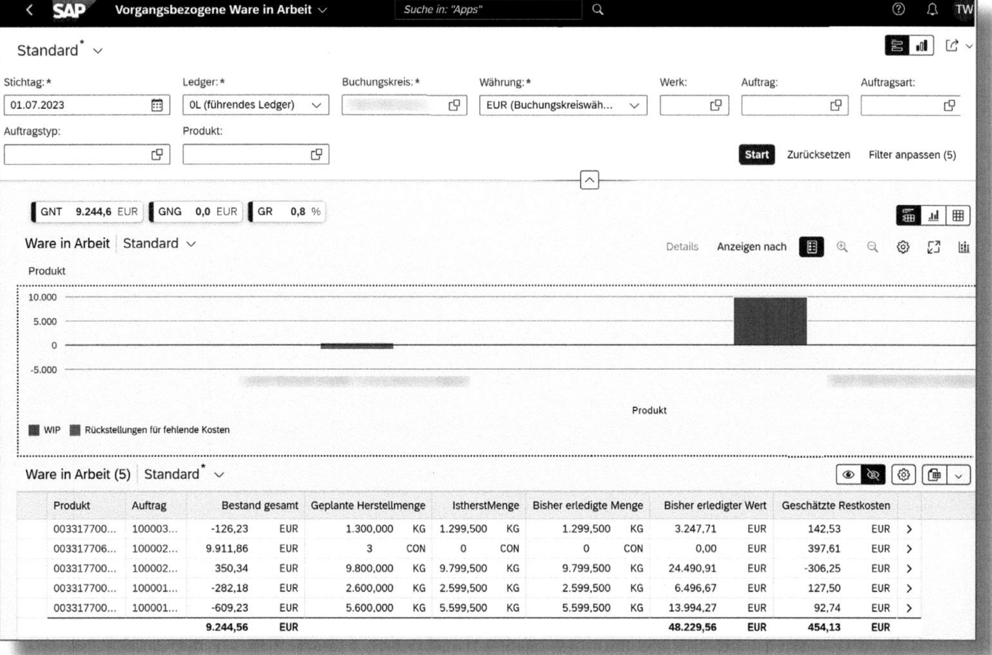

Abbildung 5.44: App »Vorgangsbezogene Ware in Arbeit«

Das Customizing der ereignisorientierten Produktkostenrechnung findet sich im Einführungsleitfaden unter CONTROLLING • PRODUKTKOSTEN-CONTROLLING • KOSTENTRÄGERRECHNUNG • AUFTRAGSBEZOGENES PRODUKT-CONTROLLING • PERIODENABSCHLUSS • VORGANGSBEZOGENE WIP- UND ABWEICHUNGSBUCHUNG. Sie starten die Einrichtung mit der Prüfung des über die Best Practices konfigurierten VORGANGSBEZOGENEN ABGRENZUNGSSCHLÜSSELS *RSEBW* oder definieren einen eigenen Schlüssel (siehe Abbildung 5.45). Im Abgrenzungsschlüssel legen Sie einerseits die Methode der WIP-Ermittlung und andererseits die Abweichungskategorien mit den Abrechnungsempfängern fest.

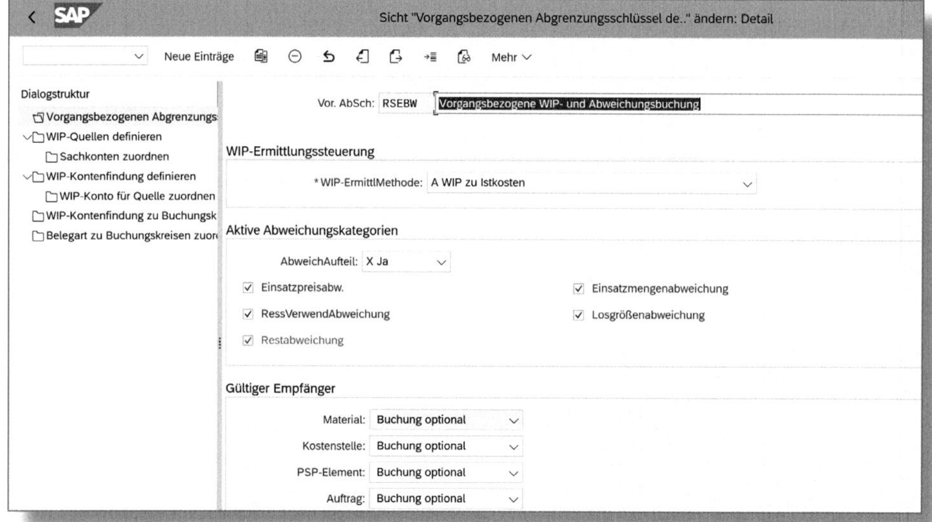

Abbildung 5.45: UPA – Abgrenzungsschlüssel

! Nur fünf Abweichungskategorien im UPA

Bitte beachten Sie, dass im Rahmen der ereignisorientierten Produktkostenrechnung im Gegensatz zur traditionellen Methode nur fünf Abweichungskategorien berechnet werden. Die Ausschuss-, Verrechnungspreis- und Mischpreisabweichungen werden nicht ermittelt.

Nach der Definition des Abgrenzungsschlüssels legen Sie die WIP-QUELLEN fest (siehe Abbildung 5.46). Diese können mit Schlüssel und Bezeichnung frei definiert werden, müssen aber jeweils einer Kategorie zugeordnet werden: *D* für Lieferkosten, *P* für Produktionskosten und *N* für nicht zu berücksichtigende Kosten. Anhand dieser Kategorien wird WIP entweder gebildet (Produktionskosten) oder aufgelöst (Kosten der Lieferung). In unserem Beispiel wird die QUELLE *0DLV* als *Einstandskosten* mit der Kategorie (KATEGOR.) *D* angelegt.

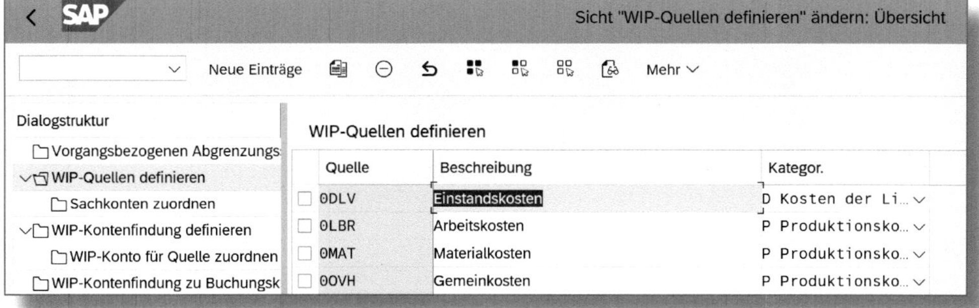

Abbildung 5.46: UPA – WIP-Quellen definieren

Dieser und allen anderen Quellen weisen Sie im Schritt SACHKONTEN ZUORDNEN diejenigen Sachkonten zu, die der jeweiligen Kategorie entsprechen. Somit ist den Sachkonten mittelbar auch eine Kategorie zugeordnet. Für die Quelle *0DLV* sind dies die Sachkonten aus der Abbildung 5.47.

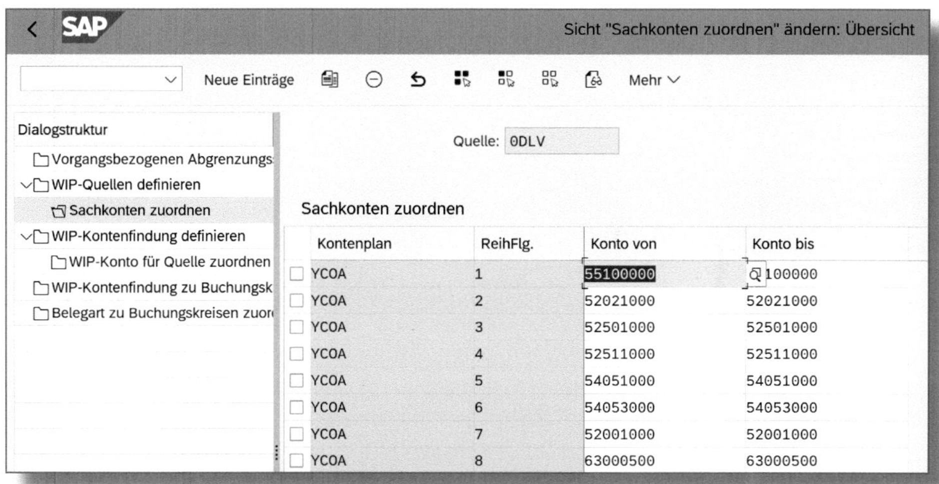

Abbildung 5.47: UPA – Sachkonten zuordnen

Als Nächstes bestimmen Sie die WIP-KONTENFINDUNG (siehe Abbildung 5.48); diese enthält die Regeln für die Buchung der WIP in der Finanzbuchhaltung. Auch hier erfolgt die Definition in zwei Schritten:

Zunächst erstellen Sie eine Regel mit Schlüssel und Beschreibung. Anschließend hinterlegen Sie innerhalb der Regel für jede Quelle die Konten und Gegenkonten für die Buchung der WIP bzw. der Rückstellung für fehlende Kosten (siehe Abbildung 5.49).

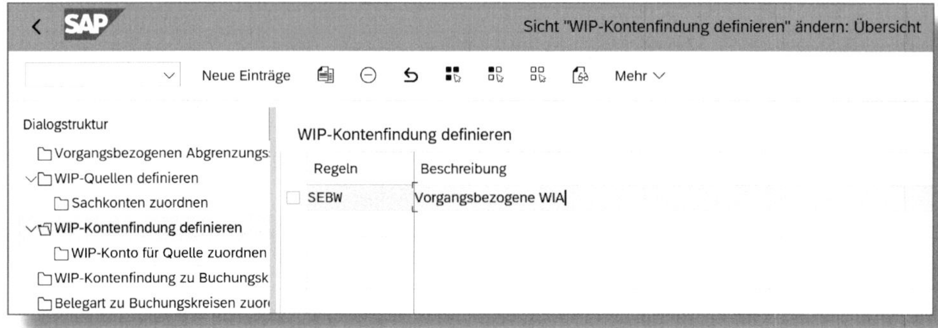

Abbildung 5.48: UPA – WIP, Kontenfindung

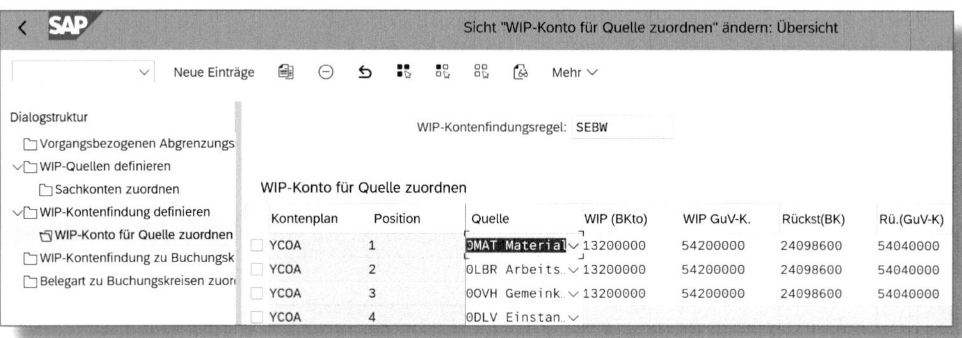

Kontenplan	Position	Quelle	WIP (BKto)	WIP GuV-K.	Rückst(BK)	Rü.(GuV-K)
YCOA	1	0MAT Material	13200000	54200000	24098600	54040000
YCOA	2	0LBR Arbeits..	13200000	54200000	24098600	54040000
YCOA	3	0OVH Gemeink..	13200000	54200000	24098600	54040000
YCOA	4	0DLV Einstan..				

Abbildung 5.49: UPA – WIP, Quelle einem Konto zuordnen

Schließlich weisen Sie die WIP-KONTENFINDUNG und die jeweilige BELEGART BUCHUNGSKREISEN zu (siehe Abbildung 5.50 und Abbildung 5.51).

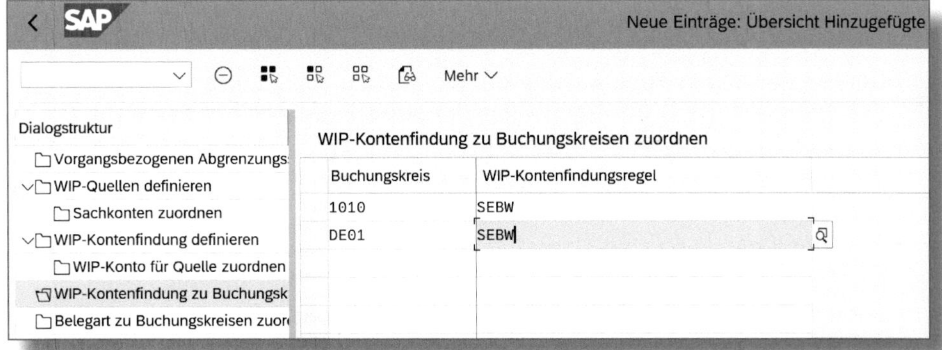

Abbildung 5.50: UPA – WIP, Kontenfindung einem Buchungskreis zuordnen

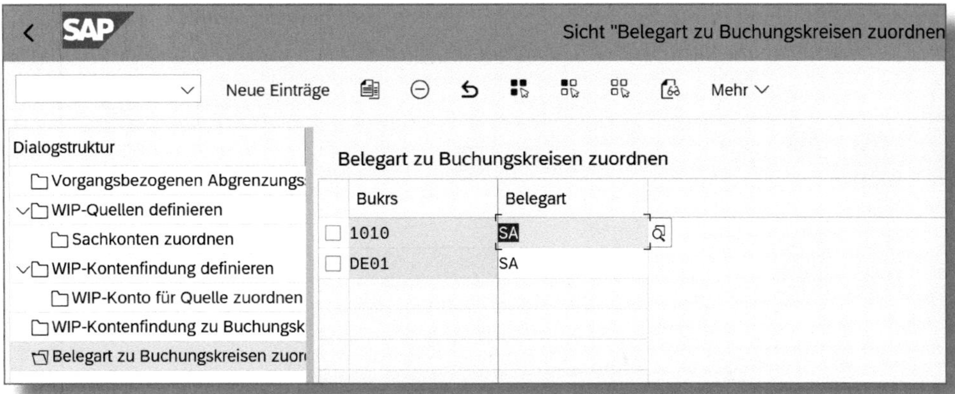

Abbildung 5.51: UPA – Belegart einem Buchungskreis zuordnen

An dieser Stelle ist das Customizing der WIP- und Abweichungsermittlung im Rahmen der ereignisorientierten Produktkostenrechnung abgeschlossen. Vergleicht man die dafür notwendigen Schritte mit dem Customizing der traditionellen Methode (siehe Abschnitt 5.3.2), so ist unschwer zu erkennen, dass die Komplexität der Abläufe massiv reduziert wurde.

5.4.1 Fehlerbehebung

Gerade bei neuen Funktionalitäten kann es zu fehlerhaften Buchungen kommen, oder es ergibt sich die Notwendigkeit, manuelle Buchungen zu erzeugen. Für die Behebung der Fehler liefert SAP eine Reihe von Apps aus. Zuallererst ist in diesem Kontext der »Vorgangsbezogene Lösungsmonitor – Erzeugniskalkulation« zu nennen. Die App gibt Ihnen in Gestalt eines Dashboards eine Übersicht über ereignisbasierte Buchungsfehler ❶ und zusätzliche Kosten aus manuellen Buchungen ❷, die nicht verarbeitet werden können (siehe Abbildung 5.52). Darüber hinaus können Sie über die Quick Links ❸ direkt in die genannten Funktionalitäten springen. Informativ ist auch die grafische Darstellung zur Höhe der fehlerhaften Buchungen ❹ ❺.

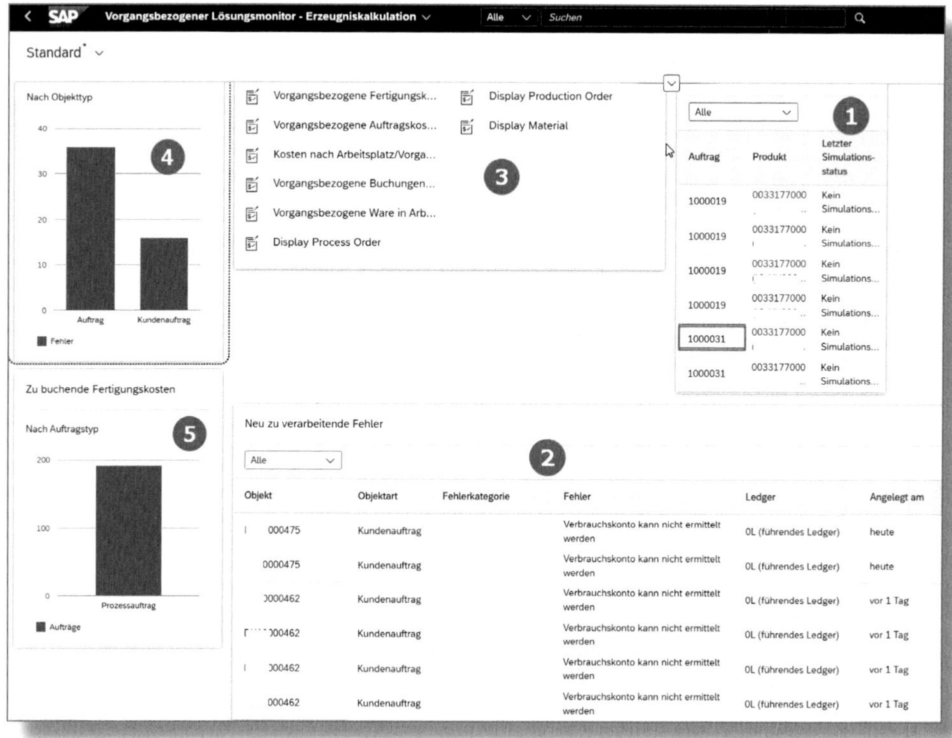

Abbildung 5.52: App »Vorgangsbezogener Lösungsmonitor – Erzeugniskalkulation«

Der Lösungsmonitor zeigt uns z. B., dass der Auftrag *1000031* im Zuge der vorgangsbezogenen Buchungen nicht verarbeitet wurde. Mit Klick auf die Auftragsnummer gelangen Sie zur Nachbearbeitung vorgangsbezogener Buchungen (siehe Abbildung 5.53).

Abbildung 5.53: App »Vorgangsbezogener Lösungsmonitor – Erzeugniskalkulation« – vorgangsbezogene Buchungen nachbearbeiten

Hier stellen Sie fest, dass tatsächlich *966,92* EUR noch nicht abgerechnet wurden. Nun können Sie über SIMULIEREN prüfen, ob die Buchung jetzt erfolgreich wäre, aber auch versuchen, über BUCHEN den Vorgang sofort auszuführen. Je nach Fehlerkonstellation lassen sich auch die folgenden Apps zur Fehlerbehebung einsetzen:

- »Vorgangsbezogene Buchungsfehler verwalten – Erzeugniskalkulation«
- »Vorgangsbezogene Buchungen nachbearbeiten – Zuschlagsberechnung«

Zum UPA und dem vorgangsbezogenen Produktkosten-Controlling gibt es eine umfassende Blog-Serie, die im Literaturverzeichnis aufgenommen ist. [7]

5.5 Verbrauchs- und Bestandsnachbewertung

In diesem Abschnitt sollen die Möglichkeiten beschrieben werden, die sich durch den Einsatz des Material-Ledgers und der daraus resultierenden Werteflüsse für ein entscheidungsorientiertes Produktkosten-Controlling ergeben.

Mit S/4HANA und der Nutzung der logistischen Funktionen ist es – insbesondere aufgrund des geänderten Datenmodells und der Einführung des Universal Journal – zwingend erforderlich, das Material-Ledger zu aktivieren. Eine Vielzahl von MM-Tabellen wird unter S/4HANA in das Universal Journal (Datentabelle ACDOCA) integriert und trägt damit dem neuen Datenmodell Rechnung. Das für S/4HANA zentrale Konzept der »Single Source of Data« wird somit auch für die Materialbewegungen umgesetzt.

Das Material-Ledger bietet hier – mit dem optionalen Einsatz der Istkalkulation und der Istschichtung – erweiterte Funktionen zur Bestandsbewertung an und ermöglicht zudem eine genauere Materialkalkulation. Mit der Buchung der daraus resultierenden Bestands- und Verbrauchsnachbewertung wird das Material-Ledger zu einem weiteren zentralen Baustein des entscheidungsorientierten Produktkosten-Controllings.

5.5.1 Bewertungsansätze

In einer Systemumgebung ohne aktiviertes Material-Ledger werden alle Materialbewegungen entweder zum *gleitenden Durchschnittspreis (V-Preis)* oder *Standardpreis (S-Preis)* bewertet. Diese Preissteuerung wurde im Materialstamm festgelegt; man folgte dabei der Regel, dass für zugekaufte Materialien der Durchschnittspreis und für Eigenerzeugnisse der Standardpreis verwendet werde.

Bewertung mit dem gleitenden Durchschnittspreis

Bei der Bewertung mit gleitendem Durchschnittspreis wird nach jedem Wareneingang/Rechnungseingang bzw. nach jeder Auftragsabrechnung zu einem Material ein neuer Materialpreis errechnet. Dabei wird der Wert der Warenbewegung zum alten Bestandswert addiert und durch die neue Bestandsmenge dividiert. Das Bestandskonto führt somit den aktuellen Einstandspreis. Dieses Verfahren hat den Vorteil, dass der Materialpreis bei fremdbeschafften Produkten immer nahe am aktuellen Marktpreis liegt bzw. bei eigengefertigten Produkten Abweichungen durch Mehrverbräuche enthält. Diesem Vorteil steht eine Reihe von Nachteilen gegenüber:

- Bei asynchronem Wareneingang ins Lager, Lagerausgang in die Produktion und Rechnungseingang, also immer dann, wenn die Lieferantenrechnung erst nach dem Verbrauch des Materials verbucht wird, kommt es zu einer falschen Bewertung des entnommenen Materials in der Produktion.
- Es gibt kein durchgängiges Controlling im Produktionsprozess; eine Abweichungsanalyse ist nicht möglich.
- Es fehlen ein vergleichendes Controlling in der Ergebnis- und Marktsegmentrechnung sowie ein Benchmarking.
- Fehlerhafte Datenerfassung führt zu ungewollten Materialpreisänderungen und damit zu einer falschen Bewertung des Warenausgangs.

Bewertung mit dem Standardpreis

Bei der Bewertung von Warenbewegungen mit Standardpreis wird der Preis nicht laufend durch Warenbewegungen und Rechnungseingänge verändert, sondern es wird ein fester Preis für eine Periode vorgegeben. Dieser Preis ist in der Regel das Resultat der Materialkalkulation, bei Zukaufmaterialien handelt es sich um das Ergebnis der

Bewertung durch den Einkauf. Ergibt sich nun eine Differenz zwischen Planpreis und tatsächlichem Bezugspreis, so wird diese auf ein Preisdifferenzenkonto gebucht. Die Vorteile des Standardpreises für das Controlling liegen auf der Hand:

- stetige Bewertung aller Warenbewegungen eines Materials
- durchgängige Steuerung des Produktionsprozesses
- Transparenz bei Abweichungen im Produktionsprozess
- Standardpreis als Benchmark
- nachvollziehbare Darstellung der Deckungsbeitragsstufen in der Ergebnisrechnung (nach Marktsegmenten, wie z. B. Material, Kunde, Region)

Diesen Vorteilen stehen wiederum einige Nachteile gegenüber:

- Der Preis spiegelt nicht die tatsächlich angefallenen Kosten wider.
- Abweichungen auf dem Preisdifferenzenkonto sind nicht dem einzelnen Material zuordenbar.
- Bei stark schwankenden Beschaffungspreisen entstehen erhebliche Abweichungen.

Ziel der Istkalkulation ist es nun, die Vorteile beider Bewertungsansätze zu kombinieren, aber deren Nachteile zu vermeiden und dem Controlling ein valides Benchmarking zu ermöglichen, indem alle Materialien mit dem Standardpreis bewertet werden. Das funktioniert folgendermaßen: Im Laufe einer Periode werden alle Warenbewegungen temporär mit dem Standardpreis bewertet, und im Rahmen des Periodenabschlusses werden alle zugehörigen Abweichungen über die gesamte Wertschöpfungskette diesen Bewegungen nachbelastet. Das heißt, die Preisdifferenzen aus der Rohstoffbeschaffung und alle Abweichungen der Halbfabrikate werden über alle Fertigungsstufen bis zum Endprodukt fortgeschrieben, sodass im Periodenabschluss für alle Materialien der tatsächliche Preis der Periode errechnet und als *periodischer Verrechnungspreis (PVP)* ausgewiesen wird.

Die Istkalkulation leistet also Folgendes:

- Sie ermittelt den tatsächlichen Istpreis für alle Materialien zum Periodenende. Zu diesem Zweck werden nachstehende Vorgänge durchgeführt:
  - Bewertung aller Warenbewegungen der aktuellen Periode mit dem Standardpreis
  - Buchung aller auftretenden Preis- und Kursdifferenzen mit Bezug zum Material
  - Wälzung aller Abweichungen über alle Fertigungsstufen hinweg mithilfe der Iststückliste
  - Fortschreibung aller Abweichungen im Vergleich zum Standardpreis
- Sie bewertet die Materialbestände auf der Grundlage des Verrechnungspreises zum Periodenende um.
- Sie führt die Nachbewertung der Verbräuche der Periode mit dem tatsächlichen Istpreis durch.
- Sie weist die realen Materialkosten im Ergebnis aus, differenziert nach Standardherstellkosten und Abweichung.

Damit das Material-Ledger und die Istkalkulation diese Ergebnisse liefern, müssen Sie verschiedene Einstellungen im System vornehmen.

5.5.2 Essenzielles Customizing des Material-Ledgers

Im Einführungsleitfaden sind an unterschiedlichen Stellen Einstellungen anzupassen. In Unternehmen, die eine parallele Bewertung benötigen (z. B. legale Bewertung und Konzernbewertung), beginnen Sie unter FINANZWESEN • GRUNDEINSTELLUNGEN • BÜCHER • LEDGER • EINSTELLUNGEN FÜR LEDGER UND WÄHRUNGSTYPEN DEFINIEREN und richten dort die Währungstypen ein und ordnen sie zu.

In Umgebungen ohne UPA sind dann unter FINANZWESEN • GRUNDEINSTELLUNGEN • BÜCHER • PARALLELE WERTANSÄTZE • PARALLELE WERTANSÄTZE/TRANSFERPREISE FÜHREN • GRUNDEINSTELLUNGEN •

WÄHRUNGS- UND BEWERTUNGSPROFIL PFLEGEN Konfigurationen zum WÄHRUNGS- UND BEWERTUNGSPROFIL (W&B-PROF.) vorzunehmen (siehe Abbildung 5.54).

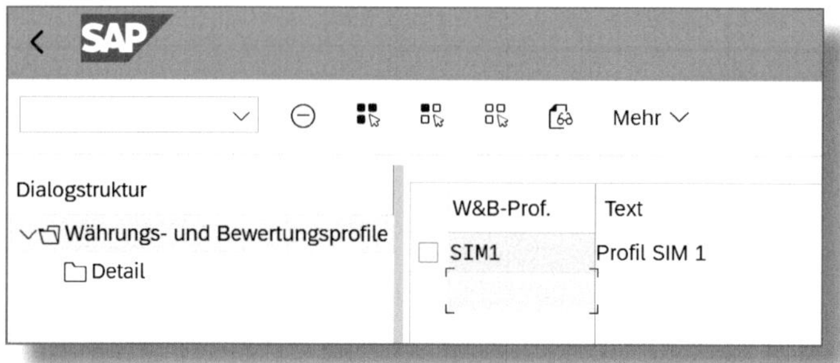

Abbildung 5.54: W&B-Profil – Einstieg

An dieser Stelle legen Sie fest, welche Währungstypen für welche Bewertungssichten heranzuziehen sind. In Abbildung 5.55 werden die *Währung des Buchungskreises 10* zur *legalen Bewertung* und die *Konzernwährung 30* zur *Konzernbewertung* benötigt.

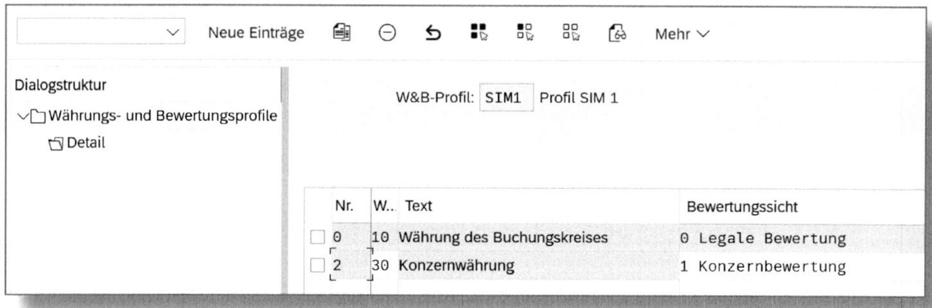

Abbildung 5.55: W&B-Profil – Detail

Das W&B-Profil hinterlegen Sie dann im Kostenrechnungskreis unter FINANZWESEN • GRUNDEINSTELLUNGEN • BÜCHER • PARALLELE WERTANSÄTZE • PARALLELE WERTANSÄTZE/TRANSFERPREISE FÜHREN • GRUNDEINSTELLUNGEN • W&B-PROFIL DEM KOSTENRECHNUNGSKREIS ZUORDNEN.

Die Aktivierung des Material-Ledgers erfolgt im Einführungsleitfaden unter Controlling • Produktkostencontrolling • Istkalkulation/Material-Ledger • Material-Ledger für Bewertungskreise aktivieren (Transaktion *OMX1*). Wie in Abbildung 5.56 dargestellt, ist sowohl das Kennzeichen ML aktiv zu setzen als auch die präferierte Art der Preisermittlung anzugeben. Soll diese Preisermittlungsart verbindlich sein, so setzen Sie auch das Kennzeichen PreiserSteuerung verbindlich im BewK... Die Bedeutung der Preisermittlungsart wird weiter unten erläutert.

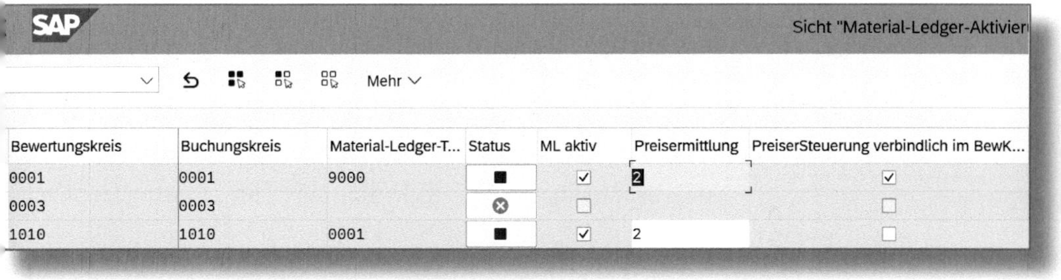

Sicht "Material-Ledger-Aktivier

Mehr

Bewertungskreis	Buchungskreis	Material-Ledger-T...	Status	ML aktiv	Preisermittlung	PreiserSteuerung verbindlich im BewK...
0001	0001	9000	■	☑	2	☑
0003	0003		⊗	☐		☐
1010	1010	0001	■	☑	2	☐

Abbildung 5.56: Aktivierung des Material-Ledgers ohne UPA

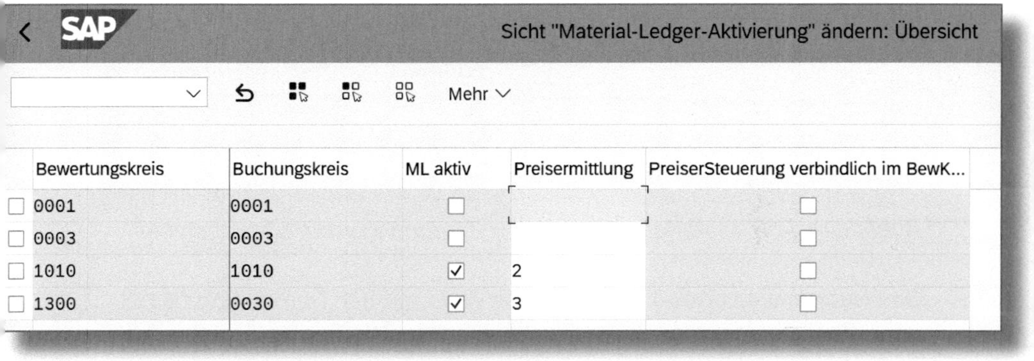

Sicht "Material-Ledger-Aktivierung" ändern: Übersicht

Mehr

	Bewertungskreis	Buchungskreis	ML aktiv	Preisermittlung	PreiserSteuerung verbindlich im BewK...
☐	0001	0001	☐		☐
☐	0003	0003	☐		☐
☐	1010	1010	☑	2	☐
☐	1300	0030	☑	3	☐

Abbildung 5.57: Aktivierung des Material-Ledgers mit UPA

Wenn UPA eingesetzt wird, genügt die Aktivierung allein mit der Transaktion *OMX1* (siehe Abbildung 5.57). Ohne UPA dagegen müssen Sie noch über die Transaktion *OMX2* einen Material-Ledger-Typ definieren, dem die bereits erwähnten Währungstypen für die verschiedenen

Bewertungssichten zugewiesen werden (siehe Abbildung 5.58 und Abbildung 5.59).

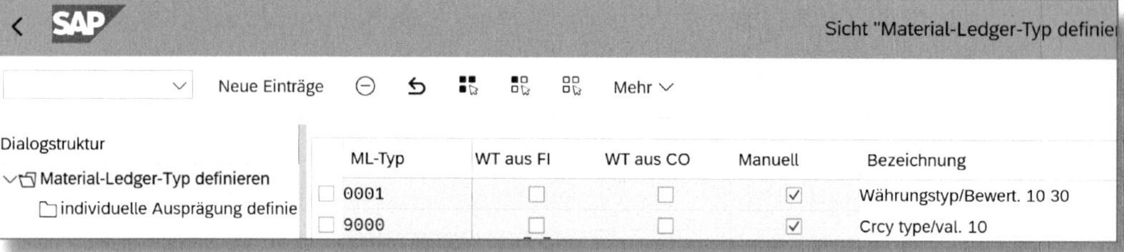

Abbildung 5.58: Material-Ledger-Typ definieren

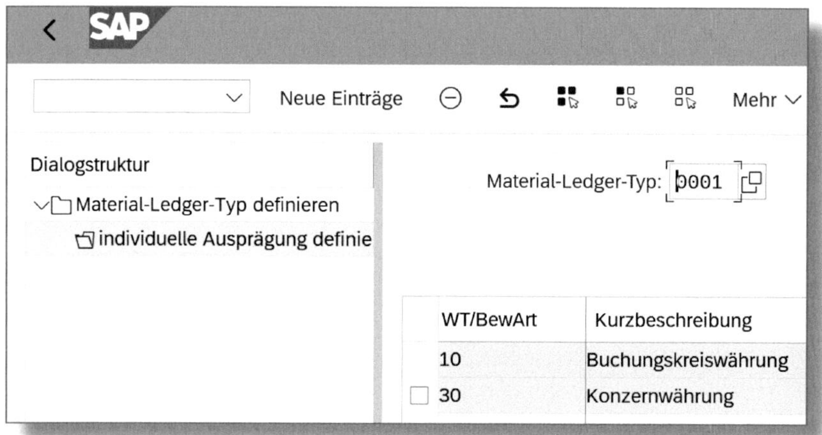

Abbildung 5.59: Material-Ledger-Typ – Zuordnung von Währungstypen

Den MATERIAL-LEDGER-TYP ordnen Sie dann mit der Transaktion *OMX3* den für Sie relevanten BEWERTUNGSKREISEN (Werken) zu (siehe Abbildung 5.60).

Die weiteren erwähnenswerten Einstellungen im Material-Ledger konzentrieren sich auf die kalkulationsrelevanten Aspekte. Unter CONTROLLING • PRODUKTKOSTENCONTROLLING • ISTKALKULATION/MATERIAL

Ledger erreichen Sie mit dem Eintrag *1* (dynamische Preisfreigabe aktiv) im Feld Preisfreigabe, dass die Kalkulation automatisch freigegeben wird, wenn die erste Warenbewegung zum Material erfolgt (siehe Abbildung 5.61).

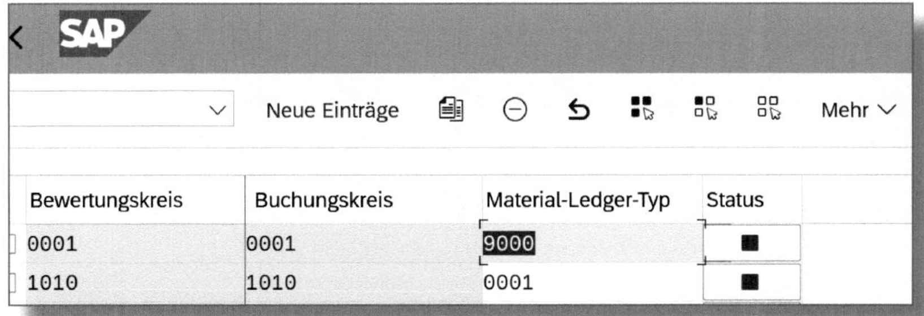

Abbildung 5.60: Material-Ledger-Typ zu Bewertungskreisen zuordnen

Abbildung 5.61: Dynamische Preisfreigabe

Unter Controlling • Produktkostencontrolling • Istkalkulation/ Material Ledger • Materialfortschreibung können Sie Bewegungsartengruppen für ML-Fortschreibung definieren (siehe Abbildung 5.62). Damit steuern Sie, wie die Verbrauchsnachbewertung (Verbr-Nachbew.) mit den gebuchten Verbräuchen umgehen soll.

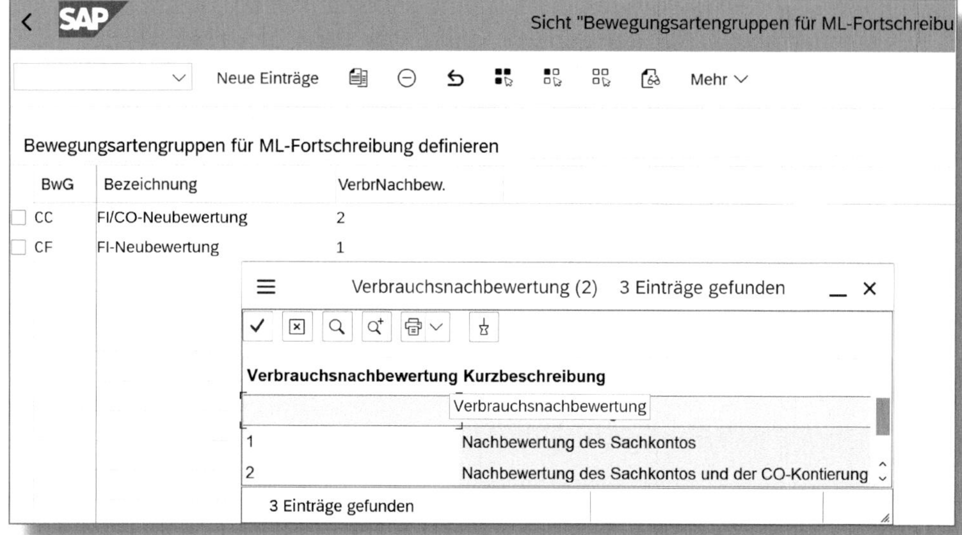

Abbildung 5.62: Bewegungsartengruppen für Material-Ledger-Fortschreibung

Dabei lassen sich unterscheiden:

- Kein Eintrag: Es findet keine Nachbewertung statt.
- *1:* Das Sachkonto wird nachbewertet.
- *2:* Das Sachkonto und die CO-Kontierung werden nachbewertet.

Wenn Sie die Einstellungen *1* oder *2* wählen, wird die Zuordnung von Bewegungsarten zu einer Bewegungsartengruppe wichtig (siehe Abbildung 5.63).

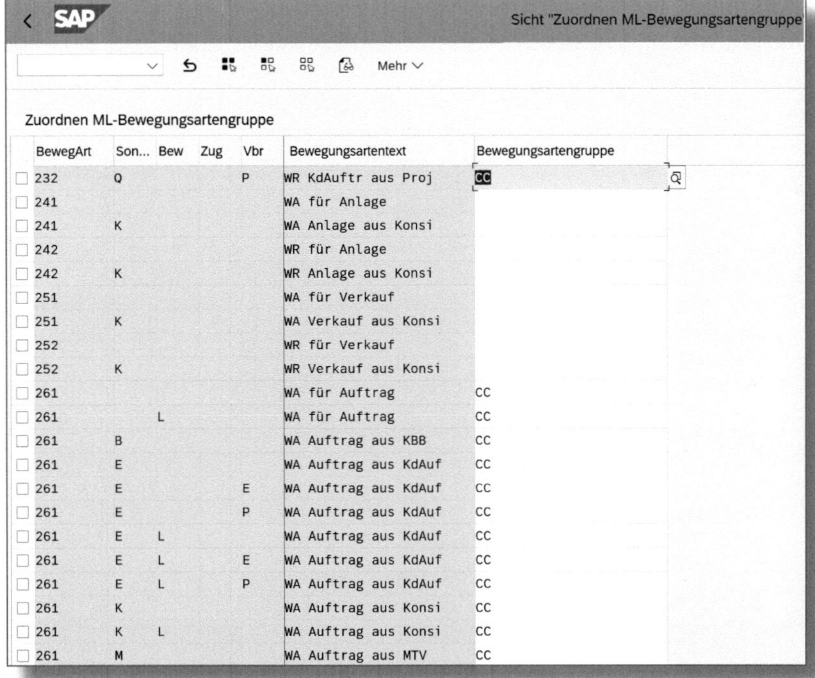

BewegArt	Son...	Bew	Zug	Vbr	Bewegungsartentext	Bewegungsartengruppe
232	Q			P	WR KdAuftr aus Proj	CC
241					WA für Anlage	
241	K				WA Anlage aus Konsi	
242					WR für Anlage	
242	K				WR Anlage aus Konsi	
251					WA für Verkauf	
251	K				WA Verkauf aus Konsi	
252					WR für Verkauf	
252	K				WR Verkauf aus Konsi	
261					WA für Auftrag	CC
261		L			WA für Auftrag	CC
261	B				WA Auftrag aus KBB	CC
261	E				WA Auftrag aus KdAuf	CC
261	E			E	WA Auftrag aus KdAuf	CC
261	E			P	WA Auftrag aus KdAuf	CC
261	E	L			WA Auftrag aus KdAuf	CC
261	E	L		E	WA Auftrag aus KdAuf	CC
261	E	L		P	WA Auftrag aus KdAuf	CC
261	K				WA Auftrag aus Konsi	CC
261	K	L			WA Auftrag aus Konsi	CC
261	M				WA Auftrag aus MTV	CC

Abbildung 5.63: Zuordnung zu einer Bewegungsartengruppe

In unserem Beispiel wurde der Bewegungsart (BEWEGART) *261* (Warenausgang für Auftrag) die BEWEGUNGSARTENGRUPPE *CC* zugewiesen. Nun lassen sich diese Warenbewegungen im Periodenabschluss nachbewerten und der verursachende Auftrag als CO-Kontierung mitbuchen.

Da wir das Material-Ledger aber nicht nur zur korrekten Abbildung der Materialbewegungen im Universal Journal nutzen, sondern vielmehr die Möglichkeiten für das Controlling erschließen wollen, müssen als Nächstes die Istkalkulation und die Istschichtung aktiviert werden. Dies erfolgt unter CONTROLLING • PRODUKTKOSTENCONTROLLING • ISTKALKULATION/MATERIAL-LEDGER • ISTKALKULATION (siehe Abbildung 5.64 und Abbildung 5.65).

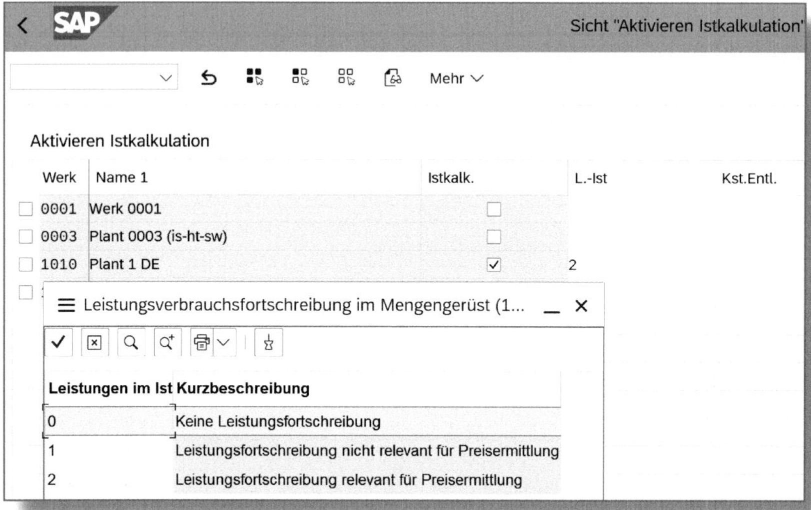

Abbildung 5.64: Aktivierung der Istkalkulation

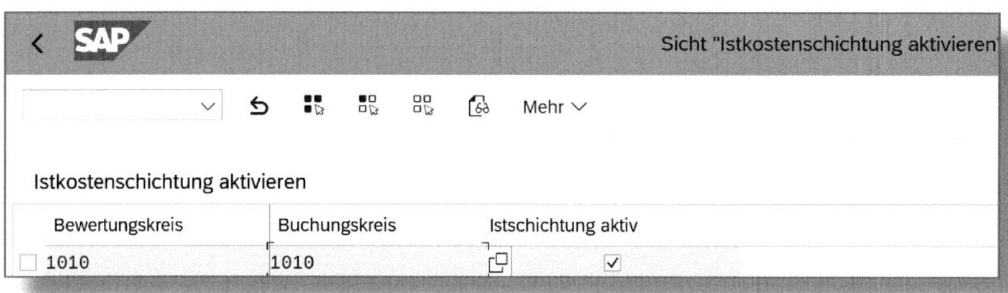

Abbildung 5.65: Aktivierung der Istkostenschichtung

Wenn das Material-Ledger vollständig eingerichtet ist, ergeben sich neue Ansichten in der Buchhaltungssicht im Materialstamm. Enthalten sind nun ALLGEMEINE BEWERTUNGSDATEN sowie PREISE UND WERTE für einzelne Monate, da diese im Material-Ledger monatsweise ermittelt werden (siehe Abbildung 5.66).

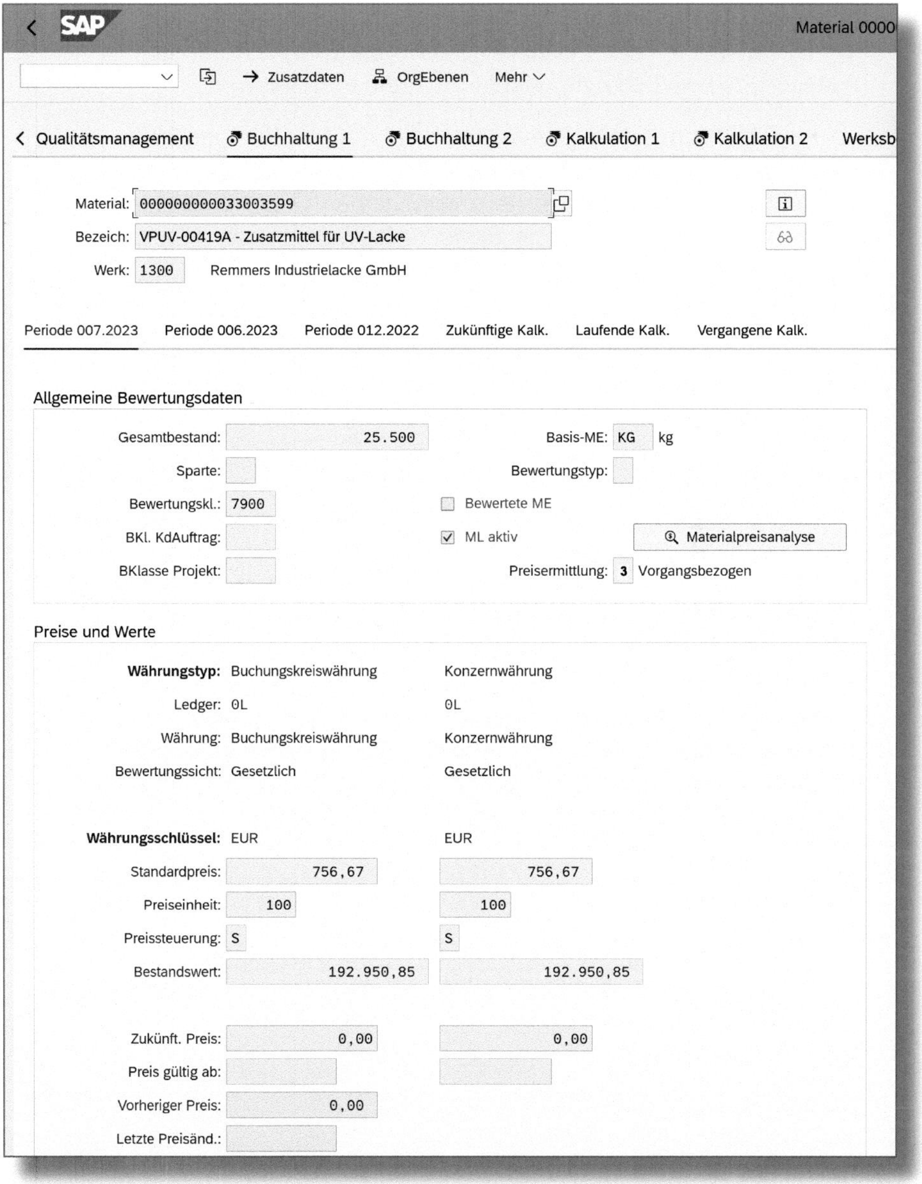

Material 0000

→ Zusatzdaten OrgEbenen Mehr

Qualitätsmanagement | Buchhaltung 1 | Buchhaltung 2 | Kalkulation 1 | Kalkulation 2 | Werksb

Material: 000000000033003599

Bezeich: VPUV-00419A - Zusatzmittel für UV-Lacke

Werk: 1300 Remmers Industrielacke GmbH

Periode 007.2023 | Periode 006.2023 | Periode 012.2022 | Zukünftige Kalk. | Laufende Kalk. | Vergangene Kalk.

Allgemeine Bewertungsdaten

Gesamtbestand:	25.500	Basis-ME:	KG kg
Sparte:		Bewertungstyp:	
Bewertungskl.:	7900	☐ Bewertete ME	
BKl. KdAuftrag:		☑ ML aktiv	Materialpreisanalyse
BKlasse Projekt:		Preisermittlung:	3 Vorgangsbezogen

Preise und Werte

Währungstyp:	Buchungskreiswährung	Konzernwährung
Ledger:	0L	0L
Währung:	Buchungskreiswährung	Konzernwährung
Bewertungssicht:	Gesetzlich	Gesetzlich
Währungsschlüssel:	EUR	EUR
Standardpreis:	756,67	756,67
Preiseinheit:	100	100
Preissteuerung:	S	S
Bestandswert:	192.950,85	192.950,85
Zukünft. Preis:	0,00	0,00
Preis gültig ab:		
Vorheriger Preis:	0,00	
Letzte Preisänd.:		

Abbildung 5.66: Materialstamm – Buchhaltungssicht ohne UPA

Im Bereich ALLGEMEINE BEWERTUNGSDATEN ist insbesondere das Kennzeichen für die Art der PREISERMITTLUNG relevant, denn darüber wird gesteuert, zu welchen Zeitpunkten der Preis ermittelt wird:

- Das Kennzeichen *2* bedeutet, dass der Verrechnungspreis vorgangsbezogen, d. h. mit jeder Warenwertänderung, angepasst wird (dies entspricht dem klassischen GLD). In diesem Fall sollte in der Kategorie PREISE UND WERTE unter PREISSTEUERUNG der Wert *V* eingetragen werden.
- Der Eintrag *3* hat zur Folge, dass der Verrechnungspreis erst im Rahmen des Periodenabschlusses ermittelt und fortgeschrieben wird. In diesem Fall muss bei Preissteuerung *S* gesetzt sein.

Die Sektion PREISE UND WERTE in der Sicht BUCHHALTUNG 1 sieht bei der Aktivierung von UPA anders aus. In Abbildung 5.66 ist UPA nicht in Gebrauch, daher werden die im Material-Ledger-Typ definierten Wertansätze nebeneinander gezeigt, in diesem Fall die BUCHUNGSKREISWÄHRUNG und KONZERNWÄHRUNG parallel im LEDGER *0L*.

In der Abbildung 5.67, bei der UPA aktiv ist, werden die PREISE UND WERTE nicht mehr parallel ausgegeben, sondern jede Sicht muss einzeln ausgewählt werden. Außerdem ist in dieser Buchhaltungssicht zu sehen, dass jede Bewertung in einem eigenen LEDGER fortgeschrieben wird: die *legale Bewertung* in *0L* und die *Konzernbewertung* in *4G*.

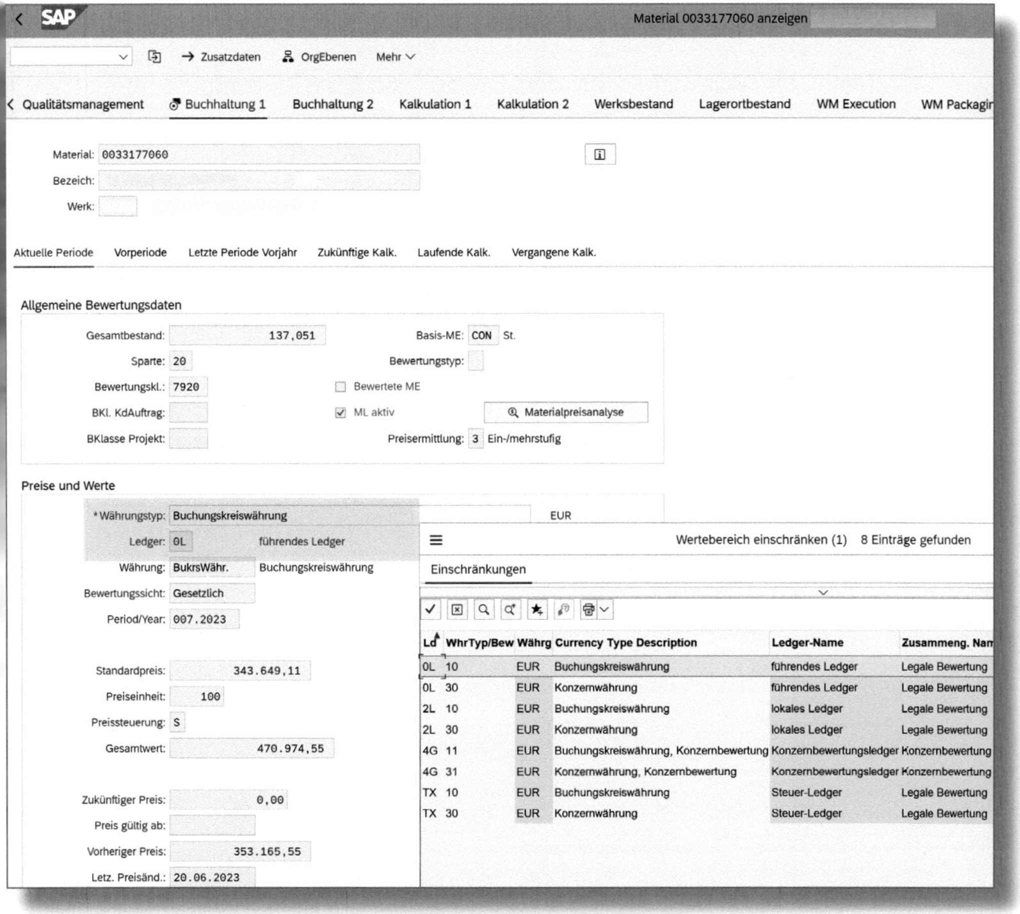

Abbildung 5.67: Materialstamm – Buchhaltungssicht mit UPA

5.5.3 Durchführung der Istkalkulation

Nachdem die Vorarbeiten für den Einsatz des Material-Ledgers abgeschlossen sind, kann der erste Monatsabschluss durchgeführt werden. Ziel des Kalkulationslaufs ist es, die während der Periode entstandenen Abweichungen der verschiedenen Beschaffungsalternativen, d. h. Fertigung und Fremdbeschaffung, verursachungsgerecht auf die noch im Bestand befindlichen Materialien einerseits und die verbrauchten bzw. verkauften Materialien andererseits zu verrechnen. Über die Anwendung »Ist-Kalkulationsläufe bearbeiten« gelangen Sie in das Cockpit der ISTKALKULATION (siehe Abbildung 5.68).

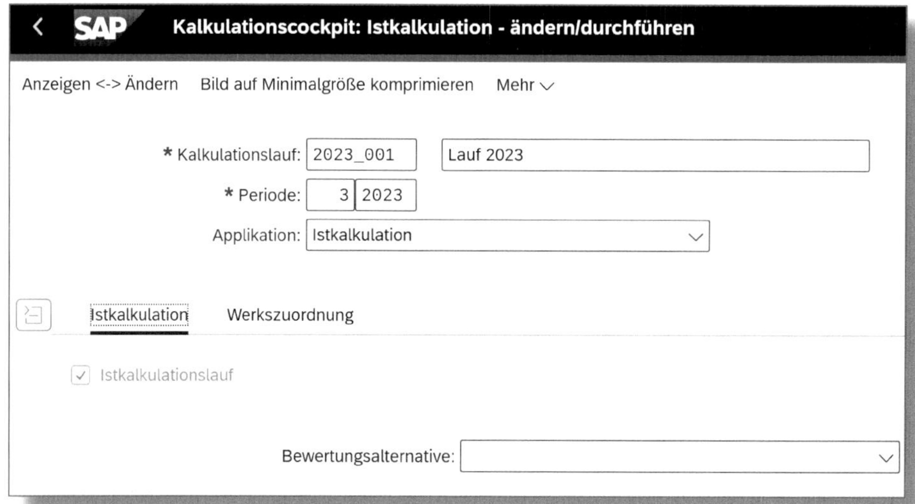

Abbildung 5.68: Istkalkulationslauf ohne UPA anlegen

Für jede Durchführung, d. h. pro PERIODE, müssen Sie einen KALKULATIONSLAUF anlegen und eine WERKSZUORDNUNG vornehmen. Bei aktivem UPA ist außerdem jeweils ein separater Lauf pro Ledger vorzusehen (siehe Abbildung 5.69).

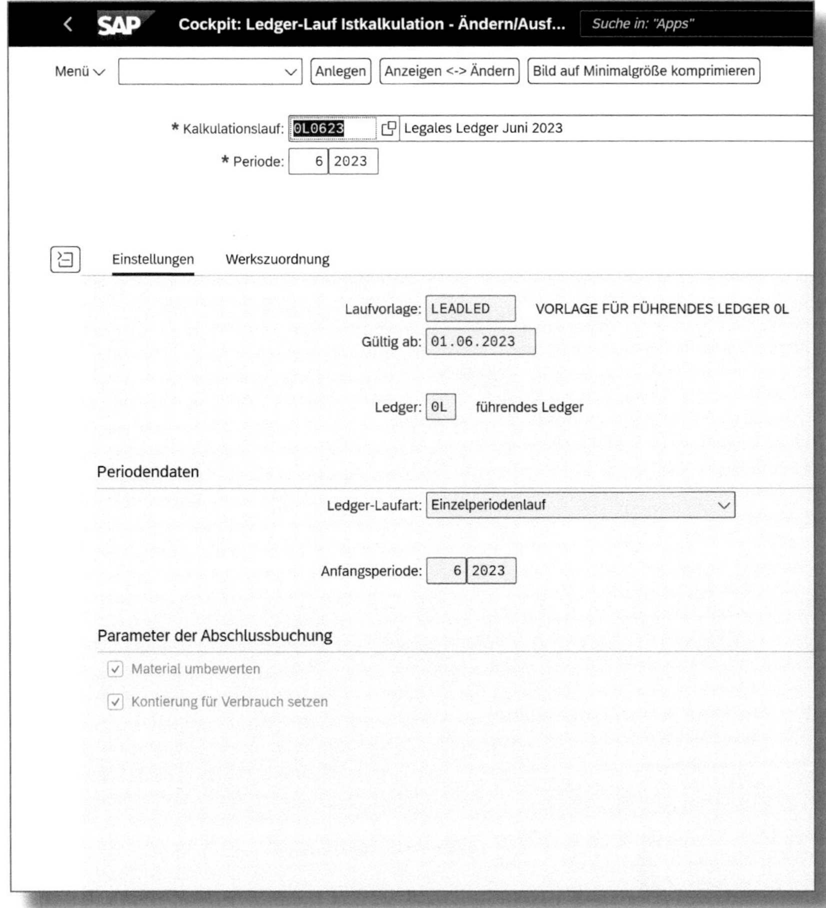

Abbildung 5.69: Istkalkulationslauf mit UPA anlegen

In diesem Fall sind vom System bereits die wesentlichen PARAMETER DER ABSCHLUSSBUCHUNG gesetzt. Dabei bedeuten die Kennzeichen MATERIAL UMBEWERTEN und VERBRAUCH UMBEWERTEN, dass Bestand ebenso wie Verbrauch mit dem Istpreis umbewertet werden.

Nachdem der Lauf gespeichert ist, können Sie ihn in seinen einzelnen Schritten ausführen. Voraussetzung dafür ist, dass bereits alle anderen materialbezogenen Buchungen der abzuschließenden Periode durchgeführt wurden. Der Lauf besteht aus den Schritten SELEKTION, VORBEREITUNG, ABRECHNUNG, ABSCHLUSS BUCHEN und (optional) PREISE VORMERKEN (siehe Abbildung 5.70).

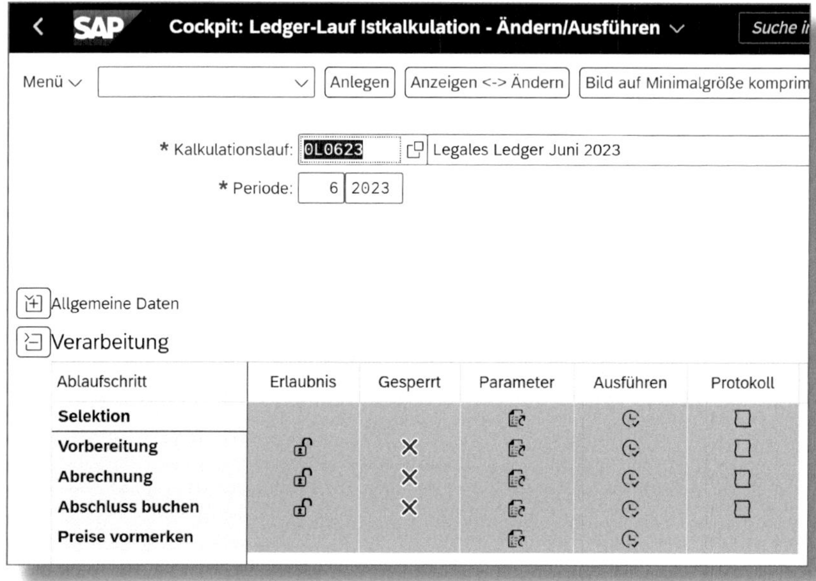

Abbildung 5.70: Schritte des Istkalkulationslaufs

Mit der Funktion »Selektion« werden zuerst alle Materialien ausgewählt, die das System als für den Lauf relevant erachtet (siehe Abbildung 5.71).

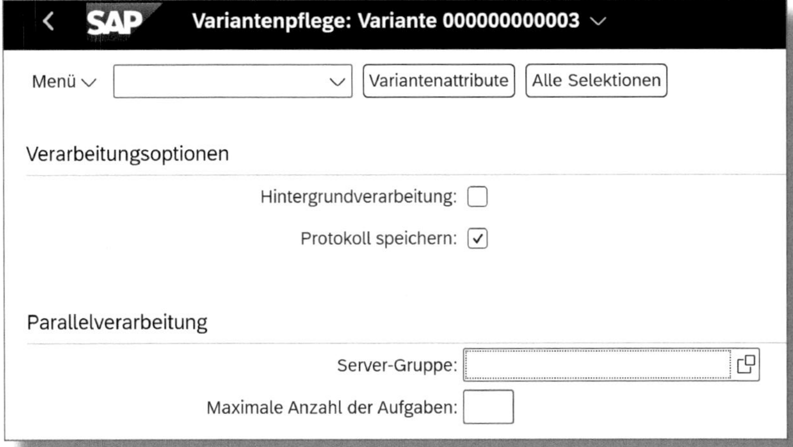

Abbildung 5.71: Istkalkulationslauf – Parameter »Selektion«

Sie können hier nur die Parameter für den Joblauf ändern, Parameter zur Beeinflussung der Selektion gibt es nicht.

In den Vorbereitungsparametern legen Sie die BEHANDLUNG BEREITS VERARBEITETER MATERIALIEN/LEISTUNGEN fest (siehe Abbildung 5.72), hier geben Sie auch VERARBEITUNGSOPTIONEN an. Darüber hinaus können Sie Materialien und/oder Leistungsarten von der Verarbeitung ein- oder ausschließen.

Ein für die weitere Verarbeitung wichtiger Parameter ist die STATUSPRÜFUNG FÜR VORHERIGE PERIODE. Wenn Sie hier das Kennzeichen OFFENEN STATUS FÜR VORHERIGE PERIODE ZULASSEN nicht setzen, erhalten Sie immer eine Fehlermeldung für Materialien, deren Abschluss im Vormonat nicht gebucht wurde.

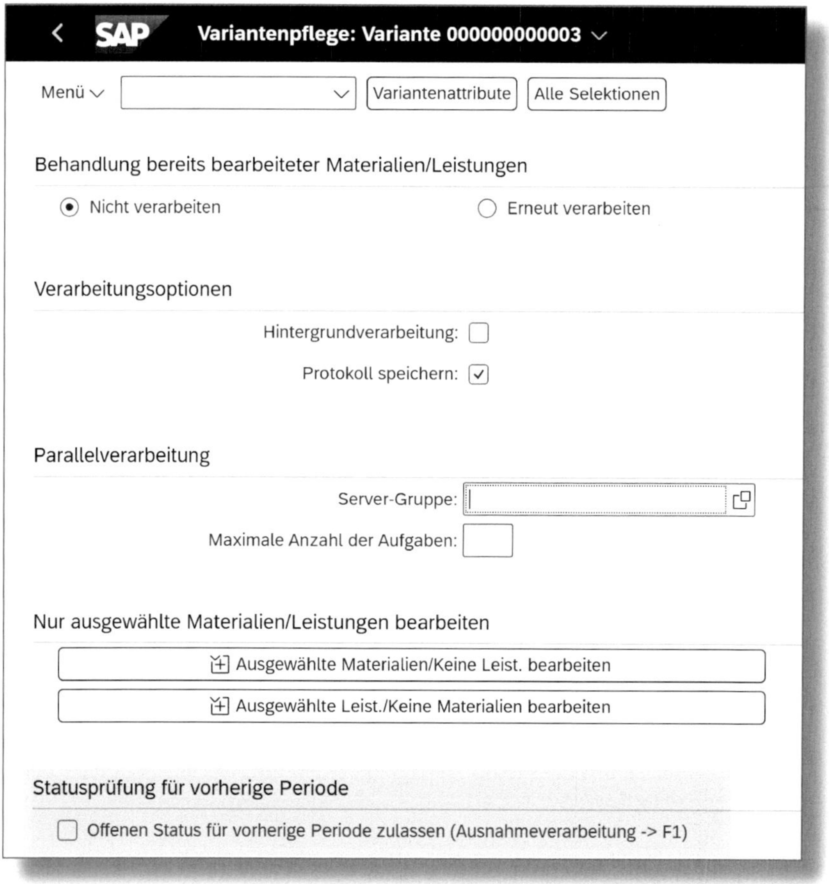

Abbildung 5.72: Istkalkulationslauf – Parameter »Vorbereitung«

Statusprüfung für vorherige Periode

Bei der ersten Abrechnung nach Produktivstart sollte das Kennzeichen immer gesetzt sein. Außerdem sollte dies erfolgen, wenn der Vormonat fehlerhaft war und Korrekturen nicht mehr möglich sind.

Nach der Vorbereitung folgt der Schritt Abrechnung (siehe Abbildung 5.73).

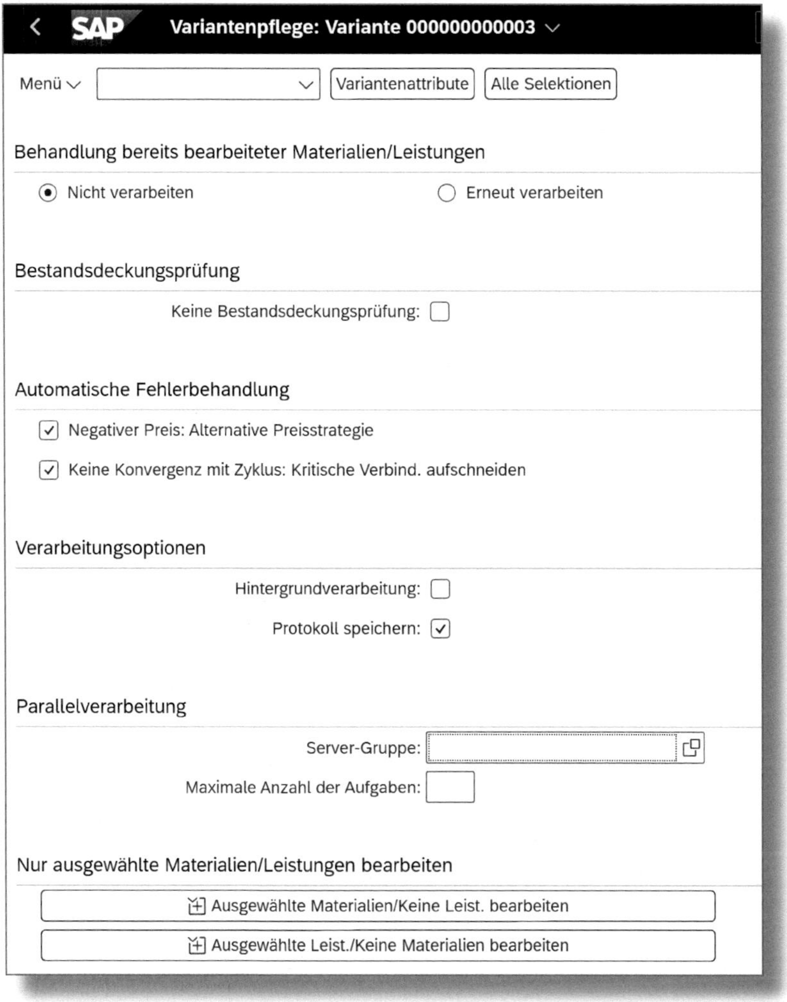

Variantenpflege: Variante 000000000003

Menü | Variantenattribute | Alle Selektionen

Behandlung bereits bearbeiteter Materialien/Leistungen

(•) Nicht verarbeiten ( ) Erneut verarbeiten

Bestandsdeckungsprüfung

Keine Bestandsdeckungsprüfung: [ ]

Automatische Fehlerbehandlung

[x] Negativer Preis: Alternative Preisstrategie

[x] Keine Konvergenz mit Zyklus: Kritische Verbind. aufschneiden

Verarbeitungsoptionen

Hintergrundverarbeitung: [ ]

Protokoll speichern: [x]

Parallelverarbeitung

Server-Gruppe:

Maximale Anzahl der Aufgaben:

Nur ausgewählte Materialien/Leistungen bearbeiten

Ausgewählte Materialien/Keine Leist. bearbeiten

Ausgewählte Leist./Keine Materialien bearbeiten

Abbildung 5.73: Istkalkulationslauf – Parameter »Abrechnung«

Zusätzlich zu den bereits bekannten Verarbeitungsparametern können Sie Einstellungen zur BESTANDSDECKUNGSPRÜFUNG sowie zur AUTOMATISCHEN FEHLERBEHANDLUNG bei negativen Preisen und Konvergenzproblemen definieren. Wenn Sie das Kennzeichen KEINE BESTANDSDECKUNGSPRÜFUNG setzen, wird die Kalkulation ohne Prüfung der vorhandenen Bestände durchgeführt. Der Haken bei NEGATIVER PREIS:

ALTERNATIVE PREISSTRATEGIE bewirkt, dass ein äquivalenter Preis zur Bewertung herangezogen wird, sofern die mehrstufige Kalkulation einen negativen Preis ermittelt; ist das Kennzeichen nicht gesetzt, werden diese Materialien auch nicht kalkuliert. Ist KEINE KONVERGENZ MIT ZYKLUS: KRITISCHE VERBIND. AUFSCHNEIDEN angewählt, hat dies zur Folge, dass nicht konvergierende Iterationszyklen erneut bearbeitet werden. Ist das Kennzeichen nicht gesetzt, wird die Verarbeitung eines solchen Zyklus mit Fehlermeldungen abgebrochen.

Ich empfehle daher, die Standardeinstellungen beizubehalten.

Nach der Abrechnung sind die Ergebnisse der Istkalkulation sichtbar und können mit der seit dem Release 2022 verfügbaren App »Istkalkulationsergebnis anzeigen« dargestellt werden (siehe Abbildung 5.74).

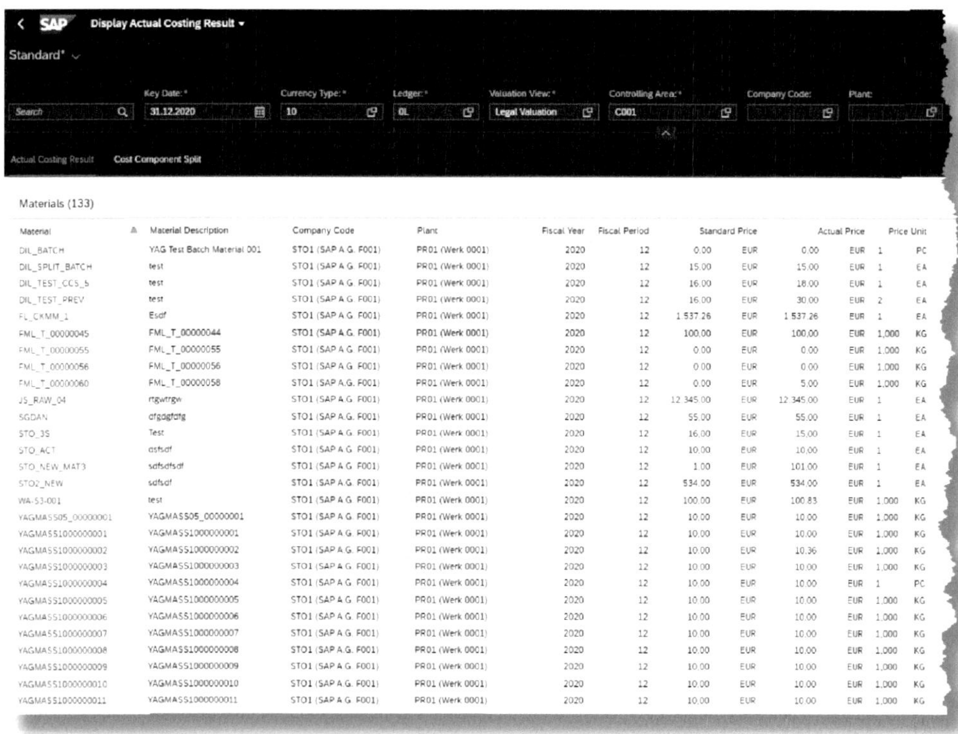

Display Actual Costing Result

Standard*

Search | Key Date:* 31.12.2020 | Currency Type:* 10 | Ledger:* 0L | Valuation View:* Legal Valuation | Controlling Area:* C001 | Company Code: | Plant:

Actual Costing Result | Cost Component Split

Materials (133)

Material	Material Description	Company Code	Plant	Fiscal Year	Fiscal Period	Standard Price		Actual Price		Price Unit	
DIL_BATCH	YAG Test Batch Material 001	STO1 (SAP A.G. F001)	PR01 (Werk 0001)	2020	12	0.00	EUR	0.00	EUR	1	PC
DIL_SPLIT_BATCH	test	STO1 (SAP A.G. F001)	PR01 (Werk 0001)	2020	12	15.00	EUR	15.00	EUR	1	EA
DIL_TEST_CCS_5	test	STO1 (SAP A.G. F001)	PR01 (Werk 0001)	2020	12	16.00	EUR	18.00	EUR	1	EA
DIL_TEST_PREV	test	STO1 (SAP A.G. F001)	PR01 (Werk 0001)	2020	12	16.00	EUR	30.00	EUR	2	EA
FL_CKMM_1	Esdf	STO1 (SAP A.G. F001)	PR01 (Werk 0001)	2020	12	1 537.26	EUR	1 537.26	EUR	1	EA
FML_T_00000045	FML_T_00000044	STO1 (SAP A.G. F001)	PR01 (Werk 0001)	2020	12	100,00	EUR	100,00	EUR	1,000	KG
FML_T_00000055	FML_T_00000055	STO1 (SAP A.G. F001)	PR01 (Werk 0001)	2020	12	0.00	EUR	0.00	EUR	1,000	KG
FML_T_00000056	FML_T_00000056	STO1 (SAP A.G. F001)	PR01 (Werk 0001)	2020	12	0.00	EUR	0.00	EUR	1,000	KG
FML_T_00000060	FML_T_00000058	STO1 (SAP A.G. F001)	PR01 (Werk 0001)	2020	12	0.00	EUR	5.00	EUR	1,000	KG
JS_RAW_04	rtgwtrgw	STO1 (SAP A.G. F001)	PR01 (Werk 0001)	2020	12	12 345.00	EUR	12 345.00	EUR	1	EA
SGDAN	dfgdgfdfg	STO1 (SAP A.G. F001)	PR01 (Werk 0001)	2020	12	55.00	EUR	55.00	EUR	1	EA
STO_3S	Test	STO1 (SAP A.G. F001)	PR01 (Werk 0001)	2020	12	16,00	EUR	15,00	EUR	1	EA
STO_ACT	asfsdf	STO1 (SAP A.G. F001)	PR01 (Werk 0001)	2020	12	10,00	EUR	10,00	EUR	1	EA
STO_NEW_MAT3	sdfsdfsdf	STO1 (SAP A.G. F001)	PR01 (Werk 0001)	2020	12	1.00	EUR	101.00	EUR	1	EA
STO2_NEW	sdfsdf	STO1 (SAP A.G. F001)	PR01 (Werk 0001)	2020	12	534.00	EUR	534.00	EUR	1	EA
WA-53-001	test	STO1 (SAP A.G. F001)	PR01 (Werk 0001)	2020	12	100.00	EUR	100.83	EUR	1,000	KG
YAGMASS05_00000001	YAGMASS05_00000001	STO1 (SAP A.G. F001)	PR01 (Werk 0001)	2020	12	10.00	EUR	10.00	EUR	1,000	KG
YAGMASS1000000001	YAGMASS1000000001	STO1 (SAP A.G. F001)	PR01 (Werk 0001)	2020	12	10.00	EUR	10.00	EUR	1,000	KG
YAGMASS1000000002	YAGMASS1000000002	STO1 (SAP A.G. F001)	PR01 (Werk 0001)	2020	12	10.00	EUR	10.36	EUR	1,000	KG
YAGMASS1000000003	YAGMASS1000000003	STO1 (SAP A.G. F001)	PR01 (Werk 0001)	2020	12	10.00	EUR	10.00	EUR	1,000	KG
YAGMASS1000000004	YAGMASS1000000004	STO1 (SAP A.G. F001)	PR01 (Werk 0001)	2020	12	10.00	EUR	10.00	EUR	1	PC
YAGMASS1000000005	YAGMASS1000000005	STO1 (SAP A.G. F001)	PR01 (Werk 0001)	2020	12	10.00	EUR	10.00	EUR	1,000	KG
YAGMASS1000000006	YAGMASS1000000006	STO1 (SAP A.G. F001)	PR01 (Werk 0001)	2020	12	10.00	EUR	10.00	EUR	1,000	KG
YAGMASS1000000007	YAGMASS1000000007	STO1 (SAP A.G. F001)	PR01 (Werk 0001)	2020	12	10.00	EUR	10.00	EUR	1,000	KG
YAGMASS1000000008	YAGMASS1000000008	STO1 (SAP A.G. F001)	PR01 (Werk 0001)	2020	12	10.00	EUR	10.00	EUR	1,000	KG
YAGMASS1000000009	YAGMASS1000000009	STO1 (SAP A.G. F001)	PR01 (Werk 0001)	2020	12	10.00	EUR	10.00	EUR	1,000	KG
YAGMASS1000000010	YAGMASS1000000010	STO1 (SAP A.G. F001)	PR01 (Werk 0001)	2020	12	10.00	EUR	10.00	EUR	1,000	KG
YAGMASS1000000011	YAGMASS1000000011	STO1 (SAP A.G. F001)	PR01 (Werk 0001)	2020	12	10,00	EUR	10.00	EUR	1,000	KG

Abbildung 5.74: Istkalkulationslauf – Ergebnis anzeigen

Tatsächlich gebucht und auf Konten sichtbar werden die Werte jedoch erst nach dem Schritt ABSCHLUSS BUCHEN (siehe Abbildung 5.75).

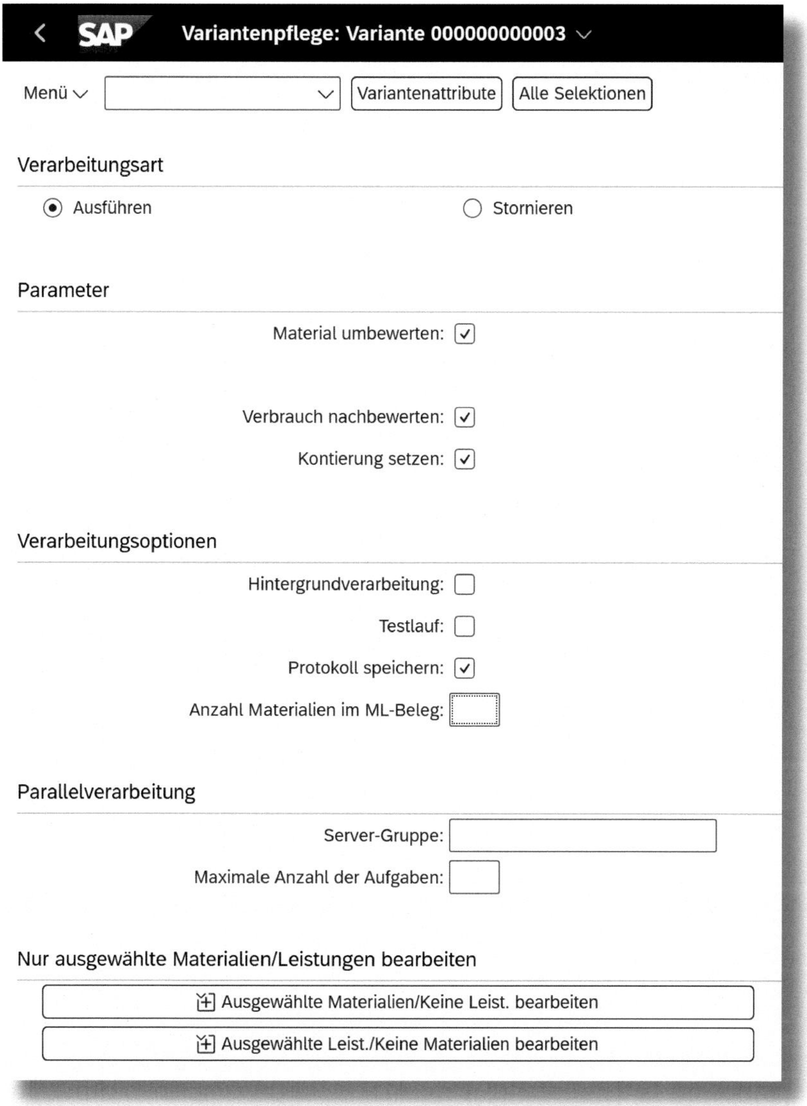

Variantenpflege: Variante 000000000003

Menü | Variantenattribute | Alle Selektionen

Verarbeitungsart

- (•) Ausführen
- ( ) Stornieren

Parameter

- Material umbewerten: [✓]
- Verbrauch nachbewerten: [✓]
- Kontierung setzen: [✓]

Verarbeitungsoptionen

- Hintergrundverarbeitung: [ ]
- Testlauf: [ ]
- Protokoll speichern: [✓]
- Anzahl Materialien im ML-Beleg:

Parallelverarbeitung

- Server-Gruppe:
- Maximale Anzahl der Aufgaben:

Nur ausgewählte Materialien/Leistungen bearbeiten

- Ausgewählte Materialien/Keine Leist. bearbeiten
- Ausgewählte Leist./Keine Materialien bearbeiten

Abbildung 5.75: Istkalkulationslauf – Parameter »Abschluss buchen«

Im Abschnitt PARAMETER steuern Sie, wie die Ergebnisse des Istkalkulationslaufs verbucht werden. Setzen Sie keines der drei Kennzeichen, so wird der Abschluss zwar gebucht, aber nur »statistisch«, d. h., es erfolgen keine Umbewertung der Bestände und keine Änderung der Preissteuerung im Materialstamm von »S« auf »V« für die abgeschlossene Periode.

Für das Produktkosten-Controlling ist es jedoch notwendig, die Verbrauchsnachbewertung zu buchen, da wir mit der Buchung auch die Margenauswirkungen in der Ergebnisrechnung sehen. Voraussetzung dafür sind die entsprechenden Einstellungen im Customizing des COGS-Splits unter FINANZWESEN • HAUPTBUCH • PERIODISCHE ARBEITEN • INTEGRATION • MATERIALWIRTSCHAFT • KONTEN FÜR AUFTEILUNG DES UMSATZES DEFINIEREN, wie teilweise schon im Abschnitt 4.4.2 beschrieben.

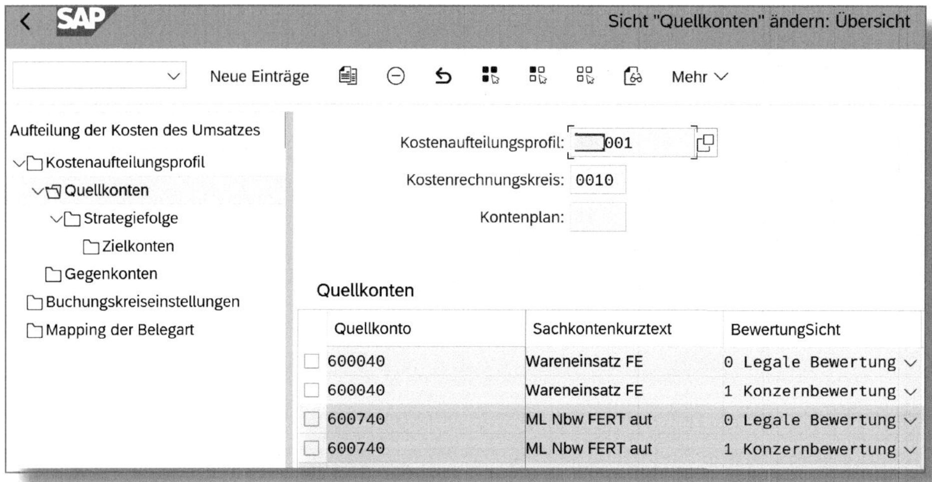

Abbildung 5.76: COGS-Split – Quellkonten für Verbrauchsnachbewertung

Wird unter den QUELLKONTEN auch das Konto hinterlegt, mit dem die Verbrauchsnachbewertung des Material-Ledgers gebucht wird (siehe Abbildung 5.76), so können diesem ebenfalls ZIELKONTEN für den COGS-Split zugeordnet werden.

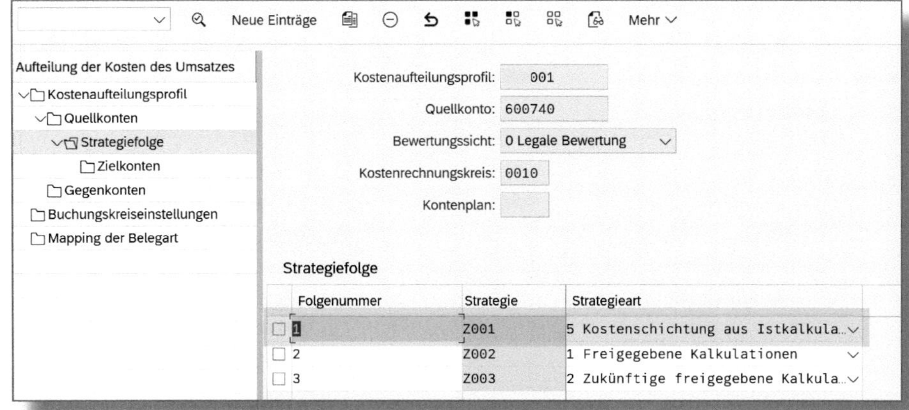

Abbildung 5.77: COGS-Split – Strategiefolge für Verbrauchsnachbewertung, Übersicht

Wenn parallel dazu in der STRATEGIEFOLGE (Abbildung 5.77) die STRATEGIEART 5 im Detailbild mit dem Kennzeichen NACHBEWERTETEN VERBRAUCH MIT IST-KOSTENSCHICHTUNG SPLITTEN angewählt ist (siehe Abbildung 5.78), dann wird die Verbrauchsnachbewertung auf die Zielkonten aufgeteilt.

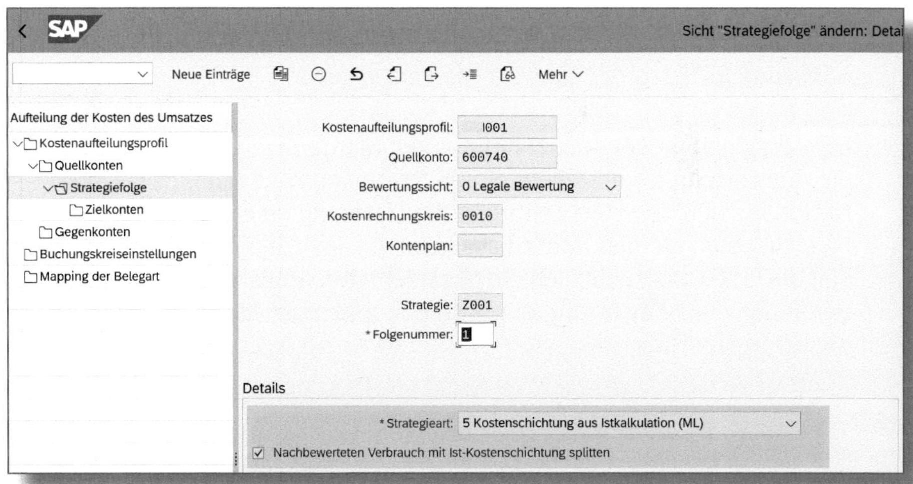

Abbildung 5.78: COGS-Split – Strategiefolge für Verbrauchsnachbewertung, Detailbild

Die Abbildung 5.79 zeigt das Ergebnis solcher Buchungen in der Margin Analysis.

Nettoumsatz	-21.661,00 EUR
COGS Rohstoffe	6.207,88 EUR
COGS Gebinde	327,32 EUR
COGS Maschinenkosten	250,96 EUR
COGS Maschinenkosten	10,58 EUR
COGS Personalkosten	13,36 EUR
COGS Fertigungskoste	40,54 EUR
COGS Personalkosten	10,50 EUR
COGS GK Produktion	11,84 EUR
COGS Standard	6.872,98 EUR
Standardmarge	-14.788,02 EUR
COGS IST Rohstoffe	279,10 EUR
COGS IST Gebinde	-16,75 EUR
COGS IST Masch.K. Fe	-12,87 EUR
COGS IST Maschinenk.	-0,94 EUR
COGS IST PK Fert.	-0,67 EUR
COGS IST Fert.K. Abf	-3,56 EUR
COGS IST PK Qual.	-0,47 EUR
COGS IST GK Prod.	-0,61 EUR
COGS Nachbewertung	243,23 EUR
Istmarge	-14.544,79 EUR

Abbildung 5.79: Margin Analysis nach Istkalkulation

Die Abbildung ist ein Ausschnitt aus der Margenanalyse, sie illustriert die Auswertung für ein Material. Die STANDARDMARGE beruht auf dem Nettoerlös und den zum Zeitpunkt der Lieferung gebuchten Standardherstellkosten gemäß Materialkalkulation, im Gegensatz dazu enthält die ISTMARGE zusätzlich die geschichteten Abweichungen aus der Verbrauchsnachbewertung als Differenz zwischen Plan- und Istpreis.

Beide Margen können nun für unterschiedliche Steuerungszwecke verwendet werden: Während der Vertrieb an der Standardmarge gemessen wird, kann die Istmarge u. a. zur Steuerung der Produktionswerke herangezogen werden. Darüber hinaus hilft die Istmarge bei der Beobachtung der Auswirkungen stark volatiler Rohstoffpreise. Viele Unternehmen führen monatliche Kalkulationsläufe durch und generieren so jeweils einen neuen Standardpreis, der dann auch in die Standardmarge einfließt. Sie versuchen sich derart gegen das Risiko von Margenverlusten zu wappnen.

Ohne Material-Ledger kann nur auf diese Weise sichergestellt werden, dass die schwankenden Preise der mit gleitendem Durchschnitt bewerteten Rohstoffe in der Standardmarge berücksichtigt werden. Damit fehlt dem Controlling aber eine wesentliche Bezugsgröße, nämlich die Kalkulation, mit der die gesamte Ergebnisplanung erstellt wurde. Echte Plan-Ist-Vergleiche sind also nicht möglich. Fließt die Istmarge in das Vertriebs-Controlling ein, ist eine monatliche Kalkulation nicht mehr notwendig, da durch die Art und Weise, wie die Istkalkulation die Istpreise ermittelt, eine wesentlich validere Aussage über die Auswirkungen volatiler Rohstoffpreise getroffen werden kann. Nutzt man diese Möglichkeit dann noch in Verbindung mit der im Bereich Planung beschriebenen Simulation (siehe Abschnitt 4.3.3), so sollten auch ohne monatliche Kalkulation ausreichende Steuerungsimpulse für das Vertriebs-Controlling gegeben sein.

Ist das Delta zwischen Ist- und Standardmarge hinreichend groß, ist dies im Sinne des Produktkosten-Controllings der Ausgangspunkt für weitergehende Analysen, wie sie die Materialpreisanalyse liefert. Diese ist das Herzstück der materialbezogenen Analysen (siehe Abbildung 5.80 und Abbildung 5.81).

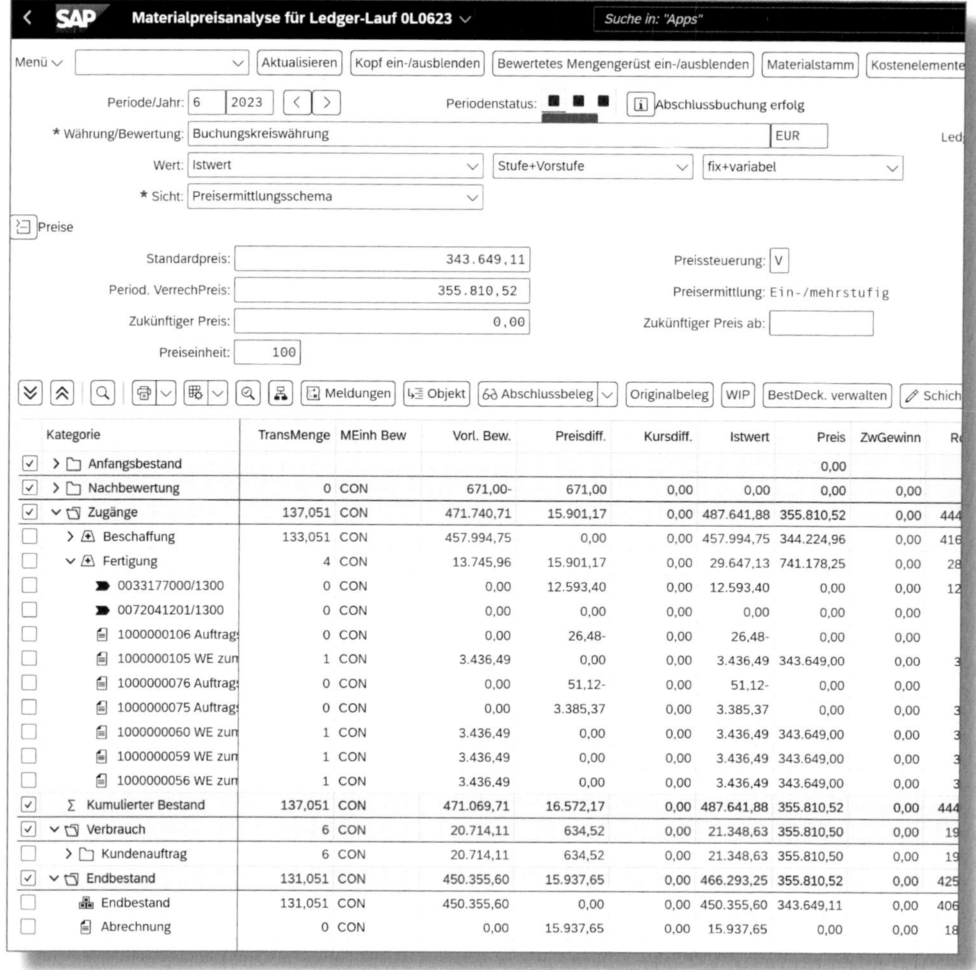

Kategorie	TransMenge	MEinh Bew	Vorl. Bew.	Preisdiff.	Kursdiff.	Istwert	Preis	ZwGewinn	R
Anfangsbestand							0,00		
Nachbewertung	0	CON	671,00-	671,00	0,00	0,00	0,00	0,00	
Zugänge	137,051	CON	471.740,71	15.901,17	0,00	487.641,88	355.810,52	0,00	444
Beschaffung	133,051	CON	457.994,75	0,00	0,00	457.994,75	344.224,96	0,00	416
Fertigung	4	CON	13.745,96	15.901,17	0,00	29.647,13	741.178,25	0,00	28
0033177000/1300	0	CON	0,00	12.593,40	0,00	12.593,40	0,00	0,00	12
0072041201/1300	0	CON	0,00	0,00	0,00	0,00	0,00	0,00	
1000000106 Auftrag	0	CON	0,00	26,48-	0,00	26,48-	0,00	0,00	
1000000105 WE zun	1	CON	3.436,49	0,00	0,00	3.436,49	343.649,00	0,00	3
1000000076 Auftrag	0	CON	0,00	51,12-	0,00	51,12-	0,00	0,00	
1000000075 Auftrag	0	CON	0,00	3.385,37	0,00	3.385,37	0,00	0,00	3
1000000060 WE zun	1	CON	3.436,49	0,00	0,00	3.436,49	343.649,00	0,00	3
1000000059 WE zun	1	CON	3.436,49	0,00	0,00	3.436,49	343.649,00	0,00	3
1000000056 WE zun	1	CON	3.436,49	0,00	0,00	3.436,49	343.649,00	0,00	3
Σ Kumulierter Bestand	137,051	CON	471.069,71	16.572,17	0,00	487.641,88	355.810,52	0,00	444
Verbrauch	6	CON	20.714,11	634,52	0,00	21.348,63	355.810,50	0,00	19
Kundenauftrag	6	CON	20.714,11	634,52	0,00	21.348,63	355.810,50	0,00	19
Endbestand	131,051	CON	450.355,60	15.937,65	0,00	466.293,25	355.810,52	0,00	425
Endbestand	131,051	CON	450.355,60	0,00	0,00	450.355,60	343.649,11	0,00	406
Abrechnung	0	CON	0,00	15.937,65	0,00	15.937,65	0,00	0,00	18

Abbildung 5.80: Materialpreisanalyse – Preissicht

Hier sehen Sie auf einen Blick, wo die Abweichungen auf der Zugangsseite entstanden sind (bei Fertigerzeugnissen), welcher Fertigungsauftrag für welche Abweichungen verantwortlich ist und in welchen Kostenelementen sich diese Differenzen niederschlagen. Fernerhin sehen Sie auf der Abgangsseite z. B. welche Kundenaufträge mit diesen Differenzen belastet wurden.

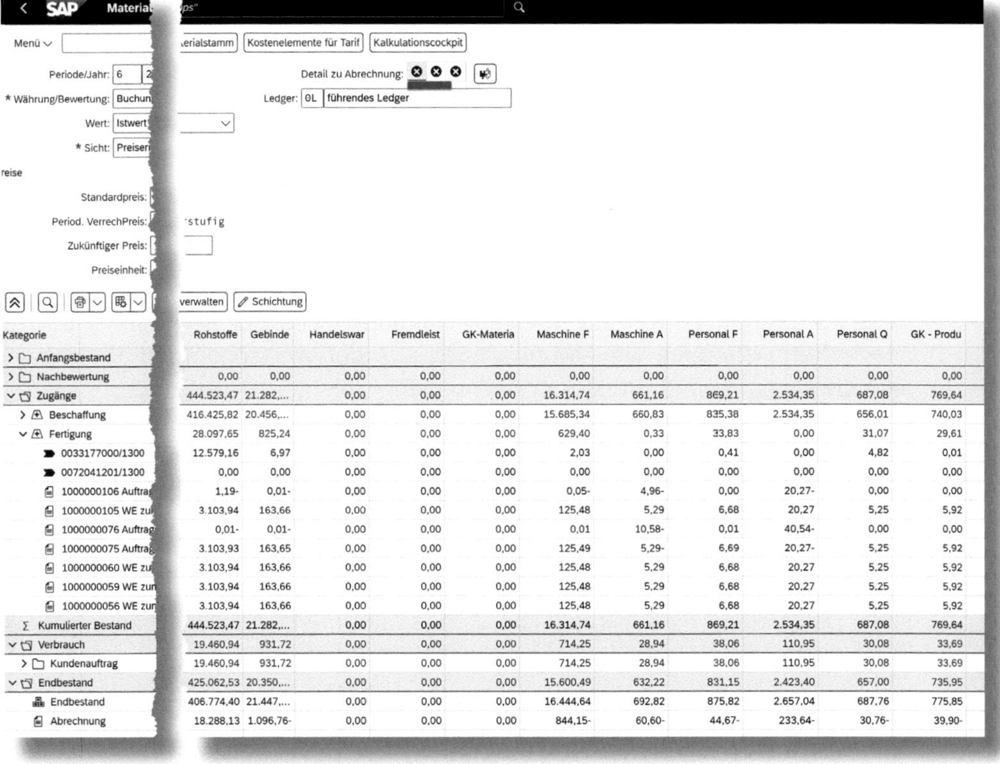

Kategorie	Rohstoffe	Gebinde	Handelswar	Fremdleist	GK-Materia	Maschine F	Maschine A	Personal F	Personal A	Personal Q	GK - Produ
Anfangsbestand											
Nachbewertung	0,00	0,00	0,00	0,00	0,00	0,00	0,00	0,00	0,00	0,00	0,00
Zugänge	444.523,47	21.282,...	0,00	0,00	0,00	16.314,74	661,16	869,21	2.534,35	687,08	769,64
Beschaffung	416.425,82	20.456,...	0,00	0,00	0,00	15.685,34	660,83	835,38	2.534,35	656,01	740,03
Fertigung	28.097,65	825,24	0,00	0,00	0,00	629,40	0,33	33,83	0,00	31,07	29,61
0033177000/1300	12.579,16	6,97	0,00	0,00	0,00	2,03	0,00	0,41	0,00	4,82	0,01
0072041201/1300	0,00	0,00	0,00	0,00	0,00	0,00	0,00	0,00	0,00	0,00	0,00
1000000106 Auftra	1,19-	0,01-	0,00	0,00	0,00	0,05-	4,96-	0,00	20,27-	0,00	0,00
1000000105 WE zu	3.103,94	163,66	0,00	0,00	0,00	125,48	5,29	6,68	20,27	5,25	5,92
1000000076 Auftrag	0,01-	0,01-	0,00	0,00	0,00	0,01	10,58-	0,01	40,54-	0,00	0,00
1000000075 Auftrag	3.103,93	163,65	0,00	0,00	0,00	125,49	5,29-	6,69	20,27-	5,25	5,92
1000000060 WE zu	3.103,94	163,66	0,00	0,00	0,00	125,48	5,29	6,68	20,27	5,25	5,92
1000000059 WE zur	3.103,94	163,66	0,00	0,00	0,00	125,48	5,29	6,68	20,27	5,25	5,92
1000000056 WE zur	3.103,94	163,66	0,00	0,00	0,00	125,48	5,29	6,68	20,27	5,25	5,92
Σ Kumulierter Bestand	444.523,47	21.282,...	0,00	0,00	0,00	16.314,74	661,16	869,21	2.534,35	687,08	769,64
Verbrauch	19.460,94	931,72	0,00	0,00	0,00	714,25	28,94	38,06	110,95	30,08	33,69
Kundenauftrag	19.460,94	931,72	0,00	0,00	0,00	714,25	28,94	38,06	110,95	30,08	33,69
Endbestand	425.062,53	20.350,...	0,00	0,00	0,00	15.600,49	632,22	831,15	2.423,40	657,00	735,95
Endbestand	406.774,40	21.447,...	0,00	0,00	0,00	16.444,64	692,82	875,82	2.657,04	687,76	775,85
Abrechnung	18.288,13	1.096,76-	0,00	0,00	0,00	844,15-	60,60-	44,67-	233,64-	30,76-	39,90-

Abbildung 5.81: Materialpreisanalyse – Schichtung

Wenn Sie nun festgestellt haben, dass es durchaus sinnvoll sein könnte, die Abweichungen der Fertigungsaufträge weiter zu untersuchen, können Sie auf die bereits im Abschnitt 5.2 beschriebenen Apps »Fertigungskostenanalyse« und »Kosten nach Arbeitsplatz/Vorgang analysieren« zurückgreifen.

Diese Ausführungen zur Istkalkulation bzw. zum Material-Ledger zeigen, dass ein entscheidungsorientiertes Produktkosten-Controlling ohne die detaillierten Informationen aus der Istkalkulation undenkbar wäre. Denn nur mit dieser Datenbasis und den darauf aufbauenden Analysen können valide Einflussgrößen für operative und auch strategische Entscheidungen gewonnen werden.

Damit sind wir fast am Ende der Betrachtung der für das Produktkosten-Controlling relevanten Werteflüsse. Abschließend wenden wir uns nun den Abweichungen auf den Produktionskostenstellen zu.

5.6 Über- bzw. Unterdeckung der Produktionskostenstellen

In den bisherigen Ausführungen zur Istkalkulation haben wir gesehen, dass im Istpreis sowohl die Preisabweichungen aus der Rohstoffbeschaffung als auch die Abweichungen aus der Wertschöpfung – also die Mengen- und Strukturabweichungen –, nicht aber diejenigen aus dem Personal- und Anlageneinsatz berücksichtigt werden. Gibt es keine Preisabweichungen in den Tarifen der Leistungsarten? Doch, und zwar in Form von Über- und Unterdeckungen der Kostenstellen. Die Über- bzw. Unterdeckung entsteht durch die Gegenüberstellung der auf den Produktionskostenstellen angefallenen Istkosten und der durch die Leistungsverrechnung entstandenen Entlastung der Kostenstelle. Abbildung 5.82 verdeutlicht den Zusammenhang zwischen PLAN-, SOLL- und ISTKOSTEN sowie Abweichungen.

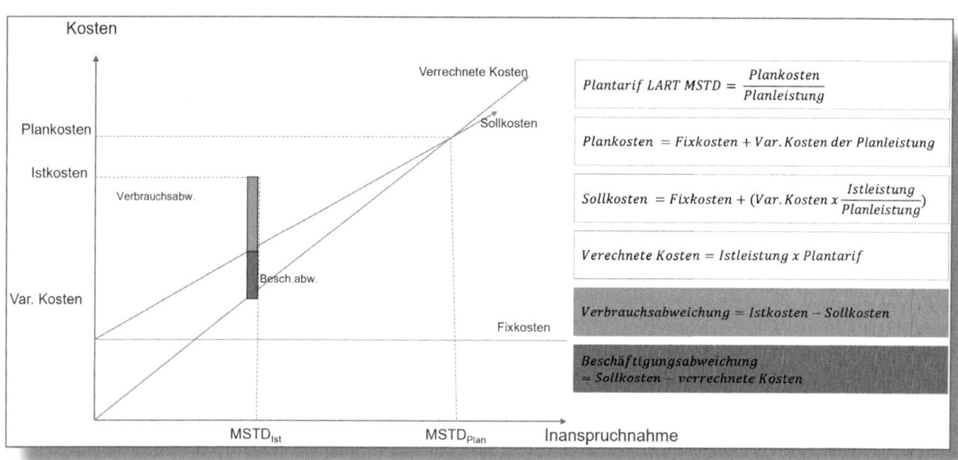

Abbildung 5.82: Produktionskostenstellen – Abweichungen

Laut Abbildung können die Abweichungen der Kostenstelle auch in Kategorien eingeteilt werden und so dem Controlling einen Hinweis auf die Ursachen geben. Hier gilt ebenfalls, dass valide Plankosten als Basis notwendig sind.

Was passiert nun am Periodenende mit den Deckungslücken (Über- oder Unterdeckung) der Kostenstellen? Bislang wurde in der Regel so verfahren, dass die Kostenstellen am Monatsende per Kostenstellenumlage in die Ergebnisrechnung (Transaktion *KEU5*) abgeräumt wurden und somit in die Periodenkosten der Fixkostendeckungsrechnung eingingen. Alternativ dazu gab es auch in der Vergangenheit die Möglichkeit einer Nachbelastung der ursprünglichen Werteflüsse mit den Isttarifen der Kostenstellen. Davon haben aber aufgrund der Komplexität dieses Vorgangs und des damit einhergehenden hohen Datenvolumens die wenigsten Unternehmen Gebrauch gemacht. Mit S/4HANA und dem Einsatz des Material-Ledgers ist die Nachbewertung der Abweichungen nicht auf den Fertigungsaufträgen, sondern auch auf den Kostenstellenkosten wieder eine Option. Im Rahmen der Aktivierung der Istkalkulation bestimmen Sie, ob auch die LEISTUNGSFORTSCHREIBUNG für die PREISERMITTLUNG relevant sein soll (Eintrag L.-IST = *2* in Abbildung 5.83).

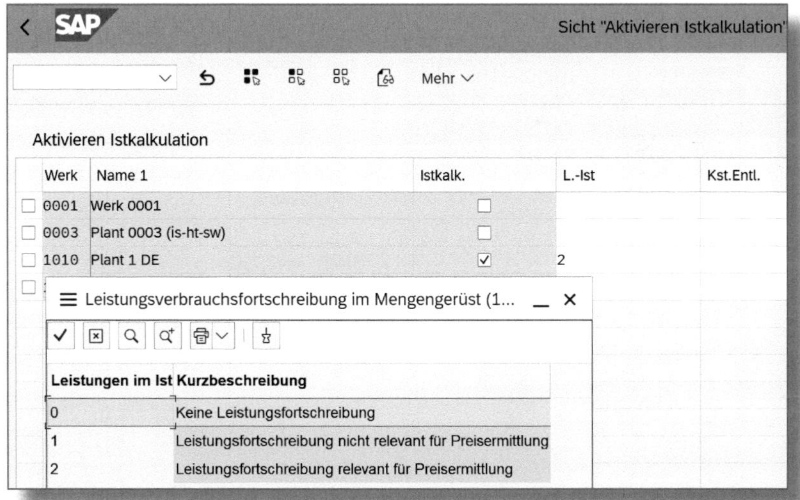

Abbildung 5.83: Leistungsfortschreibung – Aktivierung Istkalkulation

Ob eine solche Nachverrechnung tatsächlich sinnvoll ist, kann nur im Einzelfall entschieden werden. Die Gefahr ist groß, dass mit dem Isttarif auch Leerkosten, Ineffizienzen sowie aperiodisch angefallene Kosten verrechnet werden. Ist dies der Fall, kommt es zu einer Verschlechterung der Datenbasis für das Produktkosten-Controlling, da diese Einflüsse für die Entscheidungsfindung erst wieder eliminiert werden müssen – denn was kann das Produkt dafür, dass die Kostenstelle nicht ausgelastet war, in der betreffenden Periode eine Reparatur anstand oder zu viel Magazinmaterial verbraucht wurde?

Trotz allem gehört zum Produktions-Controlling auch die Steuerung der Produktionsbereiche. Hier bietet es sich an, auf die bereits von Hans-Georg Plaut [8] in den 1970er- und 1980er-Jahren im Rahmen der Plankostenseminare propagierte Betriebsleistungsrechnung zurückzugreifen, heute meist Werksperformance-Statement genannt. Letzteres ist sozusagen die Ergebnisrechnung der Produktion und stellt der in der Periode produzierten Menge an Halb- und Fertigfabrikaten (Betriebsleistung) die im selben Zeitraum angefallenen Kosten der relevanten Produktionsbereiche gegenüber.

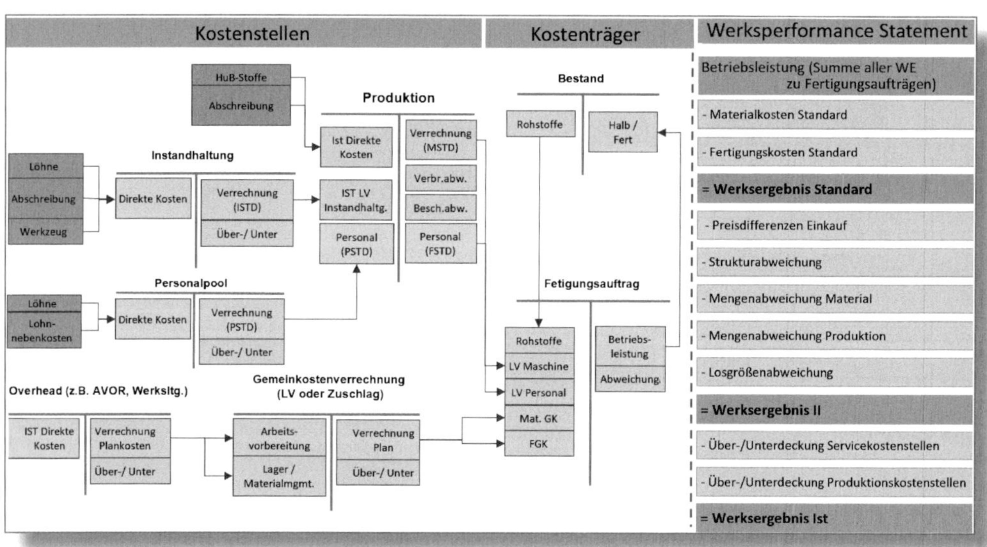

Abbildung 5.84: Wertefluss und Werksperformance

Abbildung 5.84 zeigt noch einmal den Wertefluss in der Produktion und eine Skizze des daraus resultierenden Werksperformance-Statements.

Hiermit bin ich am Ende meiner Ausführungen zum Produktkosten-Controlling angelangt. Ein separates Kapitel zum Reporting sehe ich an dieser Stelle als obsolet an, da ich bereits in den einzelnen Abschnitten in ausreichendem Maße auf die sinnvollen analytischen Apps hingewiesen habe.

6 Fazit

Wissen um die Herstellkosten der Produkte ist auch in der heutigen Zeit unverzichtbar, und es bedarf der Transparenz, um die Auswirkungen von Veränderungen frühzeitig zu erkennen. Dazu trägt das vorgangsbezogene Produktkosten-Controlling im Rahmen des UPA ebenso bei wie die mit dem UPA eingeführte Methodik, alle Bewertungsansätze in unterschiedlichen Ledgern zu führen. Damit sind insbesondere Konzerne in der Lage, ein durchgängiges, von Zwischengewinnen befreites Produktergebnis auszuweisen.

Die aufwendige, jährlich wiederkehrende Planung, um eine valide Basis für ein entscheidungsorientiertes Produktkosten-Controlling zu liefern, nimmt in vielen Unternehmen auch heute noch Wochen und teilweise Monate in Anspruch. Ob sie in dieser Form notwendig ist, erscheint zweifelhaft. Verfügt man bereits über ein valides Wert- und Mengengerüst, das z. B. durch eine einmalige analytische Planung erzeugt wird, so können bei konsequenter Nutzung der vorhandenen Werkzeuge, wie z. B. der Planungsfunktionalität der SAC (Financial Planning & Analytics, FP&A) oder der erweiterten Planung (xP&A), Planwerte quasi auf Knopfdruck erzeugt werden. In diesem Zusammenhang sei auch noch einmal die Simulation erwähnt, die aus meiner Sicht für produktbezogene Entscheidungen von zentraler Bedeutung ist. Denn damit können die Auswirkungen von Änderungen im Mengengerüst, Preismodifikationen und Änderungen in den Kostenstrukturen der Kostenstellen bis hin zum Ergebnis simuliert werden. Darüber hinaus bietet der Einsatz von Werttreiberbäumen weitere Möglichkeiten, in kurzer Zeit eine operative Planung zu erstellen.

Im operativen Controlling stiftet die Istkalkulation mit ihrer detaillierten Darstellung der Abweichungsursachen großen Nutzen. Schließlich ist noch das neue Datenmodell zu erwähnen, dank dem die aufwendige Abstimmung zwischen FI und CO der Vergangenheit angehört und das Controlling endlich wieder Zeit für seine eigentlichen Tätigkeiten hat: Analysen durchführen, Entscheidungen vorbereiten, das Management beraten.

A Literatur

[1] Schmelting, Jürgen/Hoffjan, Andreas: Produktions-Controlling. In: Controller Magazin 2/2021, S. 62–67.

[2] Weber, Jürgen: Zukunftsfähige Kostenrechnung in der Unternehmenssteuerung, Freiburg (Haufe Verlag) 2021.

[3] Riebel, Paul: Einzelkosten- und Deckungsbeitragsrechnung. Grundfragen einer markt- und entscheidungsorientierten Unternehmerrechnung (Deckungsbeitragsrechnung und Unternehmungsführung, Bd. 1), Opladen (Westdeutscher Verlag) 1972.

[4] Kilger, Wolfgang/Pampel, Jochen/Vikas, Kurt: Flexible Plankostenrechnung und Deckungsbeitragsrechnung, 13. Auflage, Wiesbaden (Betriebswirtschaftlicher Verlag Gabler) 2012.

[5] Männel, Wolfgang: Kostenrechnung als Instrument der Unternehmensführung. In Scheer, August-Wilhelm (Hrsg.), Grenzplankostenrechnung. Stand und aktuelle Probleme. Hans-Georg Plaut zum 70. Geburtstag, Wiesbaden (Betriebswirtschaftlicher Verlag Gabler) 1988, S. 13–29.

[6] Weber, Zukunftsfähige Kostenrechnung, S. 47.

[7] SAP BLOGs zu UPA:

Guo, Shuge: Production Accounting for Universal Parallel Accounting in SAP S/4HANA 2022. In: Enterprise Resource Planning Blogs by SAP, 24.10.2022, URL: *https://blogs.sap.com/2022/10/24/universal-parallel-accounting-in-production-accounting-for-sap-s-4hana-2022/* (zuletzt aufgerufen am 19.02.2024).

Guo, Shuge: New in Production Accounting. Event-Based Production Cost Posting. In: Enterprise Resource Planning Blogs by SAP, 29.03.2021, URL: *https://blogs.sap.com/2021/03/29/new-in-production-accounting-event-based-production-cost-posting/* (zuletzt aufgerufen am 19.02.2024).

Rössler, Sarah: Universal Parallel Accounting in SAP S/4HANA. In: Enterprise Resource Planning Blogs by SAP, 21.10.2022, URL: *https://blogs.sap.com/2022/10/21/universal-parallel-accounting-in-sap-s-4hana/* (zuletzt aufgerufen am 19.02.2024).

Salmon, Janet: Overhead Accounting with Universal Parallel Accounting in SAP S/4HANA 2022. In: Enterprise Resource Planning Blogs by SAP, 24.10.2022, URL: *https://blogs.sap.com/2022/10/24/overhead-accounting-with-universal-parallel-accounting-in-sap-s-4hana-2022/* (zuletzt aufgerufen am 19.02.2024).

[8] Plaut, Hans-Georg/Müller, Heinrich/Medicke, Werner: Grenzplankostenrechnung und Datenverarbeitung, München (Verlag Moderne Industrie) 1973.

B Der Autor

Nach seinem Studium der Wirtschafts- und Sozialwissenschaften an der Technischen Universität Dortmund startete Thomas Wicke direkt als freiberuflicher Unternehmensberater mit einem Schwerpunkt auf analytischer Kostenplanung. Durch seine Mitarbeit bei PLAUT lernte er alle Facetten der Kosten- und Leistungsrechnung von der Pike auf kennen und konnte dieses Wissen sowohl in nationalen und internationalen Kundenprojekten verschiedener Branchen als auch in Projekten zur Entwicklung von Controlling-Software gewinnbringend einsetzen. Seit 1994 beschäftigt sich Thomas Wicke ausschließlich mit der Einführung bzw. Optimierung der Module CO und PS in SAP-Projekten. Darüber hinaus nimmt er regelmäßig seinen Lehrauftrag zum Thema »Controlling mit SAP« an der Fachhochschule Bochum wahr und ist im Arbeitskreis Westfalen des Internationalen Controller Vereins aktiv.

C Index

A

B

C

E

F

G

H

I

K

L

M

N

P

R

S

T

U

V

W

Z

D Disclaimer

Die in diesem Werk wiedergegebenen Gebrauchsnamen, Handelsnamen, Warenbezeichnungen usw. können auch ohne besondere Kennzeichnung Marken sein und als solche den gesetzlichen Bestimmungen unterliegen. Sämtliche in diesem Werk abgedruckten Bildschirmabzüge unterliegen dem Urheberrecht der SAP SE, Dietmar-Hopp-Allee 16, 69190 Walldorf.

In dieser Publikation wird auf Produkte der SAP SE Bezug genommen. SAP®, ABAP®, ExpenseIt®, Joule, OpenSAP®, SAP ActiveAttention®, SAP® Adaptive Server® Enterprise, SAP® Advantage Database Server®, SAP® AppGyver®, SAP Ariba®, SAP Business ByDesign®, SAP® Business Explorer®, SAP® Bex, SAP® BusinessObjects, SAP® BusinessObjects Explorer®, SAP® BusinessObjects Web Intelligence®, SAP Business One®, SAP Business Workflow®, SAP BW/4HANA®, SAP Concur®, SAP® Crystal Reports®, SAP EarlyWatch®, SAP® Emarsys®, SAP Fieldglass®, SAP Fiori®, SAP Garden®, SAP® Global Trade Services (SAP® GTS®), SAP HANA®, SAP® Jam, SAP Lumira®, SAP MaxAttention®, SAP® MaxDB®, SAP NetWeaver®, SAP® PartnerEdge®, SAP® Sapphire®, SAP® PowerBuilder®, SAP® PowerDesigner®, SAP® R/3®, SAP® Replication Server®, SAP® Roambi®, SAP S/4HANA®, SAP S/4HANA® Cloud, SAP Signavio®, SAP® SQL Anywhere®, SAP Strategic Enterprise Management® (SAP® SEM®), SAP SuccessFactors®, SAP Vora®, Taulia®, The Best Run SAP®, TripIt® und weitere im Text erwähnte SAP-Produkte und -Dienstleistungen sowie die entsprechenden Logos sind Marken oder eingetragene Marken der SAP SE in Deutschland und anderen Ländern. Die Angaben im Text sind unverbindlich und dienen lediglich zu Informationszwecken. Produkte können länderspezifische Unterschiede aufweisen.

Der SAP-Konzern übernimmt keinerlei Haftung oder Garantie für Fehler oder Unvollständigkeiten in dieser Publikation. Der SAP-Konzern steht lediglich für SAP-Produkte und -Dienstleistungen nach der Maßgabe ein, die in der Vereinbarung über die jeweiligen Produkte und Dienstleistungen ausdrücklich geregelt ist. Aus den in dieser Publikation enthaltenen Informationen ergibt sich keine weiterführende Haftung.

Weitere Bücher von Espresso Tutorials

Joerg Siebert, Martin Munzel:

Praxishandbuch SAP® Report Painter/ Report Writer

- Schnell und einfach Berichte für das SAP-Finanzwesen erstellen
- Report Painter/Report Writer bestmöglich nutzen
- An ausführlichen Praxisbeispielen erläutert
- Inklusive Expertentipps für anspruchsvolle Anforderungen

http://5359.espresso-tutorials.de

Andreas Unkelbach, Martin Munzel:

Abschlussarbeiten im Gemeinkosten-Controlling in SAP S/4HANA®

- Stammdaten im Gemeinkosten-Controlling
- Neu in S/4HANA: die Universelle Verrechnung
- Verwaltung der Allokationszyklen
- Koordination der Abschlussarbeiten

http://5360.espresso-tutorials.de

Christoph Theis, Stefan Eifler:

Werteflüsse in die SAP®-Ergebnisrechnung (CO-PA) unter S/4HANA®

- Werteflüsse anhand des logistischen Verkaufs- und Produktionsprozesses
- Vergleich der kalkulatorischen mit der buchhalterischen Ergebnisrechnung
- Darstellung der Änderungen im Wertefluss im Vergleich zu SAP ERP
- Durchgehendes Zahlenbeispiel bis hin zu den Abschlusstätigkeiten

http://5394.espresso-tutorials.de

Tom King:

Materialbewertung und das Material-Ledger in SAP S/4HANA®

- Bewertung in parallelen Währungen, mit und ohne Transferpreise
- Währungen definieren und mit dem Material-Ledger einsetzen
- Bewertung mit Standard-, Ist- und gleitenden Durchschnittskosten
- Methoden der Bilanzbewertung

http://5711.espresso-tutorials.de

Rudolf Poppenberger:

Konzernbewertung mit SAP S/4HANA® Material-Ledger

- Betriebswirtschaftliche Erklärung der Konzernbewertung
- Zahlenbeispiel mit erforderlichen Customizing-Einstellungen
- Fallbeispiel zu Stock-in-Transit mit Customizing-Einstellungen
- Getrennter Ist-Lauf für legale und Konzernbewertung (AVR)

https://es-tu.de/nQAf

Stefan Eifler:

Schnelleinstieg in die SAP®-Ergebnisrechnung (CO-PA) – 2., erweiterte Auflage

- Den Wertefluss in CO-PA definieren
- Wesentliche Unterschiede zwischen kalkulatorischer Ergebnisrechnung und Margin Analysis
- SAP-Planungswerkzeuge effizient einsetzen
- Abstimmmöglichkeiten für die kalkulatorische Ergebnisrechnung

https://es-tu.de/WAuw52